AF176428

*Herstellung und Verlag:*

*BoD – Books on Demand, Norderstedt*

*Bibliografische Information der Deutschen Nationalbibliothek*

*Die Deutsche Nationalbibliothek verzeichnet diese Publikation in der Deutschen Nationalbibliografie; detaillierte bibliografische Daten sind im Internet über http://dnb.dnb.de abrufbar.*

*ISBN: 9783756294466*

*© 2024 Klaus Scharff*

# INHALTSVERZEICHNIS

1   Von Eins bis Zwölf
2   Eine geheimnisvolle Zahl – 72
3.  Die heilige Zahl Indiens: 108
4.  Eine besondere Zahl: 153.
5.  Die lunare Zahl: 384
6.  Die kosmologische Zahl:  432
7.  Die Zahl des Tiers: 666
8.  Die merkwürdige Ziffernfolge 2 7 3 2
9.  Faszinierende Geometrie
10. Die harmonische Proportion – PHI
11. PI – Faszination in Ziffern
12. Die Eulersche Zahl - e
13. Zahlenzauber
14. Zahlentypen
15. Zahlenspiele
16. Primzahlkuriositäten
17. Zahlenmuster
18. Magie der Quadrate
19. Numerisch-physikalische Kuriositäten
20. Simple Beweise
21. Mathematische Enigma

Bibliographie

# 1. Von Eins bis Zwölf

## 1.1. Die Eins

(1) Die Eulersche Identität $e^{i\pi} + 1 = 0$ stellt einen einfachen Zusammenhang zwischen den grundlegenden Konstanten der Mathematik e, $\pi$, i, 1, 0 her.

(2) $\sum_{n=1}^{\infty} \frac{9}{10^n} = 1$

(3) Jede unendliche geometrische Reihe der Form $\sum_{n=1}^{\infty} a\, q^n$ ist für alle Werte q < 1 konvergent.

(4) Die Zahl Eins wird verwendet, um die Uhrzeit 13:00 auszudrücken.

(5) In der Wahrscheinlichkeitsrechnung besitzt ein Ereignis den Wahrscheinlichkeitswert 1, wenn es (fast) mit Sicherheit stattfindet.

(6) Das BenfordscheGesetz besagt, dass in einer Menge von Daten (Zahlen) die Zahl Eins die häufigste Führungszahl.

(7) Die Reihe $1 + x^2 + x^3 + x^4 \ldots$ konvergiert für alle Werte x < 1 .

(8) $\sum_{n=1}^{\infty} \frac{1}{2^n} = 1$

3

**(9)** $\quad$ $1 = 35 - 3^2 - 5^2$
$\quad\quad\quad\quad$ $1 = 75 - 7^2 - 5^2$

**(10)** $\quad$ $1 = \dfrac{35}{70} + \dfrac{148}{296}$

**(11)** $\quad$ $\lim\limits_{n \to \infty} \sqrt[n]{n} = 1$

**(12)** $\quad$ $\lim\limits_{n \to \infty} (1 + 2 + 3 + \cdots n)^{\frac{1}{n}} = 1$

**(13)** $\quad$ $1 = 69709^3 - 56503^3 - 54101^3$

**(14)** $\quad$ **Wird eine beliebige Zahl x ungleich Null mit 0 potenziert, so ist das Ergebnis per Definition 1 :**

$$x^0 = 1$$

**(15)** $\quad$ $1 = \sum\limits_{k=0}^{n} \binom{n}{k} \dfrac{1}{\varphi^{n+k}}$

$\varphi$ = **PHI** = Zahl des Goldenen Schnitts

**(16)** $\quad$ **PHI** $= \sqrt{1 + \sqrt{1 + \sqrt{1 + \sqrt{1 + \cdots}}}}$

**(17)** $\quad$ **1 ist die 4.Potenz von i = $\sqrt{-1}$**

## 1.2. Die Zwei

**(1)** $\sum_{k=0}^{\infty} \frac{1}{2^k} = 2$

**Zwei ist die einzige natürliche Zahl mit folgender Eigenschaft:**

**Die unendliche Summe aller Kehrwerte der Potenzen der Zahl ergibt die Zahl selber.**

**(2)** $\sum_{k=0}^{n-1} 2^k = 2^n - 1$

**(3)** Vertauscht man in der Reihe der Zweierpotenzen $(2^n)$ Basis und Exponent, so erhält man die Reihe der Quadratzahlen $(n^2)$.

**(4)** Die 3.Potenzen von 2, 22, 222, 2222, 22222 und 222222 enthalten keine Ziffer 2:

$$2^3 \qquad\qquad = 8$$
$$22^3 \qquad\qquad = 10648$$
$$222^3 \qquad\qquad = 10941048$$
$$2222^3 \qquad\qquad = 10970645048$$
$$22222^3 \qquad\qquad = 10973607685048$$
$$222222^3 \qquad\qquad = 10973903978085048 \;.$$

**(5)** Die einzige ganzzahlige Lösung der Gleichung $n^x + n^y = n^z$ für $n = 2$ ist

$$x = y = 1 \text{ und } z = 2 \;.$$

**(6)** $2! + 2 = 2^2$

**(7)** Die Potenzen von 2 sind die einzigen Zahlen, die sich nicht als Summe aufeinander folgender Zahlen schreiben lassen.

**(8)** $2 = (1 - i) \times (i + 1)$ mit $i = \sqrt{-1}$

**(9)** $2 + 2 = 2 \times 2 = 2^2$ und $2 = 3^3 - 5^2 = 4^2 - 3^2 - 2^2 - 1^2$

**(10)** $2 = \dfrac{3^2 + 4^2 + 5^2 + 6^2 + 7^2 + 8^2 + 9^2}{1^2 + 2^2 + 3^2 + 4^2 + 5^2 + 6^2 + 7^2}$

**(11)** $2^7 = 71^2 - 17^3$

**(12)** Die Zahlen $n^2 + n$ und $n^2 - n$ sind für jede natürliche Zahl $n$ durch zwei teilbar.

**(13)** Jede natürliche Zahl lässt sich <u>eindeutig</u> als Summe von Zweierpotenzen darstellen.

**(14)** Die Wahrscheinlichkeit, dass der größte Primfaktor einer zufällig gewählten natürlichen Zahl $n$ größer als $\sqrt{n}$ ist, beträgt ln 2.

**(15)** $2 = \sqrt{2 + \sqrt{2 + \sqrt{2 + \sqrt{2 + \cdots}}}}$ *

**(16)** $\frac{1}{2}\sqrt{2}$ ist gleichzeitig die Hälfte der Wurzel und gleichzeitig ihr Kehrwert.

6

(17)  2 ist die einzige natürliche Zahl n, für die Gleichungen der Form $a^b + b^n = c^n$ lösbar sind.

(18)  Es gibt keine Primzahl zwischen n!+2 und n!+n.

(19)  Wenn p und q zwei aufeinander folgende Primzahlen sind, dann gilt:

$$\text{Floor}\left(\frac{p}{q} + \frac{q}{p}\right) = 2$$

(20)  Wenn $2^p - 1$ eine Primzahl ist, dann ist die Zahl p ebenfalls prim.

(21)  Floor ( $PHI^{PHI}$ ) = 2        PHI = 1,618...

(22)  Zahlen $2^3 \times 3^2 + 1$ und $2^3 \times 3^2 - 1$ bilden einen Primzahlzwilling.

(23)  Von der Kongruenz $2^n \equiv 3 \pmod{n}$ sind nur fünf Lösungen bekannt:

n = 4700063497
n= 3468371109448915
n= 8365386194032363
n=10991007971508067
n=6313070745113443598938014005986613883062336144748427477409990675 5

Quelle: Wolfram Alpha

(24)  $2 = \dfrac{2^2 x\, 2^2}{2\, x2 + 2x2}$

7

**(25)** In der Dezimaldarstellung der Zweierpotenz $2^{168}$ kommt keine Ziffer 2 vor.

$$2^{168}=37414441915671114706014331717536845303$$
$$1918731001856$$

**(26)**

Die Zahl $2^{-n}$ hat in der Dezimalschreibweise genau n Stellen hinter dem Komma:

**Beispiele:**

$2^{-7} = 0.0078125$

$2^{-11} = 0.00048828125$

$2^{-13} = 0.0001220703125$

## 1.3. Die Drei

(1) Ein pythagoräisches Tripel wird von drei natürlichen Zahlen gebildet, die als Längen der Seiten eines rechtwinkligen Dreiecks vorkommen können. Für beliebiges u,v liefern die folgenden Formeln das pythagoräische Tripel (x,y,z):

$$b = u^2 - v^2 \quad a = 2uv \quad c = u^2 + v^2 \quad \text{mit } u > v$$

Beispiel: $u = 9 \quad v = 5 \rightarrow$
$b = 56 \quad a = 90 \quad c = 106$
$c^2 = a^2 + b^2 = 106^2 = 90^2 + 56^2$

(2) Durch drei Punkte, die nicht auf einer Geraden liegen, lässt sich immer ein Kreis ziehen.

(3) Der Mathematiker Winogradow hat 1937 bewiesen, dass jede genügend große ungerade Zahl sich als Summe von höchstens drei Primzahlen darstellen lässt.

(4) Die Dreifarbentheorie untersucht die Farbwahrnehmung des Menschen, der drei Sorten von Farbsinneszellen (Zapfen) für unterschiedliche Spektralbereiche besitzt. Daher sieht der Mensch die drei Grundfarben Rot, Gelb und Blau.

**(5)** Alle natürlichen Zahlen, die nicht die Form $4^n \times (8m + 7)$ besitzen, lassen sich als Summe dreier Quadratzahlen darstellen.

**(6)** Es existieren nur drei Parkettierungen (lückenlose und überlappungsfreie Überdeckung) der Ebene mit regelmäßigen Vielecken:

**Dreieck**                    **Sechseck**

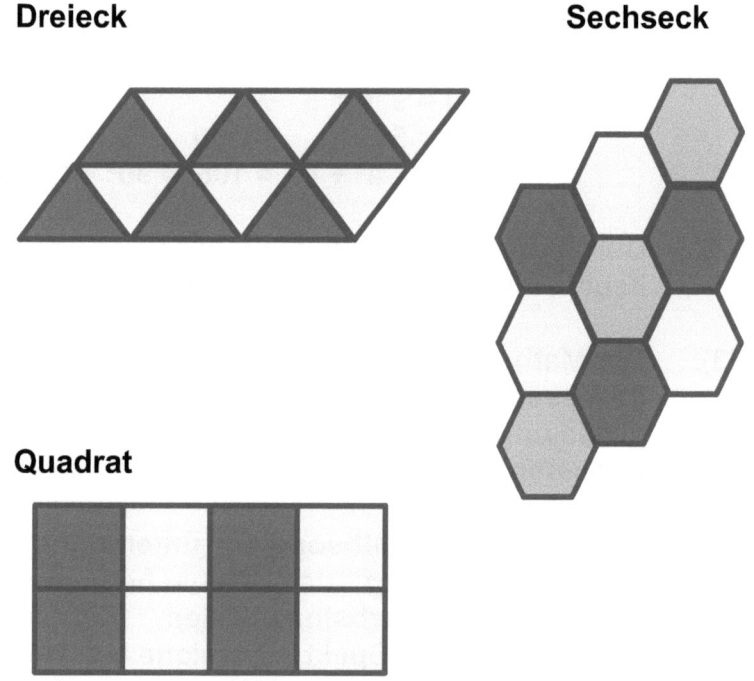

**Quadrat**

**(7)** In alle Dimensionen mit $n > 4$ gibt es nur drei reguläre Polytope.

10

**(8)** Die Fläche unter einer Zykloide ist 3 x so groß wie die Fläche des erzeugenden Kreises.

**(9)** $3 = 4 + 4 - 5 = 4^3 + 4^3 - 5^3$

$3^4 \times 425 = 34425$

$3^2 = 3! + 3$

$3^2 = 5^2 - 4^2$

$3^3 = 6^3 - 5^3 - 4^3$

$3^3 = 3^2 + 3^2 + 3^2$

$3 \times 1.5 = 3 + 1.5$

$3333^2 = 6565^2 - 5656^2.$

**(10)** Die Zahlen $1! \times 2! \times 3! + 1$ und $1! \times 2! \times 3! - 1$ sind Primzahlzwillinge

**(11)** Floor( PHI $^e$ ) = 3

**(12)** Der ganzzahlige Anteil von $\dfrac{3^{33}}{33^3}$ ist eine Primzahl:

$$\frac{3^{33}}{33^3} = 154689054917{,}091660 \ldots$$

## 1.4. Die Vier

(1) Im Raum lassen sich maximal vier Punkte so anordnen, dass sie alle die gleiche Entfernung voneinander haben. Die vier äquidistanten Punkte definieren ein Tetraeder (platonischen Körper). Das Tetraeder besitzt vier gleiche, dreieckige Seitenflächen.

(2) Algebraische Gleichungen können nur bis zum 4. Grad mit Hilfe von Wurzelziehen sowie einfacher arithmetischer Grundoperationen aufgelöst werden. Der Nachweis dieser Behauptung wurde 1826 durch den norwegischen Mathematiker Niels Henrik Abel erbracht.

(3) Die Behauptung, dass grundsätzlich vier Farben ausreichen, um alle Flächen auf einer Landkarte so zu färben, so dass zwei benachbarte Länder (mit gemeinsamer Grenze) unterschiedliche Farben haben, ist als Vierfarbensatz bekannt.

*2005 haben Georges Gonthier und Benjamin Werner mit Hilfe von Computern einen formalen Beweis des Satzes gezeigt. Der Beweis ist allerdings bei den Mathematikern umstritten, da er von Menschen nicht nachvollzogen werden kann. Der Beweis ist abhängig von der Architektur des Computers (Compiler, Hardware).*

**(4)** Die Gleichung $a^b = b^a$ besitzt nur eine Lösung mit verschiedenen natürlichen Zahlen:   a = 4 und b = 2

$$4^2 = 2^4$$

**(5)**

$$4 = \sqrt{20 - \sqrt{20 - \sqrt{20 - \sqrt{20 - \ldots}}}}$$

**(6)** $x^2 - y^2$ ist durch 4 teilbar, genau dann wenn $x - y$ gerade ist.

**(7)** Gegeben ist eine Zahl $x_0 > 1$. Die Summe der Quadrate der Ziffern von $x_0$ sei $x_1$.
$x_2$ bezeichne die Summe der Ziffernquadrate von $x_1$, usw.

Die Folge der iterierten Zahlen $x_0, x_1, x_2, \ldots$ endet entweder bei der Zahl 1 oder bei der zirkulären Folge:

$$4\text{-}16\text{-}37\text{-}58\text{-}89\text{-}145\text{-}42\text{-}20\text{-}4$$

**(8)** Der Vier-Quadrate-Satz oder Satz von Lagrange lautet:

*Jede natürliche Zahl kann als Summe von vier Quadratzahlen geschrieben werden.*

**(9)** Die Zahlen $1!^1 + 2!^2 + 3!^3 + 4!^4$, $4^4 - 4! + 1$, $4444^4 + 1$, $4!^4 + 1$ und $4444^{\,4 \times 4} + \dfrac{4}{4}$ sind Primzahlen.

(10) Die Basis aller irdischen Lebensformen ist die DNA. Sie ist in Form einer Doppelhelix aus vier verschiedenen Bausteinen zusammengesetzt:

*Adenin, Thymin, Guanin, Cytosin*

(11) Für Pythagoras war die Zahl 4, die Tetrade, die Zahl des Gleichgewichts und repräsentiert das Wesen der Natur.

(12) Von der Antike bis in die Neuzeit die vier Elemente Feuer, Wasser, Luft und Erde mit den Grundkräften der Natur assoziiert. Den vier Grundkräften waren vier Qualitäten zugeordnet: Hitze, Kälte, Trockenheit, Feuchtigkeit. In der menschlichen Physis standen sie mit den vier Körpersäften in Einklang:

*Blut, gelbe Galle, schwarze Galle, Schleim*

(13)

Die Zahl Vier ist die einzige Zahl, die mit derselben Anzahl von Buchstaben wie ihr Wert geschrieben wird.

## 1.5. Die Fünf

**(1)** Als Pentominos bezeichnet man die Figuren, die sich aus fünf Quadraten bilden lassen. Die Quadrate muss man so zusammenstellen, dass sie mindestens eine Seite gemeinsam haben. Es gibt 12 verschiedene Pentominos.

**(2)** Algebraische Gleichungen der Form

$$a_n x^n + a_{n-1} x^{n-1} + a_{n-2} x^{n-2} + a_1 x^1 + a^0 = 0$$

sind nur bis zum Grad n = 4 durch allgemein anwendbare Formel zu lösen. Gleichungen 5.Grades und darüber sind nicht mehr allgemein durch endliche Wurzelausdrücke lösbar.

Manche Gleichungen fünften Grades können allerdings mit Wurzeln gelöst werden, z.B.

**(3)** Ein Parkett ist ein Fußbodenbelag, bei dem man Muster aus gleich-artigen Holzplatten bildet. Z.B. kann ein Fußboden mit 1,2,3,4 und 6 zähligen Figuren (regelmäßigen Dreiecken, Rechtecken, Quadraten,Sechsecken) lückenlos und ohneÜberlappungen parkettiert werden, aber mit regelmäßigen Fünfecken funktioniert das <u>nicht!</u>

*Begründung:*

Der Innenwinkel eine regelmäßigen Fünfecks beträgt 108°, aber 108 ist kein Teiler von 360!

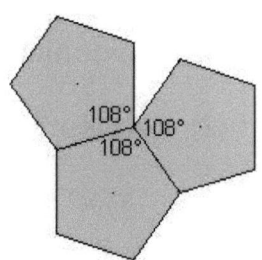

**(4)** Eine Fermat-Zahl ist definiert durch die Form $F_n = 2^{2^n} + 1$, wobei n eine natürliche Zahl ist. Eine Fermatzahl, die auch Primzahl ist, wird Fermatsche Primzahl genannt. Bisher sind nur fünf Fermatsche Primzahlen bekannt:

$F_1 = 3$,  $F_2 = 5$, $F_3 = 17$, $F_4 = 257$, $F_5 = 65537$

Man vermutet, dass es außer den ersten fünf Fermatzahlen keine weiteren Fermatschen Primzahlen gibt.

**(5)** Fünf ist die einzige Zahl, die Bestandteil von zwei Primzahlzwillingen ist:
(3,5) und (5,7).

(6) Die Terme $7 \times 10^n + 1$ und $9 \times 10^n + 7$ ergeben Primzahlen für n = 1,2,3,4,5.

(7) In einem System zweier sich umkreisender Himmelskörper (z.B. Zentralgestirn Erde und Satellit Mond) gibt es genau fünf Punkte, in denen sich ein dritter, sehr viel leichterer Körper im gravitativen Gleichgewicht befindet. Es sind die Punkte, an denen ein leichter Körper (Raumsonde) antriebslos den massereicheren Himmelskörper umkreisen kann.

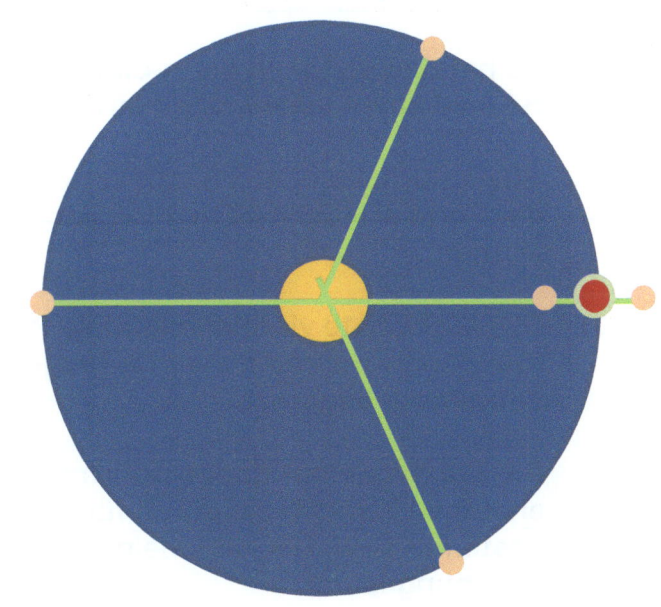

(8)

Der Begriff der Kugel lässt sich auf höher-
dimensionale Räume verallgemeinern. Das
Volumen einer n-dimensionale Kugel mit dem
Einheitsradius 1 berechnete sich mit der Formel:

$$V_n = \frac{\pi^{n/2}}{\Gamma(\frac{n}{2}+1)}$$     $\Gamma(x)$ Gammafunktion.

| Dimension | 2 | 3 | 4 | 5 | 6 |
|-----------|---|---|---|---|---|
| Volumen | $\pi$ | $4\pi/3$ | $\pi^2/2$ | $8\pi^2/15$ | $\pi^3/6$ |
| | 3,14 | 4,18 | 4,93 | 5,26 | 5,16 |

Für n = 5 hat das Volumen der n-dimensionalen
Einheitskugel einen maximalen Wert!

(9)     Alle natürlichen Zahlen, außer der 5, können in
der Form $x^2 + 2y^2 + 7z^2 + 11w^2$ dargestellt
werden.

(10)    Das einfachste vierdimensionale Polytop
(Simplex) wird von genau fünf regelmäßigen
Tetraedern begrenzt.

(11)    Die Schnitte einer Ebene mit einem Kegel
erzeugen Kurven, die durch fünf Punkte
bestimmt sind. Die allgemeine Kegelschnitt-
gleichung lautet:

$$ax^2 + bxy + cy^2 + dx + ey + f = 0$$

Sie ist bis auf einen Faktor durch die 6 Koeffizienten bestimmt, Daher sind für die Bestimmung der Koeffizienten *5 Punkte* (Gleichungen) *notwendig.*

Aber: Nicht jede Wahl von 5 Punkten bestimmt einen Kegelschnitt eindeutig. Ein *nicht ausgearteter Kegelschnitt* (Kreis, Ellipse, Hyperbel, Parabel) ist aber durch die Wahl von *5 Punkten*, wobei keine 3 auf einer Gerade liegen, eindeutig bestimmt!

(12)     $5^5 = \sum_{i=38}^{87} i = 3125$

(13)     Man kann mit 5 Fingern $2^5 = 32$ Zahlen kodieren :

| Dualsystem mit 5 Fingern: Finger ausgestreckt = 1   Finger geschlossen = 0 | | | | | |
|---|---|---|---|---|---|
| Zahl | Kleine Finger $2^4$ | Ring finger $2^3$ | Mittel-finger $2^2$ | Zeige-finger $2^1$ | Daumen $2^0$ |
| 0 | 0 | 0 | 0 | 0 | 0 |
| 1 | 0 | 0 | 0 | 0 | 1 |
| 2 | 0 | 0 | 0 | 1 | 0 |
| 3 | 0 | 0 | 0 | 1 | 1 |
| 4 | 0 | 0 | 1 | 0 | 0 |
| 5 | 0 | 0 | 1 | 0 | 1 |
| 6 | 0 | 0 | 1 | 1 | 0 |
| usw. | ... | ... | ... | ... | ... |
| 29 | 1 | 1 | 1 | 0 | 1 |
| 30 | 1 | 1 | 1 | 1 | 0 |
| 31 | 1 | 1 | 1 | 1 | 1 |

**(14)**  $5 \approx 6 \times \dfrac{PHI^2}{\pi}$   $PHI = 0.5 \times 5^{0.5}. + 0.5$

$Floor(e^{PHI}) = 5$

**(15)**  $5! + 5 = 5^3$

$5 = 0^{1^2} + 0^{2^1} + 1^{2^0} + 1^{0^2} + 2^{0^1} + 2^{1^0}$

**(16)**  **Die nicht korrekte Gleichung 5 + 5 + 5 = 550 kann durch einen einzigen Strich in eine korrekte verwandelt werden!**

$5^{L}+5+5 = 550$

**(17)**  **Pandigitale Bruchdarstellung der Zahl 5:**

$$\frac{13485}{2697} = \frac{14685}{2937} = \frac{31485}{6297} = \frac{46185}{9237} = 5$$

**(18)**  **Die Zahlen 6x5+1, 66x5+1, 666x5+1, 6666x5+1, 66666x5+1, 666666x5+1 und 6666666 x 5+1 sind Primzahlen.**

**(19)**  **Das Fünfeck ist das einzige regelmäßige Polygon, bei dem die Seitenzahlen und Diagonalzahlen übereinstimmen.**

**(20)**

Es gibt eine effektive Methode für die Division einer Zahl durch 5:

Beispiele:

(a)    487 : 5

    (1) Verdoppelung der Zahl ergibt 974
    (2) Setzung des Dezimalkommas an die vorletzte Stelle; 97,4

    487 : 5 = 97,4

(b)    398773452 : 5

    (1) Verdoppelung der Zahl ergibt 797546904

    (2) Setzung des Dezimalkommas an die vorletzte Stelle; 79754690,4

    398773452 : 5 = 79754690,4

## 1.6. Die Sechs

(1)   $6 = \sum_{n=1}^{\infty} \frac{n^2}{2^n}$

(2)   $6^2 = 1^3 + 2^3 + 3^3 = 1^2 \times 2^2 \times 3^2$

$6 = \sqrt{1^3 + 2^3 + 3^3}$         $1 = \frac{1}{2} + \frac{1}{3} + \frac{1}{6}$

(3)   Jede Primzahl größer als 5 hat die Form 6n+1 oder 6n-1.

(4)   Jede Zahl, die von der Form 6n - 1 ist, besitzt zwei Faktoren, deren Summe durch 6 teilbar ist.

(5)   6 ist die einzige Zahl, die gleich dem Produkt und gleich der Summe von drei aufeinander folgenden Zahlen ist.

$6 = 1 + 2 + 3$   und $6 = 1 \times 2 \times 3$

(6)   Alle Potenzen der Sechs (z.B. $6^2 = 36$, $6^3 = 216$, $6^4 = 1296$, $6^5 = 7776$ usw.) tragen an der letzten Stelle immer eine Sechs.

(7) 6 ist kleinste positive natürliche Zahl, deren dritte Potenz sich als Summe von drei positiven Kubikzahlen schreiben lässt:

$$6^3 = 3^3 + 4^3 + 5^3$$

(8) Sechs ist die kleinste natürliche Zahl, die als Summe von rationalen Kuben geschrieben werden kann, die keine Ganzzahlen sind:

$$6 = \left(\frac{17}{21}\right)^3 + \left(\frac{37}{21}\right)^3$$

(9) Sechs ist die zweidimensionale Kusszahl : Um einen zentralen Kreis können 6 gleichgroße Kreise gelegt werden, so dass sie alle den zentralen Kreis berühren.

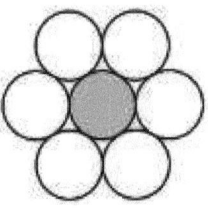

In der Geometrie ist die n-te Kusszahl die maximale Anzahl von n-dimensionalen Einheitskugeln mit Radius 1, die gleichzeitig eine weitere solche Einheitskugel im n-dimensionalen euklidischen Raum berühren können, ohne dass Überschneidungen auftreten.

(10 ) Es gibt 6 reguläre (platonische) vierdimensionale Polytope. Polytope sind n-
dimensionale Verallgemeinerungen der
dreidimensionalen Polyeder.

Platonische Polychora ( n = 4 ):

| Name | Zellen | Flächen | Kanten | Ecken |
|------|--------|---------|--------|-------|
| 5-Zeller | 5 | 10 | 10 | 5 |
| 8-Zeller | 8 | 24 | 32 | 16 |
| 16-Zeller | 16 | 32 | 24 | 8 |
| 24-Zeller | 24 | 96 | 96 | 24 |
| 120-Zeller | 120 | 720 | 1200 | 600 |
| 600-Zeller | 600 | 1200 | 720 | 120 |

Zu jedem der fünf regulären dreidimensionalen
Körper gibt es eine vierdimensionale Entsprechung:

| 3 D Polyeder | 4 D Polytope |
|--------------|--------------|
| Tetraeder | 5 Zeller (Pentachoron) |
| Würfel | 8 Zeller (Tesserakt) |
| Oktaeder | 16 Zeller |
| Dodekaeder | 120 Zeller |
| Ikosaeder | 600 Zeller |

(11)   Die Zahlen $1 + 234 \times 5^6$ und  $234 \times 5^6 - 1$ bilden
einen Primzahlzwilling.

(12)   Die Zahlen $6 + 1$, $6 + 66 + 1$, $6 \times 66 + 1$ , $6 + 66 +$
666    1 und $6 \times 66 \times 666 + 1$ sind Primzahlen.

24

**(13) Der Ausdruck $5^n + 6$ ist für n = 1,2,3,4 eine Primzahl.**

**(14)**  6 + 66 + 666 + 6666 + …… + 66…6 = S

666 Ziffern

$$S = \frac{6}{9} \left[ \frac{10^{667} - 10}{9} - 666 \right]$$

S = 740740740740…740296

663 + 3 Ziffern

## 1.7. Die Sieben

(1)    1+2+3+4+5+6+7 = 28

$28 = 4 \times 7$ ist die (aufgerundete) Anzahl der Tage eines Mondzyklus (siderischer Monat 27,32 Tage)

(2)    Sieben Farben reichen aus, um eine beliebige Landkarte auf einem Torus so zu färben, dass jeweils benachbarte Länder (Flächen) unterschiedliche Farben haben.

(3)    Sieben ist die maximale Anzahl von Gebieten, die von drei Geraden, die eine Ebene teilen, erzeugt werden können.

(4)    <u>Das zyklische Zahlenmuster der 7</u>

a)    $1 : 7 = 0.142857142857...$
$2 : 7 = 0.285714285714...$
$3 : 7 = 0.428571428571...$
$4 : 7 = 0.571428571428...$
$5 : 7 = 0.714285714285...$
$6 : 7 = 0.857142857142...$
$8 : 7 = 1.142857142857...$    ...

Die „ewige„ Bewegung von 1 - 4 - 2 - 8 - 5 - 7 - 1 ...

b)    $714285 = 857^2 + 142^2$

(5)    1 x 7 + 3 = 10
       14 x 7 + 2 = 100
       142 x 7 + 6 = 1000
       1428 x 7 + 4 = 10000
       14285 x 7 + 5 = 100000
       142857 x 7 + 1 = 1000000
       1428571 x 7 + 3 = 10000000
       14285714 x 7 + 2 = 100000000
       142857142 x 7 + 6 = 1000000000
       1428571428 x 7 + 4 = 10000000000
       14285714285 x 7 + 5 = 100000000000
       142857142857 x 7 + 1 = 100000000000

(6)    **Mathematischer Satz:** Sind a und b ganzzahlige
       Längen der Katheten eines rechtwinkligen
       Dreiecks, dann teilt die Zahl Sieben eine der
       Zahlen a, b, a + b oder a - b (bzw.b - a).

       Beispiele (Pythagoräische Tripel):

       a = 56        b = 90        c = 106

       → 7 ist Teiler von a = 56

       a = 5        b = 12        c=13
       → 7 ist Teiler von b-a = 7

(7)    Sieben ist die kleinste Eckenzahl eines
       regelmäßigen Polygons, das nicht mit Zirkel und
       Lineal konstruierbar ist.

(8)  Der synodische Mondmonat (Periode der Mondphasen) hat eine Dauer von 29,53059 Tagen. Definiert man eine Mondwoche als den 4.Teil des synodischen Mondmonats, dann hat die Mondwoche eine (durchschnittliche) Dauer von 7,38265 Tagen. 7 x 7 Mondmonate dauern exakt 14 467 Tage. Nach einer Periode von 7 x 7 x 4 Mondwochen steht die gleiche Phase der Erdrotation in Konjunktion mit der gleichen Mondphase.

(9)  Die Dimension 7 ist die einzige Dimension (abgesehen von der 3.Dimension), in der ein Vektorkreuzprodukt definiert werden kann.

(10)  999999 : 7 ergibt 142857

Die Ziffernfolge 1, 4, 2, 8, 5, 7 entspricht der Periode der Dezimaldarstellung des Bruchs $\frac{1}{7}$

(11)  Es gibt einen einfachen Algorithmus, mit dem man die restlose Teilbarkeit einer natürlichen Zahl durch 7 feststellen kann:

1.  Man entferne die letzte Ziffer der Zahl und verdopple sie.
2.  Man subtrahiere die verdoppelte letzte  von der Zahl, die aus den restlichen Ziffern gebildet wird.
3.  Ist die Differenz negativ, so lässt man das Minuszeichen weg.

4. Hat das Ergebnis mehr als eine Ziffer, so wiederhole man die Schritte 1 bis 3.
5. Ergibt sich 7 oder 0, dann ist die Zahl durch 7 teilbar – andernfalls nicht.

Beispiel: $1792 \rightarrow 179 - 4 = 175 \rightarrow 17 - 10 = 7$
$1792 : 7 = 256$

(12) $7^4 = 2401$ und $2+4+0+1 = 7$

(13) Die Dezimaldarstellung des gemeinen Bruchs „Ein Siebtel" ergibt sich durch folgende unendliche Reihe: $\frac{1}{7} = \sum_{n=1}^{\infty} \frac{7 \cdot 2^n}{100}$

0.14
+0.0028
+0.000056
+0.00000112
+0.0000000224 usw $\approx 0.142857 \dots$

(14) In der Analysis kennt man sieben unbestimmte Ausdrücke:

$$\frac{0}{0} \qquad \frac{\infty}{\infty} \qquad 0 \infty \qquad 0^0 \qquad \infty^0 \qquad 1^\infty \qquad \infty - \infty$$

(15) $7! - 6! + 5! - 4! + 3! - 2! + 1!$ ist eine Primzahl

(16) $1^7 + 4^7 + 4^7 + 5^7 + 9^7 + 9^7 + 2^7 + 9^7 = 14459929$

(17) Der PH-Wert von reinem Wasser beträgt 7.

29

(18)    Es ist möglich einen Winkel von $\frac{\pi}{7}$ mit sieben Streichhölzern zu konstruieren.

(19)    $10^{700} + 7$ ist eine Primzahl.

(20)    $7 = \frac{98532}{14076}$ ist die einzige pandigitale Bruchdarstellung von 7 mit Null.

(21)    123465789 + 987654321 + 7   ist prim
        123465789 + 987654321 - 7   ist prim

(22)    7 ist die 10 000 000 000ste Ziffer von $\pi$.

(23)    Bildet man aus einer dreistelligen Zahl mit der Ziffernfolge abc  die sechsstellige Zahl abcabc, dann ist die Zahl abcabc immer durch 7 teilbar!

        Beispiel:   137137 : 7 =  19591

(24)    $9^n - 2^n$ ist für jedes n durch 7 teilbar.

(25)    1014492753623188405797 x 7 =
        7101449275362318840579

(26)    $7 = 2^5 - 5^2$

(27)    Die Gleichung $x^7 + y^7 = z^7$ hat keine ganzzahligen Lösungen.

**(28)** $7 \times 6 \times 5 \times 4 \times 3 \times 2 \times 1 + 7654321 = 7659361$
ist eine siebenstellige Primzahl.

**(29)** In einer Bibliothek (und in Lexika für Begriffe, die mit Zahlen beginnen) erscheint die Sieben signifikant häufiger in Buchtiteln als die benachbarten Zahlen 6 und 8.

**(30)** Die Millersche Zahl bezeichnet die Tatsache, dass ein Mensch im Durchschnitt gleichzeitig nur $7 \pm 2$ Informationseinheiten im Kurzzeitgedächtnis präsent halten kann.

**(31)** Das metrische System verwendet sieben fundamentale Einheiten:

*Meter (m) , Kilogramm (kg) , Kelvin (K) , Mol (mol) , Ampere (A) , Sekunde (s), Candela (cd)*

*(32)* Im biblischen Buch der Offenbarung wird die Zahl 7 mehrfach erwähnt (54mal) :

*Sieben Gemeinden, sieben Siegel, sieben Posaunen, sieben Schalen, sieben Geister vor dem Thron, sieben Sterne, sieben Engel, ...*

(33)   Sieben Wochentage, sieben Wandelsterne der Antike, sieben Weltwunder, sieben Schöpfungstage, sieben Helden von Theben, sieben Weisen, sieben Tugenden, sieben Laster, sieben freie Künste
Sieben-Tage-Adventisten,          sieben verschiedene     Töne     (Heptatonik), Siebenmeilenstiefel, Siebenschläfer
sieben Zwerge hinter den sieben Bergen, sieben   Meere,   sieben   Farben,   Sieben Schwestern (Plejaden), Siebenkampf, sieben Sakramente, sieben Chakren,...

(34)   **Waringsches Theorem:**

**Allgemein gibt es zu jedem $k \geq 2$ eine natürliche Zahl g(k), so dass sich jede natürliche Zahl n als Summe von höchstens g(k) Summanden, von denen jeder eine k-t Potenz ist, darstellen lässt:**

| k | 2 | 3 | 4 | 5 | 6 | 7 |
|---|---|---|---|---|---|---|
| g(k) | 4 | 9 | 19 | 37 | 73 | 143 |

**Jede natürliche Zahl n lässt als Summe von höchstens 143 Potenzen <u>siebten</u> Grades darstellen.**

(35)

Anzahl der Buchstaben im Buch Genesis (King James
Version): 78064 = 77700 + (7 x 7 x 7) + (7+7+7)

(36)

$X = 4444^{4444} =$
5103632503725508048204025019552439592478247548
2284514747828975986739479076862531615833001864
0271978754341724967822128103609369988148710280
2328040951760428970423299725005981765145203390
2564981053474342143982434477010055077902971385
8795780970267950470139272104480697376125997253
6289419464535239969236107882490228631837484556
6910211826792995098340076750261275207380564696
75750825886610949248900802705474

S*(n) liefert die Summe aller Ziffern von n.

$S*(4444^{4444}) = 1744$   $S*(1744) = 16$   $S*(16) = 7$

$$S*(S*(S*(X))) = 7$$

(37)

Im Periodensystem gibt es sieben nachgewiesene
Hauptquantenzahlen bei der Elektronen-konfiguration.

33

**(38)**

$$7 = \frac{16758}{2394} = \frac{18459}{2637} = \frac{31689}{4527} = \frac{36918}{5274} = \frac{37926}{5418} = \frac{41832}{5976} = \frac{53298}{7614}$$

$$7 = \frac{987654321 - 123456789 + 9}{123456789}$$

**(39)**

**In der Reihe der Zahlen $7^n$ wiederholen sich die zweistelligen Endziffern periodisch:**

$7^1 = 07 \qquad 7^2 = 49 \qquad 7^3 = 343 \qquad 7^4 = 2401$

$7^5 = 16807 \quad 7^6 = 117649 \quad 7^7 = 823543 \dots$

**Regel:**

$$7^n \begin{cases} \dots01 & \text{wenn } n \equiv 0 \bmod 4 \\ \dots07 & \text{wenn } n \equiv 1 \bmod 4 \\ \dots49 & \text{wenn } n \equiv 2 \bmod 4 \\ \dots43 & \text{wenn } n \equiv 3 \bmod 4 \end{cases}$$

**(40)**

**Die Frage**
**"Was ist Ihre Lieblingszahl zwischen 1 und 9?"**
**beantworten die meisten Menschen mit 7.**

**(41)**

7! = 5040 = Summe von 42 aufeinander folgenden Primzahlen:

7!=23+29+31+37+41+43+47+53+59+61+67+71+73+79+8
3+89+97+101+103+107+109+113+127+131+137+139+14
9+151+157+163+167+173+179+181+191+193+197+199+
211+223+227+229

**(42)**
Im Brettspiel Backgammon kommt die Zahl 7 am Häufigsten vor, denn sie kann mit sechs verschiedenen Kombinationen erreicht werden:

1/6 , 6/1 , 2/5 , 5/2, 3/4 , 4/3

**(43)**

10 $^{100n}$ + n ist nur dann eine Primzahl, wenn n=7.

**(44) Es gibt sieben logische Gatter:**

not, and,nand,or,nor,xor,xnor

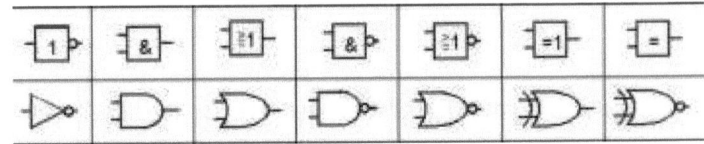

**(45) 13 und die Sieben**

$\frac{1}{13}$ = 0,076923... +

$\frac{2}{13}$ = 0,153846... +

$\frac{3}{13}$ = 0,230769... +

$\frac{4}{13}$ = 0,307692... +

$\frac{5}{13}$ = 0,384615... +

$\frac{6}{13}$ = 0,461538... +

$\frac{7}{13}$ = 0,538461... +

$\frac{8}{13}$ = 0,615384... +

$\frac{9}{13}$ = 0,692307... +

$\frac{10}{13}$ = 0,769230... +

$\frac{11}{13}$ = 0,846153... +

$\frac{12}{13}$ = 0,923076... +

$\frac{13}{13}$ = 0,999999... +

--------------------------

= $\frac{91}{13}$   7,000000

**(45)**

**Jede Zahl mit der Ziffernstruktur ababab ist durch 7 teilbar. Beispiel:**

**252525 : 7 = 36075**

## 1.8. Die Acht

(1)     Acht ist die einzige Kubikzahl (abgesehen von $1^3$),
        die in der Folge der Fibonaccizahlen auftritt.

(2)     Das Oktaeder ist einer der fünf platonischen
        Körper.

(3)     In der Computertechnikverwendet man ein
        Zahlensystem auf der Basis von  Acht:
        Das Oktalsystem.

(4)     Acht ist die erste echte Kubikzahl.

(5)     Acht ist die kleinste aus drei Primfaktoren
        zusammengesetzte Zahl :   $8 = 2 \times 2 \times 2$

(6)     Jedes Quadrat einer ungeraden Zahl größer
        als Eins ergibt geteilt durch Acht einen Rest von
        Eins.

(7)     Die Spinnentiere (Arachnida) haben acht
        Laufbeine.

(8)     Die Oktopoden bilden mit über einhundert
        Arten die größte Gattung  innerhalb der Familie
        der Echten Kraken. Die Gattung Octopus gehört
        zur Unterordnung der Achtarmigen Tintenfische.

(9)     Es gibt acht Hauptrichtungen der Windrose.

(11) Das Sonnensystem hat in der aktuellen (seit 2006 ) astronomischen Auffassung acht Planeten.

(12) Die Oktettregel ist in der Chemie ein einfaches Konstruktionsmerkmal für Moleküle, da in den meisten Verbindungen jedes Element eine Anzahl der Valenz-elektronen von acht anstrebt.

(13) Das chemische Element mit der Ordnungszahl 8 ist der Sauerstoff.

(14) Der Achfache Weg ist eine Klassifikation der Hadronen im Rahmen der Quanten-chromodynamik.

(15) Sleipnir, das sagenhafte Pferd des germanischen Gottes Odins, besitzt acht Beine.

(16) Platons Kugelmenschen, die im Dialog Symposion beschrieben werden, haben acht Extremitäten (vier Arme und vier Beine).

(17) Das jüdische Chanukka-Fest dauert acht Tage. Jeden Tag wird eine weitere Kerze an der Chanukka, dem achtarmigen Leuchter, entzündet.

(18) Die liegende Acht gilt als Symbol für die Unendlichkeit: $\infty$

**(19)** Als Oktave bezeichnet man in der Musik das Intervall zwischen zwei Tönen, deren Frequenzen sich wie 2:1 verhalten

**(20)** $$8 = \frac{1 \cdot 2 \cdot 3 \cdot 4 \cdot 5}{1+2+3+4+5}$$

**(21)** Die Zahlen $\frac{10^8-8}{8}$ , $8888888^8 + 1$ und $\frac{8^8+88888}{8}$ sind Primzahlen.

**(22)** $8 = 5 + 1 + 2$ und $512 = 8^3$
$8 + 8 + 8 + 88 + 888 = 1000$

**(23)** $- 1 + 2^3 \times 45678 = 1050593$ ist eine Primzahl.

**(24)** $\frac{97654321}{123456789} =$

8.00000007290000006633900060036849

**(25)** Für alle ungeraden natürlichen Zahlen n größer als 2 gilt: $n^2 - 1$ ist durch 8 teilbar.

**(26)** Verbindet man die sechs Mittelpunkte der Seitenflächen eines Würfels miteinander im Raum, erhält man einen <u>Okta</u>eder. Verbindet man die <u>acht </u>Mittelpunkte der Seitenflächen eines Oktaeders so ergibt sich ein Würfel.

## 1.9. Die Neun

(1) Alle 10 Ziffern kommen in den folgenden Bruchdarstellungen von 9 genau einmal vor:

$$9 = \frac{95742}{10638} \qquad 9 = \frac{95823}{10647} \qquad 9 = \frac{97524}{10836}$$

(2) 1+2+3+4+5+6+
7+8+9 = 45
und 4+5 = 9

(3) Jede positive ganze Zahl kann durch eine Summe von maximal neun Kubikzahlen dargestellt werden.

(4) 23 ist die kleinste Zahl, die durch neun Kuben dargestellt werden kann:

$$23 = 2^3 + 2^3 + 1^3 + 1^3 + 1^3 + 1^3 + 1^3 + 1^3 + 1^3$$

(5) Es gibt nur eine neunstellige Zahl, bei der jede Ziffer von 1 bis 9 genau einmal vorkommt und die folgende Eigenschaft besitzt:

381654729

Die erste Ziffer ist durch 1 teilbar, die Zahl aus den ersten beiden Ziffern durch 2, die Zahl aus den ersten 3 Ziffern durch 3, ... usw. und die ganze Zahl ist durch 9 ohne Rest teilbar ist.

Quelle: *Werner Brefeld , Voll auf die Zwölf, Rowohlt,2015*

(6) Neun ist die kleinste positive natürliche Zahl n, für die n Quadrate paarweise verschiedener positiver Kantenlänge existieren, die sich zu einem Rechteck zusammensetzen lassen.

(7) Bildet man aus einer beliebigen ganzen Zahl eine zweite Zahl, deren Ziffernfolge eine Umkehrung der Ziffernfolge der ersten Zahl darstellt, dann ist die Differenz der beiden Zahlen immer durch neun teilbar.

Beispiele: $83512 - 21538 = 61974$
$61974 : 9 = 6886$

(8) Die Zahl

1011235955050561797752808988764044943820224719

hat eine außergewöhnliche Eigenschaft. Multipliziert man diese Zahl mit Neun, so wandert im Ergebnis die 9 vom Ende an den Anfang der Zahl.

9 x 1011235955050561797752808988764044943820224719
= 9101123595505061797752808988764044943820224719 71

(9) $8^n - 7^n + 6^n - 5^n + 4^n - 3^n + 2^n - 1^n$ mit n=2k
ist ein Vielfaches von 9.

(10) $9^8 + 8^7 + 7^6 + 6^5 + 5^4 + 4^3 + 3^3 + 2^1 + 1^0$

ist eine Primzahl.

41

**(11)**

Jede Zahl n ergibt addiert mit Neun oder einem Vielfachen von 9 die gleiche Quersumme, wie die Ursprungszahl.

Beispiele:

n = 25 - Quersumme 7
25 + 9 = 34 → 7

n = 127 - Quersumme 10 → 1
127+18 = 145 →10 → 1

**(12)**

9 x 123456789 - 123456789 – 9 = 987654321

**(13)** $\frac{1}{1089}$ = 0.000918273645546372819100091827...

**(14)**

9 ist die einzige Quadratzahl, die auf eine Zweierpotenz folgt.

**(15)**

$$\frac{1}{9} = \sum_{i=1}^{\infty} 10^{-i}$$

**(16) Die Summe der ersten 9 Primzahlen ergibt 100.**

**(17)**        **Der Kreis und die Zahl 9**

**1 Vollwinkel = 360˚. Ein Grad entspricht dem 360-sten Teil eines Kreises**

360 → 3+6+0 = 9

360 : 2 = 180 → 1+8+0 = 9

180 : 2 = 90 → 9+0 = 9

90 : 2 = 45 → 4+5 = 9

45 : 2 = 22.5 → 2+2+5 =9

22.5 : 2 = 11.25 → 1+1+2+5 = 9

11.25 : 2 = 5.625 → 5+6+2+5 = 18 → 1+8 = 9

5,625 : 2 = 2.8125 → 2+8+1+2+5 = 18 → 1+8 = 9

2.8125 : 2 = 1.09125→ 1+0+9+1+2+5 = 18→ 1+8 = 9

1.09125 : 2 = 0.545625 → 5+4+5+6+2+5 = 27 → 2+7 = 9

0.545625 : 2 = 0.2728125 → 2+7+2+8+1+2+5 = 27 →2+7
                                                   = 9

0.2728125 : 2 = 0.13640625 → 1+3+6+4+0+6+2+6=27
                                            →2+7=9

usw.

## 1.10. Die Zehn

(1)  Zehn ist die kleinste Zahl mit der multiplikativen Beharrlichkeit gleich 1.

Definition „Multiplikative Beharrlichkeit":

Man nehme eine Zahl und bilde das Produkt aus ihren Ziffern. Sofern das Resultat nicht einstellig ist, bilde man wiederum das Produkt der Ziffern des Resultats. Die Anzahl der Schritte die notwendig sind, um mit diesem Verfahren eine einstellige Zahl erreichen, nennt man die multiplikative Beharrlichkeit der Ausgangszahl.

Vermutung:

Es gibt eine endliche Obergrenze für die multiplikative Beharrlichkeit aller natürlichen Zahlen.

(2)  Die Tetraktys ( „Vierergruppe") ist ein Begriff aus der Zahlenlehre der antiken Pythagoräer.

Die Zahlen 1,2,3 und 4 waren für die Pythagoräer Grundbausteine der Harmonielehre. Die Tetraktys spielte eine wichtige Rolle in den pythagoräischen Vorstellungen zur Kosmologie und Musiktheorie.

$1+2+3+4 = 10$

Den Pythagoräern galt die Tetraktys als heilig.

(3) Jede Zehnerpotenz lässt sich als Produkt einer Zweierpotenz und einer Fünferpotenz schreiben:

$$10^n = 2^n \cdot 5^n$$

Für n = 1,2,3,4,5,6,7,9,18,33 enthalten die beiden Faktoren $2^n$ und $5^n$ keine Nullen.

$10^1$ = 2 x 5
$10^2$ = 4 x 25
$10^3$ = 8 x 125
$10^4$ = 16 x 625
$10^5$ = 32 x 3125
$10^6$ = 64 x 15625
$10^7$ = 128 x 78125
$10^9$ = 512 x 1953125
$10^{18}$ = 262144 x 3814697265625
$10^{33}$ = 8589934592 x 116415321826934814453125

Für n > 86 enthält jede Zweierpotenz $2^n$ mindestens eine Null!

(4) $\quad 10 \approx \dfrac{e^\pi - \pi}{2} \qquad 10 \approx \dfrac{\pi^9}{e^8} \qquad 10 \approx \dfrac{\pi^{3^2}}{e^{2^3}}$

(5) $\quad$ 10 ist eine gute Näherung für $\pi^2$ .

(6) $\quad$ 10 = 0! +1! + 2! + 3!

(7) $\quad$ 10! = 10x9x8x7x6x5x4x3x2x1 = Anzahl der Sekunden in 6 Wochen

(8)    Zwischen 1 und $10^2$ gibt es 10 Primzahlen, die nicht Teil eines Primzahlzwillings sind.

(9)    10! = 3! X 5! X 7!

3,5 und 7 sind die ungeraden Primzahlen kleiner als 10.

(10)   Die Zahl 10 im Zweiersystem lautet $1010_D$.

## 1.11. Die Elf

(1)    Wenn man bei einer Zahl, die durch 11 teilbar ist, die Ziffernfolge umkehrt, so ist die umgekehrte Zahl ebenfalls durch 11 teilbar.

Beispiel:    $1617 : 11 = 147$
$7161 : 11 = 651$

(2)    Um Teilbarkeit einer Zahl durch 11 zu überprüfen gibt es zwei einfache Regeln:

(a)    Man bilde die alternierende Quersumme AQS der Zahl n:   AQS = Die Summe aller Ziffern an ungeraden Stellen minus der Summe der Ziffern an den geraden Stellen.

Die Zahl n ist durch 11 teilbar, wenn das Resultat der alternierenden Quersumme gleich Null oder durch 11 teilbar ist.

Beispiel:  $n = 15818363$ und $n : 11 = 1438033$

$1 + 8 + 8 + 6 = 23$ und $5 + 1 + 3 + 3 = 12$
und $23 - 12 = 11$ (n teilbar durch 11)

(b)    Man teile die natürliche Zahl n ganzzahlig durch 100 und addiere den Rest dazu. Diese Vorschrift wiederholt man solange bis eine Zahl kleiner als 100 entsteht. Ist das Endresultat durch 11 teilbar, dann ist auch die Ausgangszahl n durch 11 teilbar.

Beispiel: n = 15818363

15818363 : 100 = 158183     Rest 63
158183 + 63   = 158246
158246 : 100  = 158          Rest 46
1582 + 46     = 1628
1628 :100     = 16           Rest 28
16 + 28       = 44 (teilbar durch 11)

(3)     Es gibt eine originelle Methode die
        Multiplikation einer 2-stelligen Zahl mit 11
        durchzuführen:

        Man addiere die zwei Ziffern der Zahl und füge
        die Summe zwischen den beiden Ziffern der
        Zahl ein. Übersteigt die Ziffernsumme die
        Zahl 9, dann muss im Ergebnis die
        Hunderterposition um 1 erhöht werden.

        (a)     36 x 11  = 396
                mit 3+6=9
        (b)     49 x 11  = 539
                mit 4+9=13 und Übertrag 1

(4)     Für alle Zahlen > 11 gilt: Es existiert eine
        Primzahl p > 11, so dass p das   Produkt n
        x (n+1) x (n+2) x (n+3) teilt.

**(5)** Gegeben ist eine Zahl bei der die Summe von jeweils benachbarten Ziffern die Zahl 9 nicht übersteigt, Multipliziert man diese Zahl mit 11 und kehrt die Ziffernfolge des Resultats um, dann erhält man eine Zahl, die bei der Division durch 11 die Umkehrung der Ausgangszahl ergibt.

Beispiel:     $1435441 \times 11 = 15789851$
              $15898751 : 11 = 1445341$

**(6)** 11 ist kleinste Primzahl p für die die Mersennezahl $2^p-1$ nicht prim ist-

$2^{11} - 1 = 2047 = 23 \times 89$

**(7)** $10! - 11 = 3628789$ und $10! + 11 = 3628811$ sind zwei aufeinander folgende Primzahlen.

**(8)** $11! + 11! + 11! + 11! + 11! + 1 = 199584001$ ist eine Primzahl.

**(9)** 11 ist die Basis des British Imperial Einheitensystems:

$\frac{11}{2}$ Yards      = 1 Rod      (Rute)

22 Yards      = 1 Chain      (Kettenlänge)

220 Yards      = 1 Furlong      (Furchenlänge)

49

**(11)**

**Das Zahlenrätsel**

*Three+Two+One+Two+Three = Eleven*

**Hat eine eindeutige Lösung (wenn jedem Buchstaben genau einen ganze Zahl zugeordnet wird):**

**84611 + 803 + 391 + 803 + 84611 = 171219**


**(12)**          **123456787654321 : 11 = 11223344332211**
**$11^2$ x 9182736455463728191 =**
**11111111111111111111111**
**69696 : 6336 = 11**
**11 + 1.1 = 11 x 1.1**

**(13)          Die 11! – Erde:**

**11! = 1·2·3·4·5·6·7·8·9·10·11 = 39 916 800 m**
**39 916 800 m = 39 916.8 km   $\approx$ Erdumfang**

**Abweichung < 1%**

**Erdumfang Äquator:  40053.84 km = 40053840 m**

**(14)**

**Der Ausdruck 11 + $2n^2$ liefert für n = 1,2,...,11 Primzahlen.**

## 1.12. Die Zwölf

(1)    Zwölf Götter im Olymp und 12 Titanen.
Zwölf Tierkreiszeichen
Zwölf Jünger Jesu
Zwölf Tore des Neuen Jerusalems
2 x 12 Stunden = 1 Tag
Zwölf Monate = 1 Jahr
Zwölf = 1 Dutzend
5 x 12 Minuten = 1 Stunde
Zwölffingerdarm
Zwölf Brustwirbel
Zwölftonmusik
Der 12.verborgene Iman-Muhammed al-Mahdi
Zwölf Stämme Israels
Zwölf Ritter der Tafelrunde
Zwölf Zoll = 1 Fuß
Zwölf Etüden von Frederic Chopin
Zwölf Préludes von Claude Debussy
Zwölf Halbtöne (Oktave)
Zwölf Geschworene (Mitglieder einer Jury)
Zwölf ist eine erhabene Zahl
Zwölf Sterne auf der Flagge der EU
Zwölfprophetenbuch (Dodekapropheton)
Zwölfer-Schiiten
Zwölf Söhne des nordischen Gotts Odin
Zwölf Brüder  - Grimms Märchen

## (2) Sonne, Erde, Mond und Zeit

| Länge | Zeit |
|---|---|
| Umfang der Erde<br>≈ 12 x 2 1000 Meilen | Anzahl der Stunden eines<br>Tages = 24 h = 12 x 2 h |
| Durchmesser des<br>Monds<br>≈12 x 180 Meilen | Anzahl der Sekunden in<br>6 Stunden<br>= 12 x 180 s |
| Durchmesser der Sonne<br><br>≈12 x 72 x 1000 Meilen | Anzahl der Sekunden<br>eines Tages<br>= 12 x 72 x 100 s |

## (3)

In der Geometrie ist die n-te Kusszahl die maximale Anzahl von n-dimensionalen Einheitskugeln mit Radius 1, die gleichzeitig eine weitere solche Einheitskugel im n dimensionalen euklidischen Raum berühren können, ohne dass Überschneidungen auftreten. Im dreidimensionalen Raum (n=3) kann man 12 (gleich große) Kugeln um eine weitere Kugel gleicher Größe legen, sodass alle 12 Kugel die zentrale Kugel diese berühren, aber keine Überschneidungen auftreten.

*Die Kusszahl für den dreidimensionalen Raum beträgt 12.*

**(4)    Das platonische Weltenjahr**

Das platonische Weltenjahr hat eine Dauer von ca. 25920 Jahren. In dieser Zeitperiode hat sich der Frühlingspunkt der Sonne aufgrund der Präzessionsbewegung der Erdachse einmal rückläufig durch alle 12 Tierkreiszeichen bewegt. In der Astrologie wird 1/12 von 25920 Jahren ( = 2160 Jahre) als Weltepoche oder Weltentwicklungsstufe angesehen und mit einem Sternzeichen assoziiert. Gegenwärtig befinden wir uns in der Übergangsphase vom Zeitalter der Fische in die Epoche des Wassermanns.

**(5)    Ein Sonnenjahr umfasst 12 Mondzyklen.**

**(6)    12 ist sowohl durch die Summe ihrer Ziffern und durch das Produkt ihrer Ziffern teilbar.**

**(7)    12!+ 34567 = 479036167  ist eine Primzahl.**

**(8)    Für jede Primzahl p > 3 ist $p^2-1$ ohne Rest durch 12 teilbar.**

**(9)    Die Zwölf ist eine erhabene Zahl, weil sowohl 6, die Anzahl der Teiler, als auch 28, die Summe ihrer Teiler, vollkommene Zahlen sind.**

**(10)    $\frac{400}{33}$ = 12.1212121212...**

53

**(11)**  $2^{12} + 2^{12} + 3^{12} = 539633$ ist eine Primzahl.
$(2 \times 2 \times 3 = 12)$.

**(12)**  Das Pentagondodekaeder (Dodekaeder ) ist ein platonischer Körper mit folgenden Eigenschaften:

**12** kongruente regelmäßige Fünfecke als Flächen

**20 Ecken**

**30 (gleich lange) Kanten**

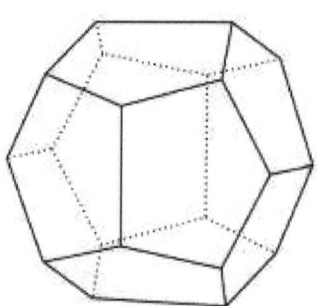

**Bildquelle: de.wikipeadia.org**

**(13)**  Kann man die Zahl 12 in zwei Hälften teilen, so dass ein Hälfte 2 und die andere 11 ist?

**ZWOELF = ZWO + ELF**

54

# 2. Eine geheimnisvolle Zahl - 72

## 2.1.

(1)      $800:11 = 72.7272727272...$

(2)      $72 \times 10 = 6 \times 5 \times 4 \times 3 \times 2 \times 1 = 6!$

(3)      72 ist die Summe von vier aufeinander folgenden Primzahlen:

$72 = 13 + 17 + 19 + 23.$

(4)      72 ist die Summe von sechs aufeinander folgenden Primzahlen:

$72 = 5 + 7 + 11 + 13 + 17 + 19.$

(5)      $19^5 + 43^5 + 46^5 + 47^5 + 67^5 = 72^5$

(6)      $36^3 + 48^3 + 60^3 = 72^3$

(7)      $100 \times \ln(2) = 69.14 \approx 72$

(8)      $3^2 \times 2^3 = 6^2 + 6^2 = 3^2(3^2 - 1) = 72$

(9)      72 ist die kleinste positive natürliche Zahl deren 5.Potenz sich als Summe von fünf fünften Potenzen schreiben lässt:

$72^5 = 19^5 + 43^5 + 46^5 + 47^5 + 67^5$

**(10)**

$72^3$ = 373248        = $(37+3+24+8)^3$
$72^4$ = 26873856     = $(2+6+8+7+38+5+6)^4$
$72^5$ = 1934917632   = $(1+9+3+4+9+1+7+6+32)^5$
$72^6$ = 139314069504 = $(1+39+3+1+4+0+6+9+5+0+4)^6$

$72^7$ = 10030613004288 =
$(1+0+0+3+0+6+1+3+0+0+42+8+8)^7$

$72^8$ = 722204136308736 =
$(7+2+2+20+4+1+3+6+3+0+8+7+3+6)^8$

**(11)**

**Wenn man bei der Zahl $2^{72}$ alle geraden Ziffern streicht erhält man eine Primzahl:**

**4722366482869645213696 → <u>7395139.</u>**

**2.2.**

**(1)**     **Der Mittelpunktwinkel im Pentagon beträgt 72°.**

**(2)**     **72° sind 1/5 des Kreisumfangs (360:5 = 72).**

**2.3.**

**72 x 1200 = 86 400 = Anzahl der Sekunden pro Tag**

**2.4.**

720 x 3 = 2160 Meilen ≈ Monddurchmesser
720 x 11 = 7920 Meilen ≈ Erddurchmesser
7200 + 720 = 7920 Meilen ≈ Erddurchmesser

**2.5.**

72 x 360 = 25920 = Anzahl der Jahre des
Platonischen Weltenjahrs:
$$72^2 : 2 = 2592$$
**2.6.**

Sonnendurchmesser ≈ 72 x 1200 Meilen = 864 000
Meilen

**2.7.**

Die Venus liegt 0.72 astronomische Einheiten von der
Sonne entfernt.

**2.8.**

Im äußeren Steinkreis von Stonehenge waren
ursprünglich 72 Blausteine angeordnet.

**2.9.**

**2.10.**

a) Ein brahmanisches Jahr besteht aus 360 Tag/Nachtzyklen von Brahma oder 720 Kalpas oder 8.64 Milliarden Menschenjahren.

b) Die Lebenspanne von Brahma beträgt 72 000 Kalpas.

**2.11.**

Nineveh Konstante (Große Konstante des Sonnensystems)

$195955200000000 = 70 \times 60^7$

$1959552 = 72 \times 72 \times 378$

In Sekunden ausgedrückt beschreibt die Nineveh-Konstante eine Zeitperiode von 2268 Millionen Tagen oder ca. 6.3 Millionen Jahren (240 Platonische Jahre). Diese Periode ist ein Vielfaches fast aller bekannten astronomischen Zyklen unseres Planetensystems.

**2.12.**

Im Islam werden die Seligen im Paradies von 72 Jungfrauen erwartet. Die im Volkstum weit verbreitete Zahl 72 für die Anzahl Jungfrauen, die im Paradies auf einen Mann warten, steht nicht im Koran. Sie hat eine sinnbildliche, magische Funktion und bedeutet etwa so viel wie *reichlich*.

**2.13.** Der ägyptische Gott Seth führte eine Gruppe von 72 Verschwörern an, um seinen Bruder Osiris zu töten.

**2.14.** Der chinesische Philosoph Konfuzius hatte 72 Schüler. Die Legende berichtet, dass Konfuzius den Beschluss fasste zu sterben, sobald er das 72. Lebensjahr erreichen sollte, tatsächlich starb er wenige Tage später.

**2.15.** Die Masse der Erde beträgt das 72fache der Mondmasse. Das Volumen des Saturns ist 72mal größer als das der Erde.

**2.16.** Der Mensch atmet im Durchschnitt 18 Mal pro Minute. Der Tag hat 1440 Minuten.

$1440 \times 18 = 72 \times 360 = 25\,920$ Atemzüge pro Tag

Die Länge eines Atemzugs verhält sich zum Tag wie das Jahr zum platonischen Weltenjahr (= 25 920 Jahre). 72 ist bei einem erwachsenen, ruhenden Menschen die durchschnittliche Anzahl der Herzschläge pro Minute.

**2.17.** Der menschliche Körper besteht im Durchschnitt aus 72% Wasser.

**2.18.**

Die ursprünglichen Tarotkartendecks beinhalten 72 Karten.

**2.19.** 72 : 4 = 18 Sarosperiode (in Jahren)

Die Sarosperiode (Finsterniszyklus) umfasst 18 Jahren und zehn bis elf Tagen (18.03 Jahre), Nach dieser Zeitspanne tritt eine Finsternis an ungefähr derselben Stelle im Tierkreis wieder auf, jeweils um 10.5° im Tierkreis nach hinten verschoben. Eine Sarosperiode entspricht 223 synodischen Monaten oder 6585,32 Tagen.

**2.20.** Die n-te Gitterkusszahl ist definiert als die maximale Anzahl von-dimensionalen Einheitskugeln (Kugeln mit Radius 1), die gleichzeitig eine weitere solche Einheitskugel im euklidischen, n-dimensionalen Raum berühren können. Dabei liegen alle Mittelpunkte auf einem Gitter.

(1)    In 6 Dimensionen ist die Gitterkusszahl gleich 72.

(2)    Die Gitterkusszahl (Leech-Gitter) in 24 Dimension beträgt : 196560 = 2730 x 72

**2.21.** 72 Grad Fahrenheit werden als Raumtemperatur angesehen.

**2.22.**

Leonardo da Vinci hat in seinem berühmtesten Gemälde, der Mona Lisa, die Zahl „72" versteckt! (entdeckt 2010).

60

**2.23.** Wie lange benötigt man bei einer konstanten Rendite, um ein Ursprungskapital zu verdoppeln?

*Man teile 72 durch die angenommene Rendite!*

Zinsesformel: $K_t = K_0\,(1+\frac{p}{100})^t$  und mit $K_t = 2K_0$

ergibt sich $t = \dfrac{ln\,2}{ln(1+\frac{p}{100})}$  und $t \approx 69.31/p$

Die Größe 69.31 ist ungefähr 70. Da es sich um eine Faustformel handelt kann man auch einen Näherungswert 72 annehmen.

**2.24.** In Angkor Wat, Hauptstadt des alten Khmer-Reiches, gibt es 72 Haupttempel. Angkor Wat liegt genau 72 Längengrade östlich von Gizeh.

**2.25.** Die Statuten des Templerordens (Tempelritter) basierten ursprünglich auf 72 Artikeln (Regeln). Die erste Version wurde in lateinischer Sprache 1129 auf der Synode von Troyes verfasst

**2.26.**
Die Bezeichnung "Platonisches Jahr" (Präzession der Erdachse) umfasst den Zeitraum, in welchem der einmal die gesamte Ekliptik durchwandert. Dies dauert knapp 26000 Jahre. Ein platonischer Tag beträgt demnach etwa 72 Jahre.

**2.27.**

(1) In der Kabbala werden 72 Engel mit Namen
erwähnt:

*(01) Vehuiah (02) Jeliel (03) Sitael (04) Elemiah(05)*
*Mahasiah (06) Lelahel (07) Achaiah (08) Kahetel (09) Haziel*
*(10) Aladiah(11) Lauviah (12) Hahaiah(13) Jezalel (14)*
*Mebahel (15) Hariel(16) Hakamiah (17) Leavjah (18) Kaliel*
*(19) Leuviah (20) Pahaliah (21) Nelchael (22) Leiaiel (23)*
*Melahel (24) Hahuiah (25) Nith-Haiah(26) Haaiah (27)*
*Jerathel (28) Seheiah (29) Reiiel (30) Omael (31) Lekabel*
*(32) Vasariah (33) Jehuiah (34) Lehahiah(35) Chavakiah*
*(36) Menadel (37) Aniel (38) Haamiah (39) Rehael (40) Ieiazel*
*(41) Hahahel (42) Mikael (43) Vevaljah (44) Yelaiah (45)*
*Sealiah (46) Ariel (47) Asaliah*
*(48) Mihael (49) Vehuel (50) Daniel (51) Hahasiah (52)*
*Imamiah (53) Nanael (54) Nithael (55)Mebahiah(56) Poiel*
*(57) Nemamiah (58) Ieialel (59) Harahel (60) Mitzrael (61)*
*Umabel (62) Iah-Hel (63) Anauel (64) Mehiel (65)*
*Damabiah(66) Manakel (67) Eiael (68) Habuhiah (69) Rochel*
*(70)Jamabiah (71) Haiaiel (72) Mumiah*

(2)

Aus dem Tetragrammaton JHWH lassen sich die 72
Namen Gottes ableiten, in Form von 72 Kombinationen
einer uralten Gruppen von heiligen Buchstaben: Die
jüdische Überlieferung kennt noch eine andere Art der
Summation von Zahlenwerten, die den Buchstaben
eines Wortes entsprechen. Der letzte Summand (die
letzte Zahl der Summe) wird einmal, der vorletzte
Summand zweimal, der drittletzte Summand dreimal
usw. zusammengezählt.

**Beispiel Jahwe:** Den vier Buchstaben des Gottesnamen (Tetragrammaton) sind die Zahlen 10 (Jod), 5 (He), 6 (Wav) und 5 (He) zugeordnet.

Es wird nicht nur (wie bei der normalen Summe)
10 + 5 + 6 + 5 = 26 zusammengezählt, sondern
10 + (10 + 5) + (10 + 5 + 6) + (10 + 5 + 6 + 5) = 72

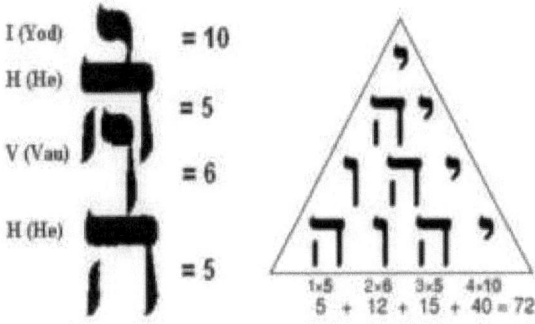

**Normale Summe:** 10 + 5 +6 +5=26 (Totalwert Jahwe)**Wachsende Summe:** 10 +15 +21 + 26 = 72

Von den Kabbalisten der Renaissance ist eine interessante Konstruktionsanleitung für die 72 heiligen Namen Gottes überliefert: Die 72 Namen sind in den Versen 19 - 21 des 14.Kapitels aus dem 2. Buch Moses verschlüsselt. Jeder der drei Verse enthält in der hebräischen Fassung 72 Buchstaben. Wenn man die 72 Buchstaben der drei Verse jeweils in eine Linie schreibt und untereinanderlegt, dann bilden je drei untereinanderstehende Buchstaben eine geheimen Namen Gottes (sofern man die Endsilben „jah" und „el" abwechselnd hinzufügt).

**2.28.** Die 72: in der biblischen Überlieferung

(1)     Die Bibel von berichtet von 72 Völkern und 72 Sprachen 72 Sprachen wurden beim Turmbau von Babel gesprochen

(2)     Laut Überlieferung hatte die Himmelsleiter des Ahnvaters Jakob 72 Stufen.

(3)     Jesus sandte 72 Boten in alle Welt, um sein Evangelium zu verkünden (Einheits-übersetzung Lukas, 10,1-16)

(4)     Der Hohe Rat zu Jerusalem besteht aus 72 Mitgliedern.

(5)     Am Obergewand des Hohepriesters befinden sich 72 Glöckchen

(6)     Die Legende berichtet, dass 72 Übersetzer an 72 Tagen in 72 Häusern die Thora aus dem Hebräischen ins Griechische übersetzten.

(7)     In einigen streng orthodoxen Gemeinden Westeuropas wird die Regel beachtet, dass zwischen dem Fleischverzehr und einer Milchmahlzeit exakt 72 Minuten verstreichen sollen.

(8)     Die Anzahl der Sprachen, die beim Turmbau von Babel genannt werden ist 72.

**2.29.**

Zeiteinheiten im Kalendersystem (Long Count) der Mayas:

1 Katun    = 72 x 100 Tage
1 Baktun   = 72 x 100 x 20 = 144 00 Tage
1 Pictun    = 72 x 100 x 20 x 20 = 2 880 000 Tage

Einheiten der Langen Zählung:

| Berechnung | Einheit | Anzahl Tage |
|---|---|---|
| 1 | 1 Kin | 1 |
| 20 Kin | 1 Uinal | 20 |
| 18 Uinal | 1 Tun | 360 |
| 20 Tun | 1 Katun | 7200=100 x 72 |
| 20 Katun | 1 Baktun | 144000= 2000 x 72 |
| 20 Baktun | 1 Pictun | 2880000= 40000 x 72 |
| 20 Pictun | 1 Calabtun | 57600000=800000 x 72 |
| 20 Calabtun | 1 Kinchiltun | 1152000000=16000000 x 72 |
| 20 Kinchiltun | 1 Alautun | 23040000000=320000000 x 72 |

Long-Count-Datum 2.12.8.18.6 :

2.12.8.18.6 →

6x1+18x20+8x360+12x7200+2x144000 Tage,

d.h. seit Beginn des Mayakalenders sind 377646 Tage vergangen.

# 3. Die heilige Zahl Indiens - 108

## 3.1.

(1) Alle Zahlen, durch die 108 teilbar sind, gelten im Hinduismus als heilige Zahlen.

(2) Der Fluss Ganges umfasst ein Gebiet von 12 Längengraden und 9 Breitengraden.

$$9 \times 12 = 108$$

(3) In der hinduistischen Astrologie gibt es

a) 12 Rashis

b) 27 Sterngruppen:
Nakshatra =„Mondhäuser" 360 : 27 =
13°20′ pro Haus
4 Untergruppen:
Padas, 13°20′ : 4 =3° 20′ pro Gruppe

$$27 \times 4 = 108$$

(4) Die Buddhisten (und auch die Taoisten) verwenden eine Gebetskette (Japa Mala) mit 108 Perlen,

(5) Im Buddhismus stehen die 108 Perlen für die 108 Bände der gesammelten Lehren Buddhas.

(6)   In der Tradition der Sikhs gibt es eine Gebetsschnur (Wollfaden) mit 108 Knoten (anstelle von Perlen).

(7)   Es gibt 54 Buchstaben im Sanskrit Alphabet. Jeder Buchstabe hat maskuline und feminine Qualitäten.

$$2 \times 54 = 108$$

(8)

In der hinduistischen Mythologie haben die verschiedenen Aspekte Gottes 108 Namen. Es gibt 108 Namen von Shiva, 108 Namen von Vishnu, von Ganesha, Saraswati, Durga, Lakshmi, Krishna, Swami Sivananda ...

(9)

Marma ist die Bezeichnung im Ayurveda für die Energiepunkte des menschlichen Körpers. Marma Vidya ist die Wissenschaft, die sich mit der Aktivierung der 108 Marmas für Yoga und Heilung befasst. Die Lehre untersucht den Fluss des Prana im Körper und die Wirkung von Druck auf die Marmapunkte. Die Behandlung von Marmapunkten ist ein spezieller Aspekt der ayurvedischen Massage. Marmapunkte werden auf körperlicher Ebene als Schnittpunkte zwischen Muskeln, Sehnen, Arterien, Knochen, Gelenke und Venen.

**(10)**

*Nataraja* (Sanskrit „König des Tanzes") ist eine Form des Hindu-Gottes *Shiva*. In der Überlieferung ist der Tanz *Shivas* ( ) mit 108 Tanzpositionen verbunden. Er ist die kosmische Quelle der Zyklen von Schöpfung, Erhaltung und Auflösung.

**(11)**

Es gibt 108 Upanishaden. Die Upanishaden sind ein Bestandteil des Veda. (*Sanskrit, Veda, wörtl.: „Wissen", Sammlung heiliger, philosophischer und religiöser Texte des Hinduismus*)

Rigveda(10): *Aitareya , Atmabodha, Kaushitaki, Mudgala, Nirvana, Nadabindu, Akshamaya, Tripura, Bahvruka, Saubhagyalakshmi.*

Yajurveda(50): *Katha, Taittiriya , Isavasya , Brihadaranyaka, Akshi, Ekakshara, Garbha, Prnagnihotra, Svetasvatara, Sariraka, Sukarahasya, Skanda, Sarvasara, Adhyatma, Niralamba, Paingala, Mantrika, Muktika, Subala, Avadhuta, Katharudra, Brahma, Jabala,Turiyatita,Paramahamsa,Bhikshuka, Yajnavalkya, Satyayani, Amrtanada, Amrtabindu, Kshurika, Tejobindu, Dhyanabindu, Brahmavidya, Yogakundalinl,Yogatattva,Yogasikha,Varaha, Advayataraka,Trisikhibrahmana, Mandalabrahmana*

*Hamsa, Kalisantaraaa, Narayana, Tarasara,*
*Kalagnirudra, Dakshinamurti, Pancabrahma,*
*Rudrahrdaya, Sarasvatlrahasya.*

SamaVeda(16): *Kena, Chandogya, Mahat, Maitrayani,*
*Vajrasuci, Savitri, Aruneya, Kundika, Maitreyi,*
*Samnyasa, Jabaladarsana, Yogacudaman, Avyakta,*
*Vasudevai, Jabali, Rudrakshajabala.*

Atharvaveda(32): *Prasna , Mandukya, Mundaka, Atma,*
*Surya, Narada-Parivrajakas, Parabrahma,*
*Paramahamsa-Parivrajakas, Pasupatha-Brahma,*
*Mahavakya, Sandilya, Krishna, Garuda, Gopalatapani,*
*Tripadavibhuti-mahnarayana, Dattatreya, Kaivalya,*
*Nrsimhatapanl, Ramatapani, Ramarahasya, Hayagrlva,*
*Atharvasikha, Atharvasira, Ganapati, Brhajjabala,*
*Bhasmajabala, Sarabha, Annapurna, Tripuratapanl,*
*Devi, Bhavana, Slta.*

(9)

In der Lehre des Tantra spricht man von durchschnittlich 21600 Atemzügen täglich. Davon ist eine Hälfte solar (Surya) und die andere lunar (Chandra).

$$10800 : 100 = 108.$$

(11) Das nepalesische Parlament hat 108 Sitze.

(12) 1 - 0 - 8 ist die Notfall-Rufnummer in Indien.

(13)

Das Zahlenverhältnis der Dauer des synodischen Monats (Vollmond bis Vollmond, von der Erde aus gesehen) zur Dauer des siderischen Monats (Umlauf des Mondes um die Erde aus dem Kosmos gesehen) beträgt ungefähr 100 : 108.

### 3.2. Diverse 108 Relationen

(1)     Im Epos Odysseus von Homer werben 108 Freier um die Hand von Penelope, der Frau des Odysseus.

(2)     Stonehenge hat 108 Fuß Durchmesser.

(3)     Ein offizieller Basketball ist mit exakt 108 Stichen genäht.

(4)     Im Islam bezieht sich die Zahl 108 auf Allah selbst.

(5)     Auf der Tonskala, die auf 432 Hz gestimmt ist, besitzt der Ton mit 108 Hz die Frequenz des Tons A,

(6)     Der erste bemannte Weltraumflug (April 1961) von Juri Gagarin dauerte 108 Minuten.

(7)     In der Astrologie ist der Mond mit dem Metall Silber assoziiert. Silber hat das Atomgewicht 108.

## 3.3.

Der Kantenwinkel eines Fünfecks beträgt 108°. Die Winkelsumme der Innenwinkel ist gleich

$$5 \times 108° = 540°.$$

## 3.4.

Bei 0°C hat 1 g Wasser ein Volumen von 1.00016 cm³ (VFL) , 1 g Eis dagegen 1.09000 cm³ (VF). Die Volumenzunahme beim Übergang von Wasser (100%) zu Eis bei Null Grad Celsius ergibt ca. 108 %

## 3.5.

108 ist eine Harshad-Zahl ! Eine Harshad-Zahl ist eine natürliche Zahl, die durch die Quersumme ihrer Ziffern im Dezimalsystem teilbar ist. „Harshad" ist Sanskrit und bedeutet: *„Freuden-bringend!"*

## 3.6.   Das Sonnensystem und die 108

Durchmesser Sonne: 864938 Meilen=1386823.94 km
Durchmesser Erde: 7926.41 Meilen = 12 756 km
Entfernung Sonne – Erde: 149 600 000 km
Entfernung Erde – Mond: 238900 Meilen=384400 km
Durchmesser Mond: 2159.19 Meilen = 3474.8 km
Radius Mond: 1080 Meilen = 1738.07 km

(1)     Die Entfernung Erde - Sonne (149600000 km)
        beträgt das ca. 108fache des Durchmessers
        der Sonne.

        108 x 864938 Meilen = 93312000 Meilen
        $\approx$ 149615 527 km

(2)     Der Durchmesser der Sonne ist ungefähr
        108mal größer als der Durchmesser der Erde.

        864938 Meilen : 108 = 8008.6 Meilen $\approx$
        12841 km             Abweichung: 0.7 %

(3)     Die Entfernung Erde – Mond ist ungefähr das
        108fache des Monddurchmessers.

        108 x 2159.19 = 233 193.56 Meilen $\approx$
        375 285.39  km       Abweichung: 3%

(4)     Volumen der Erde: $\approx 108 \times 10^{10}$ km$^3$
        (tatsächlich $108.321 \times 10^{10}$ km$^3$)

(5)     Durchmesser Mond: $\approx 108 \times 20$ m
        Meilen (tatsächlich 107.9 x 20 Meilen)

(6)     Durchmesser Sonne $\approx$ 108 x 8000 Meilen
        (tatsächlich 108.1 x 8000 Meilen)

(7)     Geschwindigkeit der Erde auf ihrer
        Umlaufbahn um die Sonne: $\approx$108.000 km/h

(8)       Durchmesser Sonne / Durchmesser Erde ≈ 108 (tatsächlich 109.16)

(9)       Der Polardurchmesser des Saturns: ≈108000 km

(10)      Die siderische Umlaufzeit des Saturns : 29.457 Jahre = 29.457 x 365.25 Tage ≈ 10800 Tage

(11)      Oberflächentemperatur des Jupiter beträgt ≈− 108 ○ Celsius○

(12)      Die Venus ist ungefähr 108 Millionen Kilometer von der Sonne entfernt.

**3.7.**

(1)       Die Zahl 74! hat 108 Stellen.

74!=
330788544151938641225953028221253782145683251820934971170611926835411235700971565459250872320000000000000000

(2)

108 ist das Produkt der ersten drei Kubiken:

$$1^1 \times 2^2 \times 3^3$$

73

(3)    $2 \times \sin(108/2) = 1.618... \approx \varphi = PHI$

   $2 \sin(108° : 2) = 1.618033... \approx \varphi = PHI$

(4)    $8+9+10+11+12+13+14+15+16 = 108$

(5)    $\prod_{n=1}^{3} n^n = 1 \times 2 \times 2 \times 3 \times 3 \times 3 = 108$

(6)    $6^2+6^2+6^2 = 108$

(7)    $108 = 3^3 + 3^3 + 3^3 + 3^3 = 3^2 + 5^2 + 5^2 + 7^2$

**3.8.**

Polyonimos sind Flächen, die aus n zusammenhängenden Quadraten gebildet werden.

**Es gibt bis auf Kongruenz genau 108 verschiedene Polyonimos der Ordnung 7 (d.h. ebene Figuren, die aus sieben zusammenhängenden Quadraten bestehen).**

# 4. Eine besondere Zahl : 153

## 4.1.

(1)           $153 = 1^3 + 5^3 + 3^3$

(2)           $153 = \sum_{i=1}^{17} i$

(3)           $153 = 1! + 2! + 3! + 4! + 5! = 1+2+6+24+120$

(4)           $153 = 3 \times 51$

(5)           $153 = (1 + 5 + 3) \times ( 1{\cdot}5 + 5{\cdot}3 - 1{\cdot}3)$

(6)           $153 + 351 = 504$ und $504^2 = 288 \times 882$

(7)           $153 : (1 + 5 + 3) = 17$

(8)          
$1^0 + 5^1 + 3^2 = 1 \times 5 \times 3$
$1^0 + 5^1 + 3^2 = 15$
$1^1 + 5^2 + 3^3 = 53$

(9)           $135 + 531 = 666$      $153 + 513 = 666$
$315 + 351 = 666$

(10)         $153153 = 153 \cdot 1001$

(11)         **153 ist die kleinste nicht-triviale Armstrongzahl:**

(12)         $153 + 315 + 531 = 999$

(13)    0.153153153.= 153:999 =17:111 = 102:666

(14)    (12345678+87654321)x153+153= 15300000000.

(15)    1531531531531531 ist eine Primzahl.

(16)    $153^4 = 547\,981\,281 = (-547 + 981 - 281)^4$

(17)    $\frac{153}{999}$ =0.153153

(18)    153 = 1 x 5! + 5 x 3! + 3 x 1!

(19)    153 + 351 = 504    $504^2 = 288 \times 882$

**4.2.**   cos(2 x 153°)    = cos( 666° )
           sin(2 x 153°)    = sin (666°)
           cos (513°)       = cos (153°)

**4.3.**        Der ASCII Code von „153„ ist gleich
                49 + 53 + 51 = 153.
**4.4.**

Der christliche Mönch Euagrios Pontikos (345-399)
gibt für 153 die folgende Erklärung:

100 ist das Quadrat - 28 das Dreieck - 25 der Kreis.
Die Zahl 153 steht für die Harmonisierung der
Gegensätze.

**4.5.**

Nach der Numerologie des Pythagoras ist die Summe aller Arten in der Natur 153.

**4.6.** $\sqrt{153} \approx 12.369$ ist die durchschnittliche Anzahl von Vollmonden in einem Jahr.

**4.7.** Wenn man die Kuben der einzelnen Ziffern einer beliebigen durch 3 teilbaren Zahl addiert und mit der entstandenen Zahl wieder so verfährt, landet man nach einer endlichen Anzahl von Iterationsschritten stets bei 153.

**Beispiel:**
249 → $2^3 + 4^3 + 9^3$ = 8 + 64 + 729    = 801
801 → $8^3 + 0^3 + 1^3$ = 512 + 0 + 1    = 513
513 → $5^3 + 1^3 + 3^3$ = 125 + 1 + 27   = 153

**4.8.**

Π(x) bezeichne die Anzahl der Primzahlen bis zur Zahl x. Dann gilt: Π (153) = Π (15) x 3

**4.9.** Permutation von 153:

153+315+531 = 999 und 351+135+513= 999

**4.10.**

153 ist die Summe von 144 und der Quersumme von 144.

**4.11.**

Zwei gleich große, sich schneidende Kreise bilden einen Überlappungssektor, dessen Achsen sich immer wie 265/153 verhalten. Dieser Sektor ist in der Tradition des Christentums auch als *Vesica Pisces* (lat. Fischblase) bekannt.

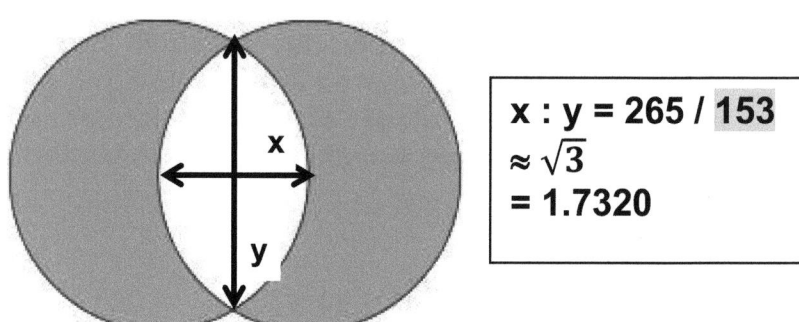

$$x : y = 265 / 153$$
$$\approx \sqrt{3}$$
$$= 1.7320$$

**4.12.**     Die biblische 153

(1)   Im Johannes-Evangelium 21:11 heißt es: "Simon Petrus stieg hinein und zog das Netz an Land, voll großer Fische, hundertdreiundfünfzig." Der Zahlenwert des griechischen Wortes für "*Fische*" (*ichthyes*)   beträgt 1,224 oder 153 x 8. Der Zahlenwert für das griechische Wort für „Brot" (*atrous*) beträgt 1071 = 7 153 und des griechischen Wort für "*das Netz*" (*to diktyon*) hat den Wert 1.224 oder 153 x 8.

(2) Die ersten vier Mosebücher der Bibel haben 153 Kapitel.

(3) Die Bezeichnung „Söhne Gottes" (Bene Ha-Elohim) hat im Hebräischen den Zahlenwert:

$$2 + 50 + 10 + 5 + 1 + 30 + 5 + 10 + 40 = 153$$

(4) Im ersten Buch der Chronik Kapitel 29, Vers 7 werden Spenden für den Tempelbau beschrieben:

3 000 Talente vom Ofirgold
7 000 Talente geläutertes Silber
5 000 Talente Gold
10 000 Golddariken
10 000 Talente Silber
18 000 Talente Bronze
100 000 Talente Eisen
153 000 Zahleneinheiten

(5)

Im 2.Buch Moses, 31, 1-11, wird der Baumeister *Belazeel* erwähnt, der vom Herrn den Auftrag zur Anfertigung der Stiftshütte erhalten hatte. Der Zahlenwert von *Belazeel* beträgt 153.

4.13.

Es gibt 153 Tage in einer Reihe von 5 aufeinander folgenden Monaten (ohne Februar!).

**4.14.**

William Shakespeare hat 153 Sonnetts geschrieben. Die Zahl 153 kann als eine Pyramide von 153 Zahlen dargestellt werden (Höhe 17 Einheiten, Breite 17 Einheiten):

```
                        153
                     151  152
                  148  149  150
               144  145  146 147
            139 140  141 142  143
         133  134 135 136 137  138
      126 127 128  129 130  131 132
   118 119  120 121  122 123  124 125
109 110  111  112 113 114 115  116  117
 99  100 101 102  103 104 105 106 107 108
 88   89   90  91  92   93  94   95  96  97  98
 76  77   78   79  80   81  82   83   84  85  86   87
63  64  65   66  67  68  69  70   71  72  73   74  75
49 50  51  52   53  54  55  56  57  58  59   60  61   62
34 35  36  37  38  39  40  41  42  43  44   45  46  47   48
18 19  20  21  22  23  24  25  26  27  28   29  30   31  32   33
1  2   3   4   5   6   7   8   9  10  11  12   13  14  15  16  17
```

**Edward de Vere war der 17. Earl of Oxford.**

**4.15.**

**1 : 153 = 0,0065359477124183 …**

**65359477124183x 17 x 1 = 1111111111111111**
**65359477124183x 17 x 2 = 2222222222222222**
**..**
**65359477124183x 17 x 9 = 9999999999999999**

# 5.    Die lunare Zahl : 384

## 5.1.

384 000 km  ist die mittlere Entfernung Erde – Mond.
Ein Lunisolarkalender zählt die Monate wie bei
einfachen Mondkalendern und ist an den Mondphasen
ausgerichtet. Neben einem Normaljahr mit 12
Mondmonaten (354 Tage) gibt es Schaltjahre mit 13
Mondmonaten (384 Tage) zur Angleichung an das
Sonnenjahr. Ein Jahr mit 13 Lunationen enthält daher
384 Tage.

## 5.2.

Die in der Bibel angegeben Maße der Arche Noa
addieren sich zu 384. Einheitsübersetzung, Genesis,
6, Vers 9-20:

*„So sollst du die Arche bauen: Dreihundert Ellen
lang, fünfzig Ellen breit, und dreißig Ellen hoch. Mach
der Arche ein Dach und hebe es genau um eine Elle
nach oben an. Den Eingang der Arche bringe an der
Seite an! Richte ein unteres, ein zweites und ein
drittes Stockwerk ein."*

$$300+50+30+1+3 = 384$$

**5.3.**

(1) 384 ist die Summe der Zahlen eines Primzahlzwillings: 384 = 191 + 193

(2) 384 = 365+19

(3) $\sum_{i=1}^{10} i^2 - 1 = 384$

(4) 384 = 8!! = 8 x 6 x 4 x 2

(5) 384 = $4^2$ x 4! und 384 = 3 x 8 x $4^2$

(6) 384 ist Teiler von $65^2 - 1$ :

($65^2$-1) : 384 = 11 .

(7) 384 besitzt eine eindeutige Darstellung als Summe von drei Quadraten:

384 = $16^2 + 8^2 + 8^2$ .

(8) 384 ist gleich der Summe von sechs aufeinander folgenden Primzahlen:

384 = 53 + 59 + 61 + 67 + 71 + 73

**5.4.**

(1)    20 Aminosäuren des genetischen Codes haben 384 Atome.

(2)    Zur Darstellung aller 64 Codeworte auf dem Doppelstrang benötigt man 384 Codebausteine A, T, G, C. Die Zahl 384 entspricht dem kompletten Bausteinsatz des Codes.

**5.5.**

*„Wenn man sich das kleinste Teilchen des Göttlichen Wesens, welches in den Mittelpunkt der Erde sich herabsenkte, unter der Zahl 384 denket, so muss man sich selbiges unter der Zahl 432 denken, als es sich um ein Grad dem oberen Raum näherte, weil sich alsdann seine Stärke um ein Achtheil vermehrte: das Verhältnis zwischen 432 und 384 gibt also den ersten Ton der Weltseele".*

Quelle: Philosophie der Natur, Jean de Sales, 1773

**5.6.**
Die Buchstabenfolge des hebräischen Worts für Mann, männlich (זכר) wird in der gematrischen Zuordnung durch die Zahlenfolge 7-20-200 (Gesamtsumme 227) ausgedrückt. Das hebräische Wort für weiblich (נקבה) ergibt die Zahlenfolge 50-100-2-5 (Gesamtsumme 157).

Die Summe der zwei Primzahlen 227 und 157 ist 384.

**5.7.**

384 ist die Anzahl der Linien im chinesischen Weisheitsbuch I Ging. Es gibt 64 Hexagramme zu je sechs Linien. Die Linien eines Hexagramms können in zwei verschiedenen Arten vorkommen: Als durchgezogene waagerechte Linie (hart) und als in der Mitte unterbrochene waagerechte Linie (weich) Die 64 Bilder beschreiben 384 Situationen bzw. Schicksalskonstellationen und die zugeordneten Kommentare des I Ging geben entsprechende Verhaltensratschläge.

**5.8.**

Das reguläre 384-Eck lässt sich klassisch mit Zirkel und Lineal konstruieren. Ein reguläres n-Eck ist genau dann mit Zirkel und Lineal konstruierbar, wenn die Zahl n das Produkt einer Zweierpotenz und von verschiedenen Fermatschen Primzahlen der Form $F_k = 2^{(2^k)} + 1$   $k \in N$   ist:   $384 = 2^7 \times F_0 = 2^7 \times 3$

**5.10.**

Die Sphäre im $R^3$ (Kugel $r^2 = x^2 + y^2 + z^2$) mit dem Radius r = 33 hat genau 384 Oberflächenpunkte mit ganzzahligen Koordinaten. Z.B.

| | | |
|---|---|---|
| P(32/ 1/ 8) | mit | $33^2 = 32^2 + 1^2 + 8^2$ |
| P(17/20/20) | mit | $33^2 = 17^2 + 20^2 + 20^2$ |
| P(28/17/42) | mit | $33^2 = 28^2 + 17^2 + 42^2$ |
| P(25/20/ 8) | mit | $33^2 = 25^2 + 20^2 + 8^2$ |

**5.9.**

Ein magisches Quadrat heißt pandiagonal, wenn die Summe der Zahlen in den gebrochenen Diagonalen ebenfalls die magische Zahl ergibt. Es gibt insgesamt 48 verschiedene Grundformen von pandiagonalen magischen (panmagischen) Quadraten der Ordnung 4. Berücksichtigt man noch Quadrate, die durch Spiegelung und Drehung (Diedergruppe $D_4$) aus den 48 Grundformen hervorgehen, dann gibt es 48 x 8 = 384 verschiedene Darstellungsformen pandiagonaler magischer Quadrate der Ordnung 4. Beispiel panmagisches Quadrat:

| 1 | 8 | 10 | 15 |
|----|----|----|----|
| 12 | 13 | 3 | 6 |
| 7 | 2 | 16 | 9 |
| 14 | 11 | 5 | 4 |

# 6.    Die kosmologische Zahl : 432

## 6.1.

432 mal 60 sind 25920. Soviel Jahre braucht der Frühlingspunkt der Sonne, um einmal durch den Tierkreis zu wandern.

*Als Frühlingspunkt    wird der Schnittpunkt des Himmelsäquators mit der Ekliptik bezeichnet, an dem die Sonne zum Frühlingsanfang der Nordhalbkugel (= Herbstanfang der Südhalbkugel) steht.*

## 6.2.

432 Konjunktionen von Saturn und Jupiter ergeben 25920 Jahre.

$$432 \times 60 = 25920$$

Als Große Konjunktion bezeichnet man die Konjunktion (Annäherung oder Berührung am Sternhimmel, von der Erde aus gesehen) zwischen den Planeten Jupiter und Saturn. Die Umlaufzeiten der zwei Riesenplaneten betragen 11,86 bzw. 29,46 Jahre. Eine Große Konjunktion ereignet sich alle 20 Jahre. Weil die zwei Umlaufzeiten fast genau im Verhältnis 2:5 stehen, tritt die Große Konjunktion im Zyklus von etwa 60 Jahren an der <u>gleichen</u> Stelle des Sternhimmels ein: Jupiter hat dann 5 Umläufe gemacht, Saturn hingegen 2.

**1.3.** 432 = 16 x 27 und 27 : 16 = 1.6875 ...(die ersten beiden Stellen von PHI)

**1.4.** 12 Stunden entsprechen exakt 43200 Sekunden. In 12 Stunden umkreist ein Sekundenzeiger das Ziffernblatt der Uhr 720 Mal.

**6.5.**

(1) 4320 ist die kleinste Zahl, die durch 1440, 720 und 108 teilbar ist.

(2) $4320 = 6 \times 6!$

(3) $432 = 4 \times 3^3 \times 2^2$

(4) $432 = 6 \times 72$

(5) $432 - 72 = 360$

(6) $432 + 243 = 666$

(7) $\tan(72°) = \tan(432°) = 3.077..$

(8) $432 = 103 + 107 + 109 + 113$

(9) $432 = 12^2 + 12^2 + 12^2$

(10) $432 = 6^3 + 6^3$

## 6.6.

Der uralte Fünfstern ist bei den Germanen das Symbol Walhalls. Rechnet man die Grade der Winkel des Pentagramms aus, so findet man 5 Winkel von jeweils 108 Grad. Jeder stumpfe Außenwinkel des Pentagramms umfasst 108 Grad.

$$5 \times 108 = 540$$

In der Edda wird von 540 Toren erzählt, durch die jeweils 800 Krieger gehen, um gegen Fenrir zu kämpfen.

$$540 \times 800 = 432000$$

## 6.7.

Gesamtdauer der vier indischen Yugas (= ein Maha-Yuga): 4320000 Jahre

Im „Gesetzbuch des Manu" wird die Dauer der vier Weltalter als 4000, 3000, 2000 und 1000 Jahre angegeben, mit jeweils einer Übergangszeit von 400, 300, 200 bzw. 100 Jahren. Die Dauer des Kali-Yuga beträgt somit 1000 + 100 + 100 = 1200 Jahre. Die Dauer des Maha-Yuga ist demnach 4800 + 3600 + 2400 + 1200 =12. 000 Jahre. Ein Jahr in der Zeitrechnung der Götter entspricht 360 Jahre in der Zeitrechnung der Menschen.

Daher ergibt sich als Dauer der Yugas in Menschenjahren:

Kali Yuga: 1200 × 360 = 432 000 Jahre
Dvāpara Yuga: 2400 × 360 = 864 000 Jahre
Tretā Yuga: 3600 × 360 = 1296 000 Jahre
Satya Yuga: 4800 × 360 = 1728 000 Jahre

---

Maha-Yuga = 4320 000 Jahre

**6.8.**

Die mythische Tien-Hoang Dynastie (China) hatte 13 Könige. Jedem werden 18000 Jahre Regentschaft zugeschrieben. In der Ti-Hoang Dynastie erzählt die Überlieferung von 11 Königen, die ebenfalls 18000 Jahre lebten.

(13+18) x 18000 = 432000 Jahre = 6000 x 72

**6.9.**

In der Kabbala beträgt der Zahlenwert für das Wort *tebel* (תֵּבֵל), das Welt, Weltall bedeutet, genau 432.

**6.10.**

432000 ist die Anzahl der Silben im indischen Epos Rig-Veda.

Quelle: https://en.wikipedia.org/wiki/Rigveda

**6.11.**

Ein Babylonisches Jahr dauert 432000 Jahre. Die Zahl 432000 wurde von dem babylonische Mardukpriester Berossos aus der Diadochenzeit überliefert und gibt die Dauer für das Aion der vorsintflutlichen Könige an.

**6.12.**

*„Harmonikale Kammertöne"*: Eine aktuelle Theorie besagt, dass ein Kammerton A mit einer Frequenz von 432 Hz in Harmonie mit dem Kosmos steht, in optimaler Entsprechung zum Resonanzsystem des Menschen.

**6.13.** Das Wort „Soul" (deutsch Seele) erscheint in 432 Bibelversen (King James Version).

**6.14.**

Der aktuelle Wert für Lichtgeschwindigkeit beträgt $\approx$ 186291 Meilen pro Sekunde. Die Wurzel aus 186291 ist gleich 431.61 $\approx$ 432. Nimmt man als Basiseinheit für die Meile das heilige ägyptische Längenmaß, das 1.011 mal größer ist als das englischen Inch, dann kommt man auf 186496 Meilen pro Sekunde, was dem Quadrat von 432 numerisch sehr nahe kommt.

$$\sqrt{Lichtgeschwindigkeit\ in\ Meilen} \approx 432$$

**6.15.**

Stonehenge besitzt als nördliche Breite die geographische Koordinate: 51 Grad und 10 Minuten und 42,3529Sekunden

51 x 10  x 42.3529 ≈ 21600 = 43200 : 2

Der rekonstruierte Grundplan der Anlage von Stonehenge zeigt zwei große Eingangssteine, von denen einer (der *Slaughter Stone*) heute noch vorhanden ist. Es handelt sich um die ersten Steine, auf die man trifft, wenn man in den Aubrey-Kreis eintritt. Archäologen gehen davon aus, dass beide Steine gleich groß waren.

Slaughter Stone:  Höhe:      21 Feet  6 Inches
                  Breite:     6 Feet  9 Inches
                  Dicke:      2 Feet  9 Inches

1.Stein: 216 · 69 ·29 =  432216
2.Stein: 216 · 69 ·29 =  432216
---------------------------------------------
                        864432

Durchmesser der Sonne

≈ 865374 Meilen  und   2 x 432000 = 864000

**6.16.**

In Genesis 6,3 spricht der Herr:

*„Mein Geist soll nicht für immer im Menschen bleiben, weil er auch Fleisch ist; daher soll seine Lebenszeit Hundertzwanzig Jahre betragen."*

In den alten Kulturen (Vorderer Orient, Indien, China) und den astrologischen Geheimlehren wurde Das Menschenjahr mit 360 Tagen gerechnet.

$120 \times 360 = 43200$ Tage = 1 Menschenleben

**6.17.**

Die genealogische Liste der zehn biblischen Patriarchen (von der Geburt Adams bis zur Sintflut, bzw. bis zum Tod von Methusalem) umfasst im masoretischen Text der Bibel genau 1656 Jahre. 1656 Jahre entsprechen 86405,66 Wochen zu je 7 Tagen!

$$86405 = 2 \times 43202.5$$

**6.18.**

Ein Golfball besitzt Einkerbungen, die seine Flugeigenschaften so verbessern (stabile Fluglage) Experimentell wurde ermittelt, dass 432 Einkerbungen optimal sind (United States Patent 5106096).

**6.19.**

**(1)**

Die ursprüngliche Höhe der Cheops-Pyramide betrug 146.59 m. Nimmt man als Längeneinheit das englische *Feet*, so ergibt sich als ursprüngliche Höhe 481.3949 *Feet*. Multipliziert man 481.3949 mit 43200 so erhält man 20796259.68 Feet, was exakt 3938.685 Meilen entspricht ( 1 Meile = 5280 Feet). Dieser Wert unterscheidet sich vom Polarradius der Erde (3949.903 Meilen) nur um 11 Meilen
(Abweichung 0.2 %)!

**(2)**

Multipliziert man dem Umfang der Cheops-Pyramide an der Basis (921 m = 3021.65 Feet) mit 43200 so erhält man 130535433.1 Feet = 24722.6199 Meilen. Dieser Wert unterscheidet sich um ca. 137 Meilen vom wahren Äquatorumfang der Erde
(Abweichung 0.55 %) !

Erdumfang in Meilen= 24859.7333 Meilen

≈ 40007.8629 km

43200  x 3021.65 Feet=130535280 Feet ≈24722.59 Mi

24859 − 24722 = 137

**6.20.** <u>Astronomie und 432</u>

(1)      Der Jupiter umkreist die Sonne in 4332.59 Tagen oder 11.87 Jahren.

(2)      Die Geschwindigkeit des Sonnensystems innerhalb der Galaxie beträgt ca. 43 200 Meilen pro Stunde.

(3)      Der Mars hat einen Durchmesser von ungefähr 4320 Meilen.

(4)      Durchmesser der Mondbahn beträgt ungefähr 432 Erdhalbmesser.

(5)      Der Durchmesser des Mondes beträgt ungefähr 432 x 5 = 2160 Meilen (= 4320:2 Meilen)

(6)      Der Durchmesser der Erdbahn entspricht ungefähr 432 Sonnenhalbmessern.

(7)      Der Radius der Sonne beträgt 432687 Meilen.

**6.21.**

Ein gleichseitiges Dreieck, bei dem Umfang und Fläche übereinstimmen, hat den Flächeinhalt ( = Umfang)

$$A = \sqrt{432}$$

# 7. Die Zahl des Tiers : 666

**7.1.**

„Wer Verstand hat, der deute die Zahl des Tiers; denn es ist die Zahl eines Menschen, und seine Zahl ist 666."

Johannes, 13,18

Sechshundertsechsundsechzig (666) ist die Bezeichnung oder der Name für das im letzten Buch der Bibel beschriebene *„wilde Tier mit sieben Köpfen und zehn Hörnern"*. Sie wird allgemein auch als *Zahl des Antichristen* angesehen. Im modernen Okkultismus und der Zahlenmystik hat diese Zahl eine besondere Bedeutung.

**7.2.**

Die Zahl 666 wird im römischen Zahlsystem ausgedrückt durch:

## D C L X V I

Diese Darstellung beinhaltet genau <u>alle</u> römischen Zahlensymbole ( < 1000) in absteigender Reihenfolge:

D = 500 C = 100 L = 50 X = 10 V = 5 I = 1

**7.3.** Im hebräischen Alphabet ist dem Buchstaben w (vav) der Zahlenwert 6 zugeordnet. **WWW** entspricht 666

## 7.4. 6-6-6-Zahlenmuster

(1)    $25920 = 36 \times 720 = 6 \times 6 \times 6!$

(2)    $666 = 1^6 - 2^6 + 3^6$

(3)    $666 = 6 + 6 + 6 + 6^3 + 6^3 + 6^3$

(4)    $666 : 55{,}5 = 12$

(5)    $144\,000 : 666 = 216{,}216216216...$

(6)    $216 = 6 \times 6 \times 6$

(7)    $666 = 2 \times 3 \times 3 \times 37$  und  $2 + 3 + 3 + 3 + 7 = 6 + 6 + 6$

(8)    $144 = 6 \times (6 + 6 + 6 + 6)$

(9)    $666 = 1^3 + 2^3 + 3^3 + 4^3 + 5^3 + 6 \cdot 6 \cdot 6 + 5^3 + 4^3 + 3^3 + 2^3 + 1^3$

(12)    $666 = (6^4 - 6^4 + 6^4) - (6^3 + 6^3 + 6^3) + (6 + 6 + 6)$

(13)    $(6 \times 6 \times 6)^2 + (666 - 6 \times 6)^2 = 666^2.$

(14)    $666 = 7 \times 7 + 13 \times 31 + 17 \times 71 - 19 \times 91 + 23 \times 32$

(15)    $20772199 = 7 \times 41 \times 157 \times 461$
$7 + 41 + 157 + 461 = 666$

**(16)**     $20772200 = 2 \times 2 \times 2 \times 5 \times 5 \times 283 \times 367$
und $2+2+2+5+5+283+367 = 666$

$20772199 = 7 \times 41 \times 157 \times 461$
und $7+41+157+461 = 666$

**(17)**     $666^{666}$
$= 2.7154175928871285582608746 \times 10^{1880}$

**(18)**     $37 = \dfrac{666}{6+6+6}$

**(19)**     $1 + 2 + 3 + 4 + 567 + 89 \qquad = 666$
$123 \ + 456 + 78 + 9 \qquad\qquad = 666$
$9 + 87 + 6 + 543 + 21 \qquad\quad = 666$

**(20)**     $3^6 - 2^6 + 1^6 = 666 = 3^6 - 63$

**(21)**     $666^6 = 87266061345623616$

**Das Endresultat enthält 6 Sechsen!**

**(22)**     $144000 : 666 = 216{,}216216216\ldots$ und $216 = 6 \times 6 \times 6$

**(23)**     **Die Summe der ersten 7 Primzahlquadrate ist gleich 666.**

$\sum_{n=1}^{7} \ p_i^2 = 2 + 3^2 + 5^2 + 7^2 + 11^2 + 13^2 + 17^2 = 666$

(24)     $666 = \sum_{n=1}^{36} i = 1+2+3+4+5 + \ldots + 35+36$


(25)     $\sin(-666)° = \sin(54°) \approx 0.809 \approx 9/11$

(26)     $666 = 6! \dfrac{6^2+1^2}{6^2+2^2}$

(27)     $\sin(666°) = \cos(6 \times \!\cdot 6 \times 6\ °)$

(28)     $\dfrac{666}{64676} = \dfrac{6 \times 6 \times 6}{6 \times 46 \times 76}$

(29)     $1^3+2^3+3^3+4^3+5\ ^3+6\times6\times6+5^3+4^3+3^3+2^3+1^3=666$

(30)     Drei Primzahlen:

   $666 \times 6 \times 910 + 1$
   $666 \times 6 \times 6 \times 910 + 1$
   $666 \times 6 \times 6 \times 6 \times 910 + 1$

(31)     Primzahlzwilling:  $666+666+666+1$
                           $666 +666+ 666-1$

(32)     $1 + 2 + 3 = 1 \times 2 \times 3 = \sqrt{1^3 + 2^3 + 3^3} = 6$


(33)     $666 = 18691113009329 - 18691113008663$
         (Differenz von zwei aufeinander folgenden
         Primzahlen)

(34)     $3 \times \sum_{i=1}^{i=666} i = 666333$

**(35)**     $\frac{666}{666} = 1$          $\frac{666666}{666} = 1001$

$\frac{666666666}{666} = 1001001$          $\frac{666666666666}{666} = 1001001001$

$\frac{666666666666666}{666} = 1001001001001$

**(36)**

$$\frac{1666}{664} = \frac{16x\,66}{66\,x\,64}$$

**(37)**     666 ist Teiler von 123456789 + 987654321

**(38)**     $666^5 = 131030122140576$

131+030+122+140+567 = 999

**(39)**

$$\sum_{i=1}^{i=666} 2n(-1)^n = 666$$

**(40)**   6+6+6 = 18
666 = 2 x 3 x 3 x 37
2+3+3+3+7 = 18

**(41)**     666 = 1 +2 +3 +4 +567 +89
666  = 123 + 456 +78 +9
666 = 9 + 87 + 6+ 543 + 21

**7.5.**

Am 1. Mai 1991 stoppte die englische Behörde für
die Ausgabe von Kennzeichen für Kraftfahrzeuge
die Ausgabe v on Nummerschildern mit der
Zahlfolge 666. Zwei Gründe wurden genannt:

Quelle: Skeptical Inquirer 1992

(1)     Außergewöhnliche Häufung von Unfällen der
         Autos mit der Ziffernfolge 666

(2)     Viele Beschwerden


**7.6.**

Die Primfaktoren von 666 lauten, : 2,3,3,37
Addiert man die Ziffern der vier Faktoren so erhält man
18 = 6 + 6 + 6

**7.7.**

$666^2 = 443556$ und $4^3 + 4^3 + 3^3 + 5^3 + 5^3 + 6^3 = 621$
$666^3 = 295408296$ und 2+9+5+4+0+8+2+9+6 = 45

*621 + 45 = 666*

**7.8.**

Die Summe der ersten 144 (= $6 + 6$ )$^2$ Dezimalstellen
von $\pi$ ist gleich 666.

**7.9.**

$\Phi$ (666) = 6 x 6 x 6

$\Phi$ (n) gibt für jede positive natürliche Zahl n an, wie viele zu n teilerfremde natürliche Zahlen es gibt, die nicht größer als n sind (auch als Totient von n bezeichnet).

**7.10.**

Die Summen aller Ziffern der Zahlen $666^{47}$ und $666^{51}$ sind gleich 666.

$666^{47}$ =
504996968442079675317314879840556477294151629526540818811763266893654044661603306865302888989271885967029756328621959466590473394 5856
(133 Stellen!)

$666^{51}$ =
993540757591385940334263511341295980723858634694310089971206913134607132829675825302345582149160748972838900637634215694097683599 029436416
(138 Stellen!)

**7.11.**

a)

A=100 B=101 C=102 D=103 ... Y=124 Z=125
H I T L E R = 107+108+119+111+104+117 = 666

A=1 B=2 C=3 D=4 E=5 ...          Z =26
H I T L E R = 8+9+20+12+5+18 = 72 = 66 + 6

b)

A=100 B=101 C=102 D=103 ... Y=124 Z = 125
H O L M E S = 107+114+111+112+104+118 = 666

Sherlock Homes wohnte in London in der Bakerstreet
mit der Hausnummer 221 B. Man darf annehmen, dass
es dann auch die Nummern 221 und 221 A gibt.

$$3 \times 221 + 3 = 666$$

A = 6  B = 12  C = 18  D = 24  Y = 150  Z = 156
COMPUTER = 18+90+78+96+126+120+30+108 = 666

Wenn man die Buchstaben von Bill Gates mit dem
ASCII Code korreliert, dann erhält man:

66 +73+76+76+71+65+84++69+83 = 663

Bill Gates wird auch Bill Gates III genannt.
663 + 3 =666

**7.12.**

Ein rechtwinkliges Dreieck mit den ganzzahligen
Seiten a = 693, b = 1924 und c = 2045 besitzt den
Flächeninhalt  666666 FE.

**7.13.**

(1)    Die Partitionsfunktion $p(n)$ gibt an, wie viele
        Möglichkeiten es gibt eine natürliche Zahl $n$ in
        Summanden zu zerlegen, die kleiner oder gleich
        $n$ sind.

        p(666) = 11 956 824 258 286 445 517 629 485

(2)    Unter der Teilersumme σ(n) einer natürlichen
        Zahl n versteht man die Summe aller Teiler dieser
        Zahl - einschließlich der 1 und der Zahl selbst.

        σ(666)=1482    (1482:666=2.225225225225...)

**7.14.**

Belphegors Zahl: 1000000000000066600000000000001
(Primzahlpalindrom)


Belphegor ist eine Dämon aus der christlichen
Mythologie. Die Namensform ist aus der Septuaginta
überliefert und geht auf die moabitischen Gottheit
Baal Peor zurück.

**7.15.**

Die Fibonacci-Folge ist eine unendliche Folge von Zahlen (den Fibonacci-Zahlen), bei der die Summe zweier benachbarter Zahlen die unmittelbar nachfolgende Zahl ergibt:

| N | 1 | 2 | 3 | 4 | 5 | 6 | 7 | 8 | 9 |
|---|---|---|---|---|---|---|---|---|---|
| $F_n$ | 1 | 1 | 2 | 3 | 5 | 8 | 13 | 21 | 34 |

Rekursion: $F_n = F_{n-1} + F_{n-2}$

$F_1 - F_9 + F_{11} + F_{15} = 1 - 34 + 89 + 610 = 666$

und $1 - 9 + 11 + 15 = 6 + 6 + 6$

$F_1^3 + F_2^3 + F_4^3 + F_5^3 + F_6^3 = 666$

und die Summe der Indizes ist 6+6+6=18.

$[\, F_1^3 + (F_2 + F_3 + F_4 + F_5)^3 \,] : 2 = 666$

## 7.17. Zahlenapokalypse

**(1)**

Ein Apokalypsezahl ist eine Zahl, die 666 Ziffern besitzt. Die 3185. Fibonaccizahl ist eine Apokalypsezahl:

18886400457941707436977301779650382454948718407413247498772310313217847316888028953073221975618756636233710176785737263836651631733242963521681075780397041183082784657436348737192881268036572660505875354921605827161514453340044814822749315569123769475218762927606555396811098086821088816934519918256636697404795845812944492900734143901453577174085039839529444559085438484282173690074244230213303045690383715738835214018809039986562237496433165810842145724224574107587581392410952884602349514832595025418495517665892022026724982332467177066706842422849460365306892404263869031262204660845719424775253163340562546420342741223646832824253759012537182079438188811445068 (666Stellen)

**(2)**

Die kleinste Apokalypsezahl, die auch Primzahl ist und die Ziffernfolge 666 enthält, lautet:

$10^{665} + 166657$

Quelle: http://mathworld.wolfram.com/ApocalypseNumber.html

(3)

Ein *apokalyptische* Zahl ist eine Zahl der Form $2^n$ , welche die Ziffernfolge 666 enthält.

Für folgende n ist $2^n$ eine apokalyptische Zahl:

157, 192, 218, 220, 222, 224, 226, 243, 245, 247, 251, 278, 285, 286, 287, 312, 355, 361, 366, 382, 384, 390, 394, 411, 434, 443, 478, 497, 499, 506, 508, 528, 529, 539, 540, 541, 564, 578, 580, 582, 583, 610, ...

$2^{157}$ = 182 687 704 <u>666</u> 362 864 775 460 604 089 535 377 456 991 567 872

Quelle: The Online Encyclopedia of Integer Sequences

**7.18.**

**Vorkommen der Zahl 666 in der Bibel (deut. Einheitsübersetzung)**

**(1)        2. Chroniken, Kapitel 9, 13-14:**

*„Das Gewicht des Goldes, das alljährlich bei Salomo einging, betrug 666 Goldtalente. Dabei sind nicht eingerechnet die Abgaben die von Händlern und Kaufleuten kamen."*

**(2)        Esra Kapitel 2:**

*„„Das ist die Zahl der Männer des Volkes Israel: Die Söhne Adonikam 666."*

**(3)**     Offenbarung Kapitel 13,18:

*„Hier ist die Weisheit. Wer Verständnis hat, berechne die Zahl des Tieres, denn es ist eines Menschen Zahl; und seine Zahl ist 666."*

**(4)**     1. Buch der Könige, Kapitel 10, 14:

*„Das Gewicht des Goldes, das alljährlich bei Salomo einging, betrug 33666 Goldtalente. Dabei sind nicht eingerechnet die Abgaben die von Händlern und Kaufleuten kamen."*

**7.19.**

Die Primfaktoren von 666 lauten, :  2, 3 , 3, 37

Addiert man die Ziffern der vier Faktoren so erhält man 18 = 6+6+6

**7.20.**

Es gibt 666 Primzahlzwillinge, die  kleiner als

$6^6$ + 666 sind.

**7.21.**

789+798+978+987+897+879 = 5328

5328 : 8 = 666

## 7.22.

**666! =**

10106320568407814933908227081298764517575823983241454113
40420807357413802103697022989202806801491012040989802203
55752703933970405713072930283454242384016585642874066153
02979724106828286993971768843425135094937874807749034933
89255262878341761883261899426484944657161693131380311117
61957305152642332038964180541081606760789306748325981681
53646098286686662748110385603657973284604842078094141564
27708745345100598829488472505949071967727270911965060885
20929434066550648022642608335790150309778114083249701373
80791127776157191162033175421999994892271447526670857967
52482688850461263732284539176142365823973696764537603278
76932228670885547506983568164371084614056976933006577541
44130835010436595722994544465172428240021405551404642962
91001901438414675730552964914569269734038500764140551143
64283612861330473414734808609512385966092678846067118146
92162522133746504995578317419505948271472256998964140886
94251261045196672567495532228826719381606116974003112642
11156133257350321296072971178199390387741639438171846476
55275750142521290402832369639226243444569750240581673684
31809068544577258472983979437818072648213608650098749369
76105696120379126536366566469680224519996204004154443821
03272104769822033484585960930792965695612674094739141241
32102055811493736199668788534872321705360511305248710796
44147921335454258357607659625021345466796883799602327316
30690947004294671066639254195811931363398605456586736239
55231932399404809404108767232000000000000000000000000000
00000000000000000000000000000000000000000000000000000000
00000000000000000000000000000000000000000000000000000000
000000000000000000000000000

**7.23.**

(1) In der unendlichen Ziffernfolge der Zahl Pi findet man ab Stelle 252499 den Ziffernblock 666 666 (sechs Sechsen hintereinander). Die nächste Ziffer ist eine 8.

Suchalgorithmen für interessante Ziffernfolgen (unter den ersten 13 Billionen Stellen von $\pi$) finden sich im Internet auf der Webseite von Gerd Lamprecht: http://pi.gerdlamprecht.de/

(2) In der unendlichen Ziffernfolge von $\sqrt{2}$ findet man ab Stelle 226697 den Ziffernblock 666 666 (sechs Sechsen hintereinander). Die nächste Ziffer ist eine 3.
.

**7.24.**

Die Zahlen des magischen Lo-Shu-Quadrats lauten:

4,9,2,3,5,7,8,1 und 6

$4^3 + 9^2 + 2^1 + 8^3 + 1^2 + 6^1$
$= 666$

| 4 | 9 | 2 |
|---|---|---|
| 3 | 5 | 7 |
| 8 | 1 | 6 |

**7.25.**

Zahlenquadrat mit der Zeilen- und Spalten- und Diagonalsumme 666.

| 3 | 107 | 5 | 131 | 109 | 311 |
|---|---|---|---|---|---|
| 7 | 331 | 193 | 11 | 83 | 41 |
| 103 | 53 | 71 | 89 | 151 | 199 |
| 113 | 61 | 97 | 197 | 167 | 31 |
| 367 | 13 | 173 | 159 | 17 | 37 |
| 73 | 101 | 127 | 179 | 139 | 47 |

**7.26.**

Die mittlere Umlaufgeschwindigkeit der Erde um die Sonne beträgt 66600Meilen pro Stunde.

**7.27.**

Die Erde hat in Bezug auf die Ekliptikebene eine Neigungswinkel von 23.4 ° Die Ergänzung zum rechten Winkel beträgt 66,6 . °

# 8. Die merkwürdige Ziffernfolge 2 - 7 - 3 - 2

## 8.1.     2-7-3-2 in der Astronomie

**(1)**

Der siderische Mondrhythmus und die synodische Rotationsperiode der Sonne sind im Gleichklang! Aktuelle mittlere Rotationsperiode der Sonne: 27.2753 Tage. Mittlere siderische Rotationsdauer des Mondes: 27.322 Tage

**(2)**

Der reziproke Wert der Anzahl der Tage eines Schaltjahres beträgt:

1 : 366 = 0.002732.. und 1 : 0.002732... ≈ 366

**(3)**

Der Erdumfang beträgt das 3.66-fache des Mondumfang, d.h. der Mondumfang entspricht 27.3% des Erdumfangs.

Mondumfang        = 10914 km

Erdumfang         = 40074 km

10914 : 40074 = 0.2723 und 3.66 x 10914 ≈ 40000 km

**(4)**

Die Bahnbeschleunigung des Mondes um die Erde beträgt Mondbeschleunigung ca. 0.273 cm/s². Eine Bahnbeschleunigung von 0.2732 cm/sec² liegt in der Nähe der mittleren Bahnbeschleunigung und wird zweimal pro Monat erreicht.

**(5)**    Die Schwerebeschleunigung der Sonne beträgt ca. 273 m/s²

**(6)**    Die Zeitspanne von 365 x 27.32 = 9971.88 entspricht ziemlich genau 25 synodischen Perioden des Jupiters zu je 398.88 Tagen.

**(7)**    4 x 27,322 x Erddurchmesser = 1392547.69 km ≈ Sonnendurchmesser = 1 392 684 km

**(8)**    4·x 27.322 x Sonnendurchmesser ≈ 152 203 649 km
Durchmesser Erdbahn (im Aphelion) = 152 091 909 km

**(9)**    Größenverhältnis(Sonne : Erde) ≈ (4·x 27.322) : 1

**(10)**   2.732 Kelvin beträgt die Temperatur der kosmischen Hintergrundstrahlung.

**(11)**   Es liegen genau 273 Tage zwischen der Tagundnachtgleiche im Frühling und der Sommersonnenwende.

**(12)**     Die siderische lunare Periode von 27.322
Tagen und die Fibonaccizahlen als
systemische Maße des Sonnensystems:

| Die aktuelle mittlere synodische Rotationsperiode der Sonne beträgt 27,2753 Tage (Abweichung zu 27,32 ungefähr 0,1 %) | | | | |
|---|---|---|---|---|
| Planeten | Siderische Rotation | $\sqrt{\dfrac{T}{27.32}}$ | Fibonacci-zahl als Näherung | Abweichung der Werte von Spalte 3 |
| Merkur | ≈ 88 d | 1.79 | 2 | -10.5% |
| Venus | ≈ 225 d | 2.86 | 3 | -4.66% |
| Erde | ≈ 365 d | | | |
| Mars | ≈ 687 d | 5.01 | 5 | + 0.2% |
| Planetoid en | ≈ 1680 d | 7.84 | 8 | -2% |
| Jupiter | ≈ 4332 d | 12.59 | 13 | -3.15% |
| Saturn | ≈ 10759 d | 19.84 | 21 | -5.5% |
| Uranus | ≈ 30685 d | 33.51 | 33 | + 1.5% |
| Neptun | ≈ 60184 d | 46.93 | 55 | -14.7% |

Quelle: Fremdkörper Erde, Klaus Podirsky

**(13)**     Der Umfang der Sonne beträgt ungefähr 2
730 000 Meilen.

**(14)**     Umfang Mond = 10921 km ≅
27,3 x 4 x 100 km = 10920 km

Umfang Erde = 40075 km ≅
11/3 x·27.321 x·4 X·100 km ≈ 40071 km
Polar Umfang Erde = 39941 km ≅
4 x 27.321 x 365.24 km  = 39915 km

113

**8.2.** Die Schwangerschaftsperiode beim Menschen beträgt im Durchschnitt 273 Tage. Das Intervall liegt zwischen 9 Monaten mal 30 Tagen = 270 Tage und 40 Wochen = 280 Tage.

**8.3.** Wenn man ein „*ideales Gas*" um ein Grad abkühlt, schrumpft es (nach Gay-Lussac) um den 273.2 Teil seines Volumens.

**8.4.** Der absolute Nullpunkt der Temperatur liegt bei − 273.2 ° Celsius, somit liegt der Gefrierpunkt von Wasser bei 273.2 Kelvin.

**8.5.** Der Tripelpunkt des Wassers liegt bei einem Druck von 611.657( ±0,010) Pa und einer Temperatur von exakt 273.16 Kelvin.

**8.6.** Teilt man die Sekunden eines Tages durch die Sekunden eines Jahres, so erhält man 0,00273.

**8.7.** 1 „Ur-Zoll" = 1 : 0.3937 cm = 2.54000508..cm

Die Basislängen der Cheops-Pyramide betragen im Mittel 230.360 m. Umrechnung des Mittelwertes in Zoll:

23036:1 Urzoll = 23036:2.54 ≈ 9069.2732 Zoll

**8.8.** Die Luft besteht im Mittel aus 77% Stickstoff und 21% Sauerstoff. Das Verhältnis von Stickstoff zu Sauerstoff beträgt in der irdischen Atmosphäre ungefähr 1:0.2732

**8.9.** Ein Kreis, dessen Umfang identisch mit dem Umfang eines Quadrats der Seitenlänge 2 Längeneinheiten ist, hat den Radius

r = 1.2732 ....2 $\pi$ r = 8 → r = 4 : $\pi$ = 1.2732...

$\pi$ ≈ 4 : 1.2732 = 3.14169...

**8.10.**

Die menschliche Körpertemperatur beträgt im Durchschnitt 36.6°C (Normaltemperatur). Das Verhältnis der gesamten Skala der für organisches Leben geeigneten Temperaturen (1°C bis 100°C) zur menschlichen Normaltemperatur ergibt

100°C : 36.6°C = 2.732....

36°C+37°C+38°C+39°C+40°C+41°C+42°C= 273°

**8.11.**

Bildet man aus den geraden und ungeraden Ziffern die zwei Zahlen 2468 und 13579 dann gilt:

$2468^4$ : 13579 = 2732202177,...

**8.12.**

Ursprünglich war das Urmeter als der 40000000.Teil des mittleren Erdumfangs definiert. Spätere und genauere Messungen ergaben, dass der Erdumfang tatsächlich 40 041 000 m beträgt. Würde man heute die im internationalen Einheitensystem eindeutig festgelegte Größe des Urmeters im Sinne der ursprünglichen Definition nachträglich korrigieren wollen, dann müsste man das Meter um den Faktor 1.001025 vergrößern. Mit diesem „echten" Urmeter würde der mittlere Erddurchmesser den Wert 12746:1.001025 = 12732 km erhalten!

**8.13.**

2732273227322732273227322732273227322732273 ist eine Primzahl.

**8.14.**

$$1 + \sqrt{3} = 2.7320...$$

**8.15.**

Steigungsverhältnis der Cheopspyramide =

Gesamthöhe : Halbe Basislänge

14664 cm : 11518 cm $\approx$ 1.2732 ...

**8.16.**

Die Feinstrukturkonstante $\alpha$ ist eine dimensions-lose, physikalische     Konstante, die die Stärke der elektromagnetischen Wechselwirkung angibt. Ihr Wert beträgt:

1:137.0359895 = 0.007297...

Das Verhältnis 2:273.2 = 0.00732064... kommt dem Wert der     Feinstrukturkonstanten     recht     nahe.     Die Abweichung  ist kleiner als 0.4%.

# 9. Faszinierende Geometrie

## 9.1.

Die Oberfläche einer Hypersphäre (vierdimensionale Kugel) ist gleich dem Volumen eines dreidimensionalen Torus mit unendlich kleinem „Loch" (Horntorus)!

$O_4(Kugel) = 2\,\pi\,r^3$

$V_3(Torus) = 2\,\pi\,r^2\,R$    Für den Horntorus gilt $R = r$.

$V_3(Torus) = 2\,\pi\,r^3$

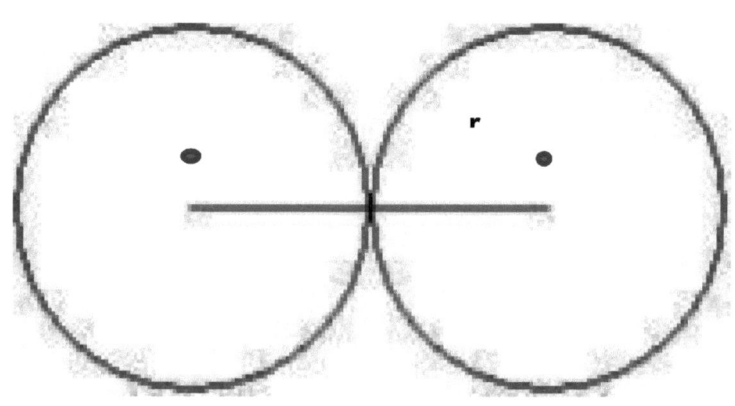

**9.2.**

Ein Möbiusband oder Möbiusschleife ist eine zweidimensionale Struktur in der Topologie, die nur eine Kante und eine Fläche hat, das heißt, man kann nicht zwischen unten und oben oder zwischen innen und außen unterscheiden.

Geladene Teilchen, die im Magnetfeld der Erde eingefangen wurden, können sich auf einem Möbiusband bewegen.

### 9.3. Der hyperdimensionale Ausweg aus einer geschlossenen Kugel im Raum:

Eine Kugeloberfläche $K_3$ (Kugelradius = r) ist eine geschlossene zweidimensional Fläche im Raum. Betrachtet man die Kugeloberfläche als ein geometrisches Objekt des vierdimensionalen Raumes (mit den Koordinatenachsen x, y, z, w), dann müssen die folgenden beiden Gleichungen erfüllt sein:

$K_3 : x^2+y^2+z^2+w^2 = r^2$ und w = 0

Verbindet man den Kugelmittelpunkt M(0,0,0,0) mit dem Punkt P(0,0,0,2r), der sich außerhalb der Kugel befindet, dann liegt die Verbindungslinie auf der Geraden g mit der Parametergleichung: x=0, y=0, z=0,w=t. Der Parameterwert t = 0 entspricht dem

Ursprung M(0,0,0,0) und t = 2r entspricht P(0,0,0,2r). Die Gleichung von g erfüllt aber nicht die beiden Gleichungen der Kugeloberfläche, d.h. es gibt keinen Schnittpunkt von g mit $K_3$. Man kann daher auf der Geraden g vom Mittelpunkt der Kugel zu einem Punkt außerhalb der 3-D-Kugel gelangen. Auf diese Weise ist es im 4-dimensionale Raum möglich, das Innere einer Kugel zu verlassen ohne die Oberfläche der 3-D-Kugel zu durchschreiten.

Quelle: Kranzer, Walter,          So interessant ist Mathematik

**9.4.**

Mit den *Möndchen des Hippokrates* konnten bereits die alten Griechen  nachweisen, dass auch krummlinig begrenzte Flächenstücke durch rationale Zahlen berechnet werden können.

$F_{ABC} = F_A + F_B$

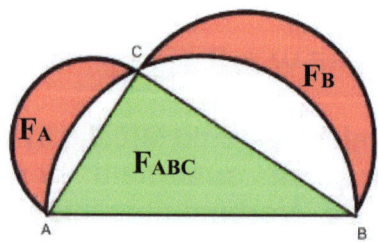

## 9.5. Satz von Varignon

**Verbindet man die vier Mittelpunkte der vier Seiten eines beliebigen Vierecks, so entsteht immer ein Parallelogramm!**

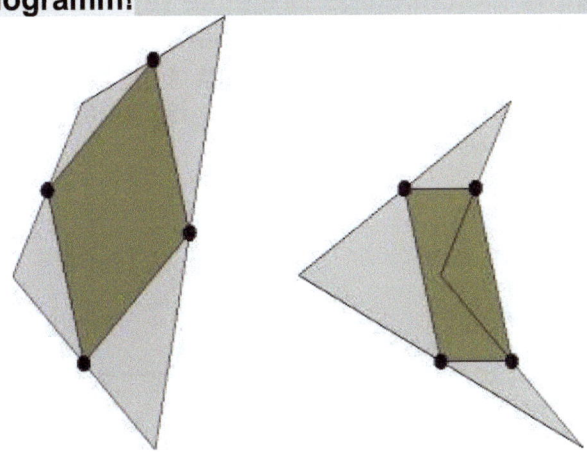

## 9.6.

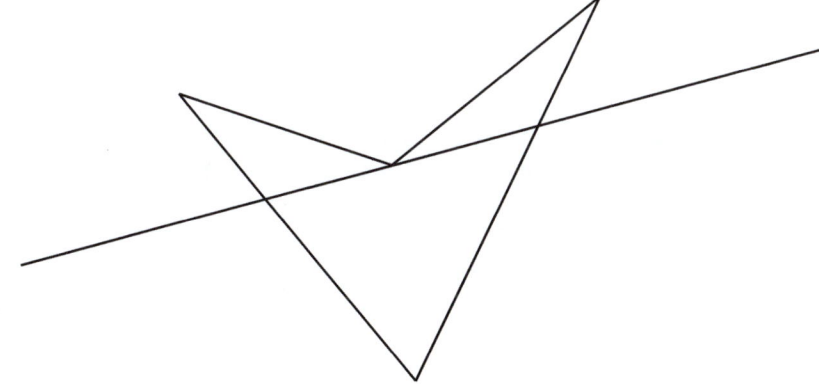

**<u>Eine</u> Linie teilt ein Viereck in <u>drei</u> Dreiecke.**

**9.7.**

Verbindet man die gegenüberliegenden Ecken eines regelmäßigen Sechsecks miteinander, so ergeben sich sechs gleichseitige Dreiecke (a). Werden dagegen alle nicht gegenüberliegenden Ecken miteinander verbunden, so erhält man ein Hexagramm (b). Die Seitenlänge des Sechsecks ist gleich dem Radius des Umkreises (c) .

(a)          (b)          (c)

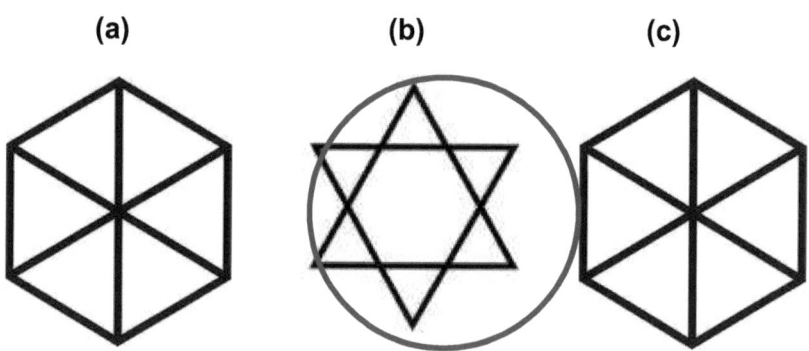

**9.8.**

Die allgemeine Formel für die Berechnung des Volumens einer n-dimensionale Kugel lautet:

$$V_n(r) = (\pi^{n/2} \cdot r^n) / \Gamma(n/2+1)$$

r = Radius , n = Anzahl der Dimensionen ,
$\Gamma()$ Gammafunktion

Für n = 11 und Radius = 3 cm ergibt sich ein 11-dimensionales Volumen von

$V_{11}(3) = 333\ 763.3499\ cm^{11}$ .

Ein menschlicher Körper (ca. 80 kg) hat im Durchschnitt ein Volumen von 80 000 $cm^3$. Das heißt in einer 11-dimensionalen Hyperkugel mit dem Radius 3 cm (!) wäre bequem Platz für mindestens vier Menschen!

**9.9.**

Eine n-dimensionale Kugel, die in einen n-dimensionalen Würfel einbeschrieben wird, füllt den Würfel nicht vollständig aus. Das Verhältnis von Kugelvolumen und Würfelvolumen hängt von der Dimensionszahl n ab!

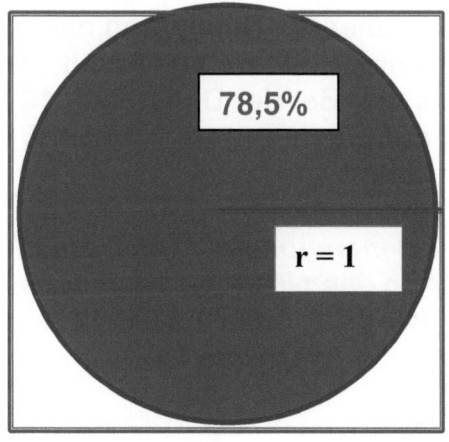

*Volumenverhältnis (n = 2):*

V(Kreis):V(Quadrat) = $\pi \cdot 1^2$ : 4 ≈ 0.785

*Volumenverhältnis (n=3):*

V(Kugel):(V(Würfel) = 4/3 $\cdot \pi \cdot 1^3$ : 8 ≈ 0.523

*Volumenverhältnis (n=4):*

V(Hyperkugel):V(Hyperwürfel) = $\pi^2 \cdot$ 0.5 : 16 ≈ 0.3084

Umschreibt man einen Kreis (Radius 1) mit einem Quadrat (Kantenlänge 2), so füllt der Kreis 78.5% des Quadrats aus, Packt man eine Kugel mit Radius 1 in eine würfelförmige Kiste der kleinstmöglichen Kantenlange 2, so beträgt der Anteil des Kugelvolumens am Würfelvolumen 52.3%. Eine vierdimensionale Kugel (Hypersphäre) füllt einen umschließenden Würfel (Hyperwürfel) nur zu 30.8% aus. Mit zunehmender Dimension nimmt das Kugelvolumen einen immer kleineren Anteil des umschließenden Würfels ein. Bei der Dimension 12 ist dieser Anteil der Kugel auf einen extrem kleinen Wert von 0.000325991 geschrumpft.

*Die 12-dimensionale Kugel mit dem Radius 1 passt gerade so eben in einen 12-dimensionale Würfel mit der Kantenlänge 2, aber 99.99967 % des Würfelvolumens erscheint vollkommen leer!*

## 9.11. Satz von Holditch

Es sei $C_1$ eine geschlossene, konvexe Kurve. Die Sehne AB sei durch den Punkt X in zwei Strecken mit den Längen p und q unterteilt ( $|AB| = p + q$ ) . Bewegt man die Sehne um die Kurve herum, so dass A und B immer auf der Kurve $C_1$ bleiben, (Bedingung: p + q muss hinreichend klein sein),  dann beschreibt der Punkt X eine Kurve $C_2$, die innerhalb des Gebeits verläuft, das von $C_1$ umschlossen wird.

Wenn $C_2$ ohne Selbstüberschneidungen ist, dann hat das Gebiet zwischen $C_1$ und $C_2$ einen Flächeninhalt von $\pi\,p\,q$ .

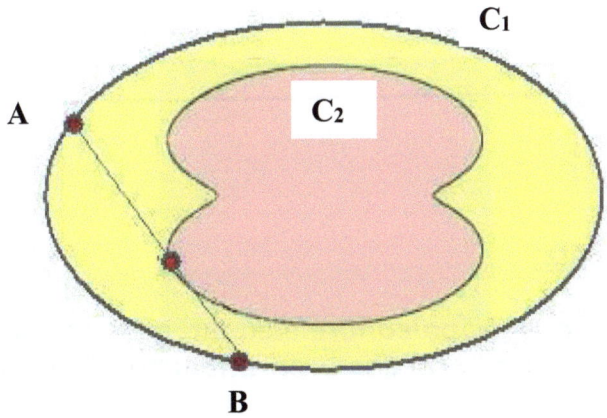

Der Flächeninhalt des Gebietes zwischen $C_1$ und $C_2$ ist unabhängig von der Form der konvexen Kurve $C_1$ !

## 9.12. Napoleondreieck

Ein *Napeleondreieck* entsteht durch die folgende Konstruktionsvorschrift: Gegeben ist ein beliebiges Dreieck ABC. Über die drei Seiten des Dreiecks werden jeweils gleichseitige Dreiecke gezeichnet. Verbindet man die Schwerpunkte I,J,K der drei gleichseitigen Dreiecke, so entsteht das *Napoleondreieck*.

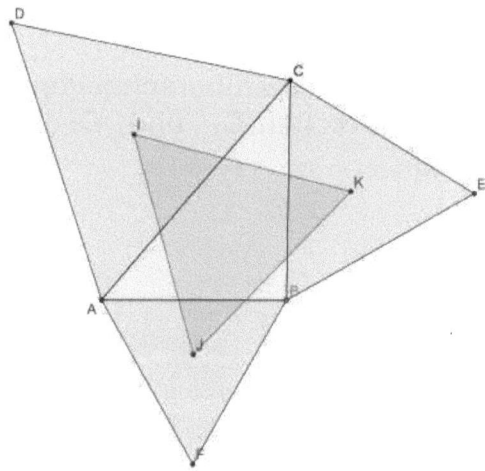

<u>Satz:</u>

Jedes *Napoleondreieck* ist gleichseitig, unabhängig von der Form des ursprünglichen Dreiecks

## 9.13. Satz von Morley  (Das Mirakel von Morley)

Die Innenwinkel eines beliebigen Dreiecks △ ABC werden jeweils in drei gleich große Winkel unterteilt. Von den Eckpunkten einer Dreiecksseite gehen jeweils zwei Teilungslinien aus. R bezeichne den Schnittpunkt der Strahlen, die von A und C ausgehen, P den Schnittpunkt der Strahlen, die von C und B ausgehen und Q den Schnittpunkt der Strahlen, die von A und B ausgehen.

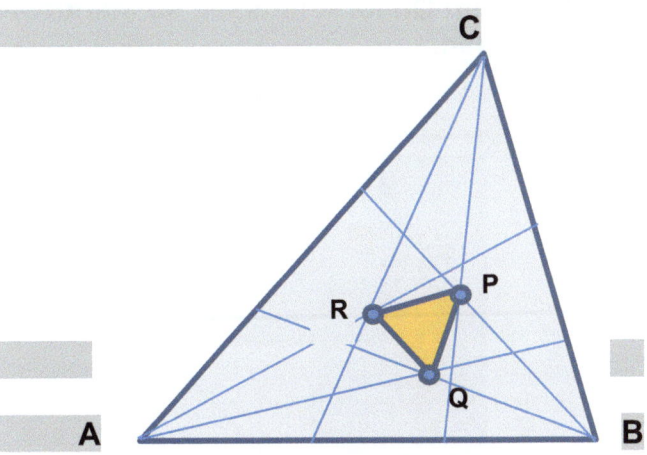

Dann bilden die Schnittpunkte P, Q bzw. R die Ecken eines gleichseitigen Dreiecks.

**9.14.**

Satz: Gegeben ist ein Quadrat mit der Seitenlänge a. Werden fünf beliebige Punkte innerhalb des Quadrats markiert, dann haben mindestens zwei Punkte einen Abstand kleiner oder gleich $\sqrt{2}\,\frac{a}{2}$

*Beweis:*

Man teile das Quadrat in vier Teilquadrate. In mindestens einem Quadrat müssen so mindestens zwei Punkte liegen.

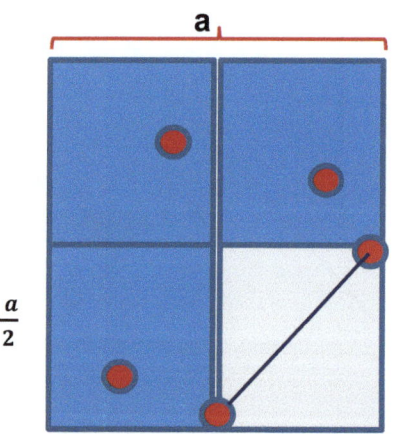

Die maximale Entfernung in einem Teilquadrat beträgt daher $\sqrt{2}\,\frac{a}{2}$ (= Länge der Diagonalen).

Quelle: Heinrich Hemme, Das große Buch der mathematischen Rätsel, 2013

### 9.15. Alexanders gehörnte Sphäre

Jede geschlossene Kurve teilt die Ebene in zwei Gebiete: Ein Gebiet innerhalb der Kurve und in ein Gebiet außerhalb der Kurve.* Eine analoge Behauptung in drei Dimensionen gilt nicht allgemein. Es gibt eine im Raum geschlossene Fläche, die topologisch einer Kugeloberfläche gleicht (Alexanders gehörnte Sphäre), deren Innengebiet dem Inneren einer Kugel entspricht, aber deren Außengebiet nicht mit dem Äußeren der Kugel topologisch äquivalent ist. In der Sprache der Mathematik gilt das Äußere der gehörnten Sphäre als nicht einfach zusammenhängend!

* Im Jahr 1908 hat der Mathematiker A.Schoenflies formal bewiesen, dass das Äußere und das Innere jeder in der Ebenen geschlossenen Kurve homöomorph zum Inneren und Äußeren eines Kreises ist.

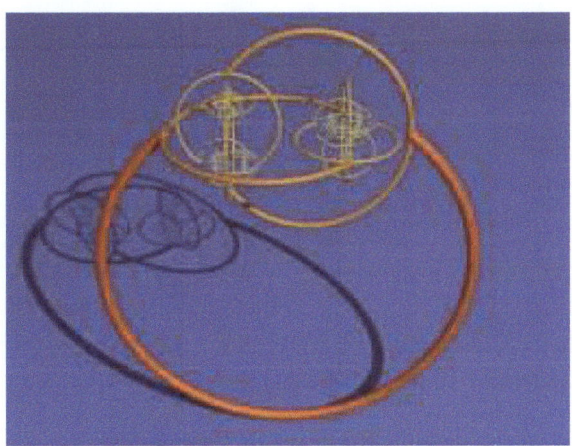

Bildquelle: Wikimedia Commons

## 9.16. Satz von Pick

Bezeichne A den Flächeninhalt eines Polygons, dessen Eckpunkte Gitterpunkte (ganzzahlige Koordinaten) in einem Koordinatensystem sind. I sei die Anzahl der Gitterpunkte im Inneren des Polygons und R die Anzahl der Gitterpunkte auf dem Rand des Polygons, dann gilt:

$$A = I + \frac{R}{2} - 1$$     Beispiel:

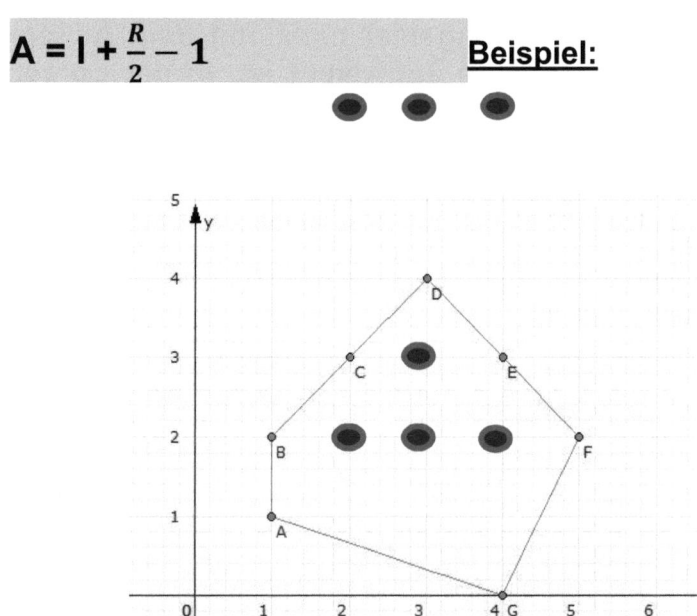

Gitterpunkte Rand: R (rot) = 7
Gitterpunkte Innen:I (blau) = 7

Flächeninhalt des Polygons:  $A = 7 + \frac{7}{2} - 1 = 9{,}5$ FE

**9.17.**

<u>Satz</u>: Die Linie, die den rechten Winkel eines pythagoräischen Dreiecks halbiert, halbiert auch die Fläche des Hypothenusenquadrats des Dreiecks.

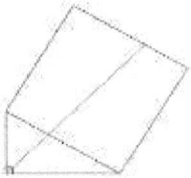

**9.18. Satz über die Eulergerade**

In jedem Dreieck liegt der Schnittpunkt H der Höhen, der Schnittpunkt S der Seitenhalbierenden und der Schnittpunkt U der Mittelsenkrechten (Mittelpunkt des Umkreises) auf eine Geraden (Eulergerade!). Der Mittelpunkt O des Feuerbach- Neun-Punkte-Kreises liegt ebenfalls auf der Eulergeraden.

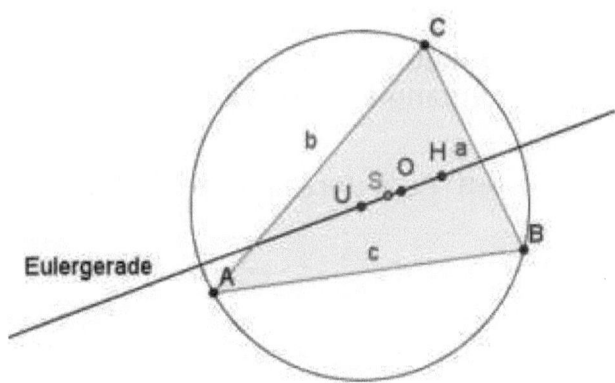

Es gilt: |HS |= 2 x |US| und |HU|= 3 x |US|

131

### 9.19. Isoperimetrie

Das isoperimetrische Problem bezieht sich auf die Fragestellung welche Form eine geschlossene Kurve C mit gegebener Länge L haben muss, damit diese Kurve die größtmögliche Fläche A umspannt.

Lösung: Unter allen geschlossenen Kurven C mit einem Umfang L besitzt der Kreis einen maximalen Inhalt. Für eine beliebige geschlossene Kurve C mit einem Umfang L, die eine Fläche vom Inhalt $A_C$ umschließt, folgt daraus die isoperimetrische Ungleichung:

$$A_C \leq \frac{L^2}{4\pi}$$

Nachweis:

Kreis K:    Umfang    $L = 2\pi r$    Inhalt $A_K = \pi r^2$
Kurve C:    Umfang L    Inhalt $A_C$

Es muss gelten $A_C \leq A_K = \pi r^2 = \frac{1}{4\pi}(2\pi r)^2 = \frac{L^2}{4\pi}$

### 9.20.

Ein Pizza mit der Dicke a und dem Radius z hat ein Volumen von

$$V = Pi \cdot zz \cdot a$$

**9.21.**

<u>Satz:</u> Gegeben ist ein rechtwinkliges Dreieck ABC.
Zieht man einen Kreis um A mit dem Radius |AC|
(Kathete 1), dann bezeichne D den Schnittpunkt der
Kreislinie mit der Hypotenuse |AB| . Der Kreis um B
mit dem Radius |BC| (Kathete 2) schneidet die
Hypotenuse im Punkt E. .

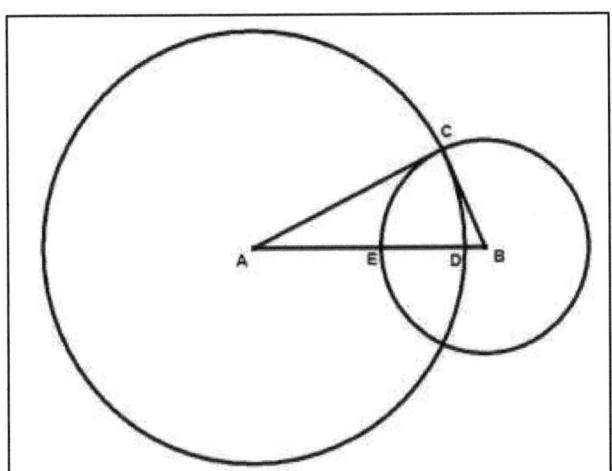

Dann gilt:   |ED| = 2r ist der
Durchmesser des Inkreises.

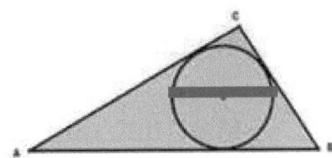

133

## 9.22. Eulerziegel

Ein Euler-Ziegel ist ein Quader, bei dem die Längen der Kanten und Flächendiagonalen ganzzahlige Werte haben.

Die geometrische Definition des Eulerziegels ist gleichwertig mit dem folgenden System von diophantischen Gleichungen:

$$a^2 + b^2 = d^2 \qquad a^2 + c^2 = e^2 \qquad c^2 + b^2 = f^2$$

Beispiel:

a = 44, b = 117, c = 240, d = 125, e = 244, f = 267

Ein Eulerziegel heißt *perfekt,* wenn zusätzlich die Raumdiagonale g eine ganzzahlige Lösung hat, d.h. wenn zusätzlich gilt:

$$a^2 + b^2 + c^2 = g^2$$

Es ist nicht bekannt, ob perfekte Eulerziegel existieren.

Man hat mit Computern festgestellt, dass bei einem perfekten Eulerziegel eine Kante mindestens größer als $3 \times 10^{12}$ sein muss.

## 9.23. Satz von van Aubel

Zeichnet man über die Seiten eines Vierecks Quadrate ein, so sind die beiden Strecken, die jeweils die Mittelpunkte gegenüberliegender Quadrate verbinden, gleich lang und stehen senkrecht aufeinander.

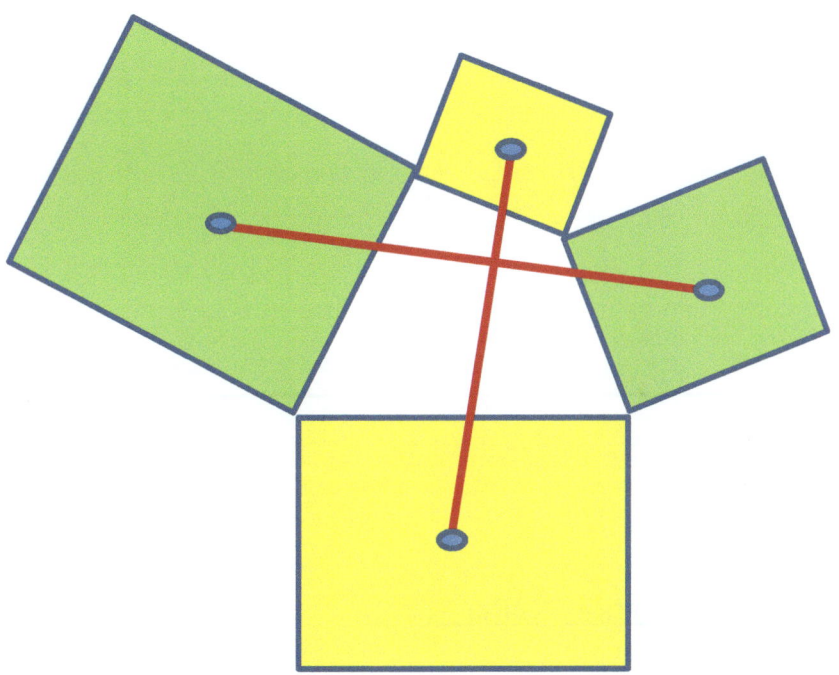

## 9.24. Marion's Theorem

Gegeben ist ein beliebiges Dreieck. Man teile jede Seite in drei Teile und verbinde die korrespondierenden Teilungspunkte mit der jeweils gegenüberliegenden Ecke des Dreiecks. Durch die Teilungslinien entsteht in der Mitte des Dreiecks eine sechseckige Figur.

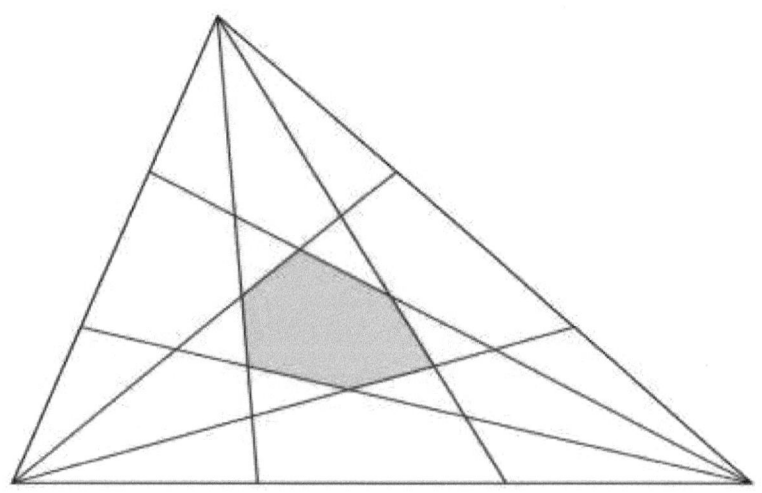

Satz (Marion Walter 1993):

Der Flächeninhalt der sechseckigen Fläche in der Mitte, beträgt $\frac{1}{10}$ der Gesamtfläche des Dreiecks.

<u>Verallgemeinerung</u>: Morgan's Theorem:

Teilt man die Seiten in n Teile (n ungerade!) und verbindet die n Teilungspunkte mit der gegenüberliegenden Ecke, so entsteht in der Mitte immer noch eine Sechseck. Für den Flächeninhalt des Sechsecks in der Mitte gilt:

$$A = \frac{8}{(3n+1)(3n+1)}$$

Quelle: http://mathworld.wolfram.com/MarionsTheorem.html

## 9.25.

22 ist maximale Anzahl von Teilen, in die man einen Pfannkuchen durch 6 Schnitte zerlegen kann.

## 9.26. Satz von Borsuk-Ulam

**Das Theorem von Borsuk-Ulam sagt aus, dass j e d e stetige Abbildung (Funktion) von einer n-dimensionalen Sphäre Sn auf den n-dimensionale euklidischen Raum Rn ein Paar von antipodalen Punkten aus Sn auf denselben Punkt im Rn abbildet. Dabei nennt man zwei Punkte einer Sphäre antipodal, wenn sie in genau entgegengesetzten Richtungen vom Mittelpunkt liegen.**

n=1   $S^1 / R^2$                     n=2   $S^2 / R^3$

#                          #

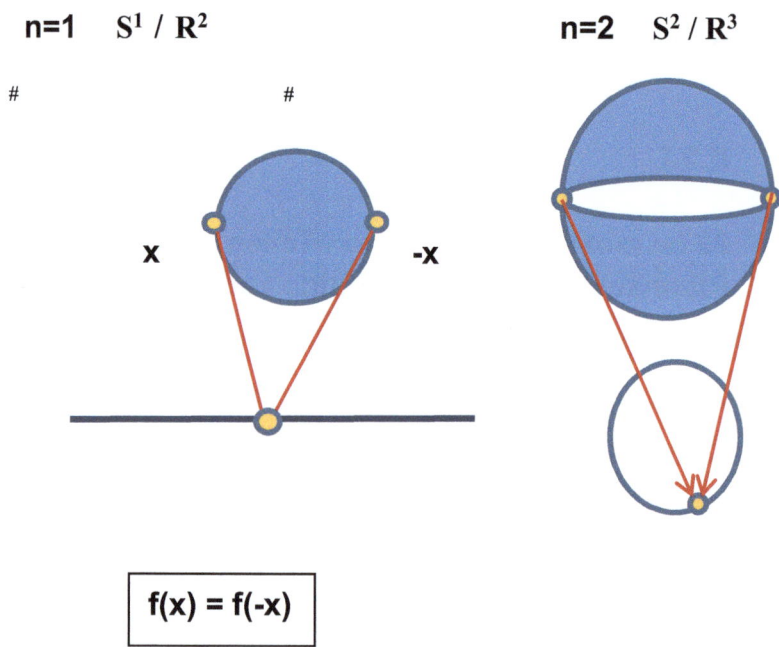

x                              -x

$$f(x) = f(-x)$$

Anwendungsbeispiele:

(a)  Setzt man voraus, dass Luftdruck und Temperatur auf der Erdoberfläche stetige Funktionen sind, dann gilt: Es existieren zu jeder Zeit antipodale Punkte auf der Erdoberfläche, in denen Temperatur und Luftdruck identisch sind.

(b)  Ein Folgerung des Satzes von Borsuk-Ulan ist das *Ham-Sandwich-Theorem*:

Gegeben sind n n-dimensionale Körper mit einem messbaren Volumen. Dann existiert eine (n-1)-dimensionale Halbebene, die alle Körper simultan in zwei gleich große Hälften aufteilt.

Fall n=2:

Gegeben zwei *beliebige* Polygone in der Ebene. Dann existiert eine Gerade derart, dass diese den Flächeninhalt beider Polygone gleichzeitig halbiert.

Fall n=3

Man nehme ein Sandwich mit drei Schichten, zwei Schichten
Weißbrot und dazwischen eine Schicht Schinken. Das Sandwich kann theoretisch so durch einen einzigen Schnitt so geteilt werden, dass alle drei Schichten gleichzeitig halbiert werden.

### 9.27. Pizzatheorem

Legt man durch einen beliebigen Punkt im Inneren eines Kreises 4 + 2n Geraden, so dass sich zwei benachbarte Geraden in einem Winkel von $\frac{360^\circ}{8+4n}$ schneiden, dann wird der Kreis in 8+4n Flächen geteilt. Nummeriert man die Teilflächen im Uhrzeigersinn, dann ist die Summe der Flächen mit den geraden Nummern gleich der Summe der Flächen mit ungeraden Nummern.

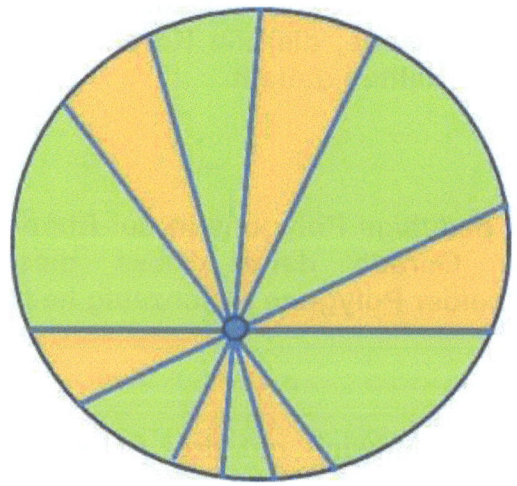

n = 1                                          12 Teile

Die Summe der grünen Flächen ist gleich der Summe der gelben Flächen

## 9.28.

Wie viele Gäste müssen auf einer Party erscheinen, so dass es auf jeden Fall drei Personen gibt, die alle einander entweder kennen oder nicht kennen? Dabei ist „Einander kennen`` eine symmetrische Beziehung ist, d.h. wenn eine Person eine andere kennt, so gilt dies auch umgekehrt. Man kann zeigen, dass 6 Personen zur Lösung dieses Problems ausreichen.

Das Problem lässt sich geometrisch formulieren:

Verbindet man 6 Punkte in der Ebene paarweise - *wobei jeweils drei Punkte nicht auf einer Linie liegen dürfen* - mit Linien, die entweder blau (einander kennen) oder rot (nicht einander kennen) gefärbt sind, dann existiert immer ein Dreieck aus drei Punkten, dass entweder aus nur roten Linien oder aus nur blauen Linien besteht.

## 9.29.

Ein Dreieck, bei dem alle Seitenlängen und alle Winkel rationale Zahlen sind, ist gleichseitig

**9.30.**     Die Ein – Siebtel - Ellipse

Der Bruch $\frac{1}{7}$ ergibt in dezimaler Darstellung den Wert 0.142857142857... mit der sechsstelligen Periode 142857. Arrangiert man die Ziffernfolge der Periode in sechs sich überlappende Paare, dann liegen die sechs Paare ( als Punkte in einem x-y-Koordinatensystem interpretiert ) alle auf einer Ellipse:     (1,4) , (4,2), (2,8) , (8,5) , (5,7) , (7,1)

Ellipsengleichung:

$$19x^2+36yx+41y^2-333x-531y+1638=0$$

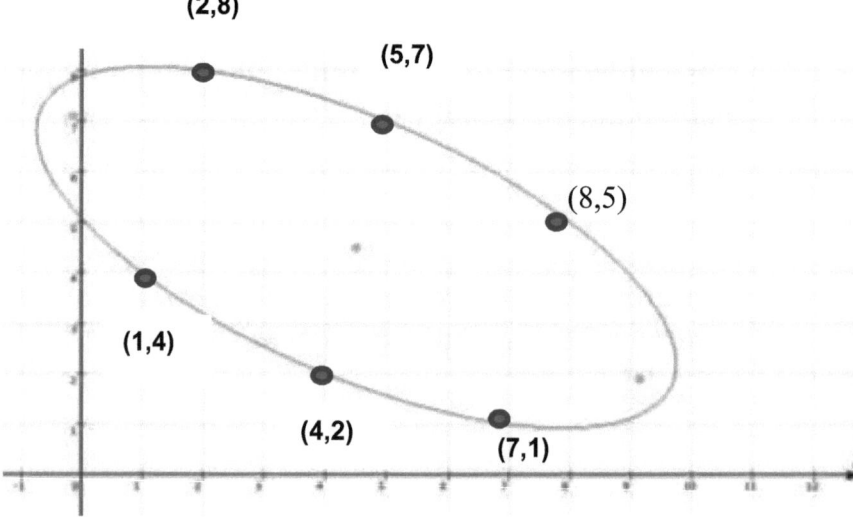

:

142

**9.31.**

Gegeben sind zwei Einheitskreise, die sich in einem Punkt tangential berühren. Zieht man von einem Punkt P auf einem Kreis zwei Strahlen, so dass beide Kreise geschnitten werden, dann gilt :

$x + y = z$

Bogenlänge $Q_1 R_1$ = x

Bogenlänge $Q_2 R_2$ = y

Bogenlänge $Q_3 R_3$ = z

Quelle: Claudi Alsina / Roger B. Nelsen, Icons of Mathematics, 2011.

### 9.32. Viviani's Theorem

Gegeben ist ein beliebiger Punkt P in einem gleichseitigen Dreieck. Die Summe der Entfernungen des Punktes P zu den drei Seiten ergibt die Länge der Höhe des Dreiecks.

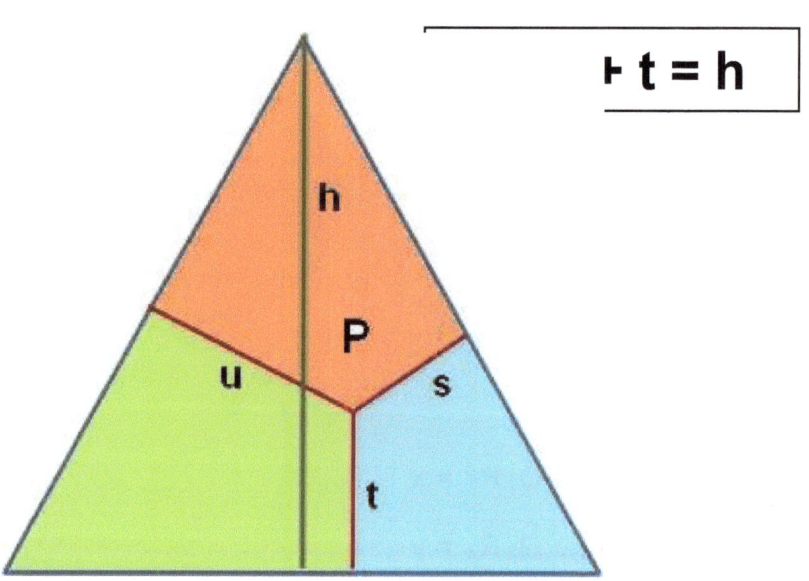

### 9.33. Ein seltsames Computerprogramm

Ein Graphikplotter erhält 6 Programmbefehle, um eine Figur auf ein Blatt Papier zu zeichnen:

1. Bewege den Stift drei Einheiten vorwärts und wende nach rechts in einem Winkel von 90°.
2. Bewege den Stift eine Einheit vorwärts und wende nach rechts in einem Winkel von 90°.
3. Bewege den Stift zwei Einheiten vorwärts und wende nach links in einem Winkel von 90°.
4. Bewege den Stift eine Einheit vorwärts und wende nach links in einem Winkel von 90°.
5. Bewege den Stift zwei Einheiten vorwärts und wende nach rechts in einem Winkel von 90°.
6. Wiederhole

Als Resultat ergibt sich die folgende Figur:

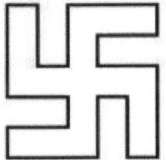

Ersetzt man in den Anweisungen den 90° Winkel durch 120°, dann erhält man als Resultat den Davidstern:

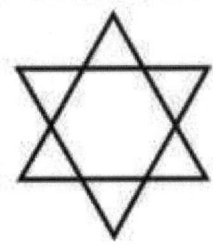

## 9.34.    Hyperkugelparadox

In ein Quadrat, dessen Mittelpunkt im Ursprung eines Koordinatensystems liegt, lassen sich vier Kreise mit dem Radius 1 einpassen. In der Mitte lässt sich zusätzlich ein kleinerer Kreis $K_2$ mit dem Radius r = $\sqrt{2}$ – 1 einfügen.

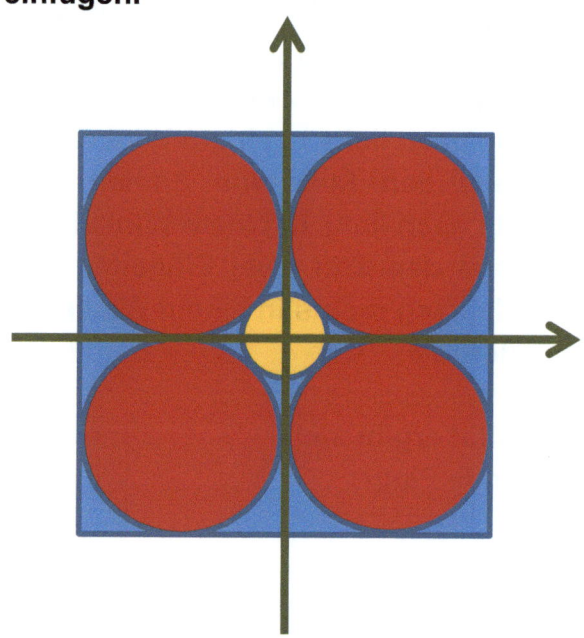

In drei Dimensionen passen $2^3$ = 8 Kugel mit dem Radius 1 in eine Würfel mit der Kantenlänge 4. Fügt man eine weitere Kugel $K_3$ in der Mitte passend ein, dann besitzt diese Kugel den Radius r = $\sqrt{3}$ – 1.

Bei einer Verallgemeinerung auf d Dimensionen kann man mit Pythagoras beweisen, dass die „kleinere„ Hypersphäre $K_d$ in der Mitte einen Radius von r = $\sqrt{d}$ – 1 besitzt. Für d = 4 ist die Hypersphäre in der Mitte größer als die Hypersphären um sie herum.

Im Fall d = 9 ist der Radius gleich zwei und die „kleine" Hypersphäre $K_9$ im Zentrum berührt die Seiten des 9-dimensionalen Hyperwürfels. Wenn d > 9 ist, dann reicht die Hypersphäre mit dem Zentrum in der Mitte des Hyperwürfels über den Rand des Hyperwürfels hinaus!

### 9.35. Die Lunare Triangulation

In einem Sonnenjahr gibt es im Durchschnitt 12,369 Lunationen (Vollmonde)!

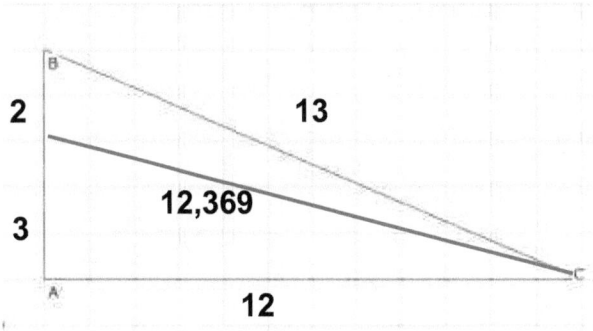

**9.36.**     Der Eulersche Polyedersatz

Gegeben sei ein beschränktes konvexes Polyeder mit F Flächen , E Ecken und K Kanten. Dann gilt:

$$E + F - K = 2$$

(1)     Platonische Körper

| *Körper* | *Ecken* | *Flächen* | *Kanten* | E+F-K |
|----------|---------|-----------|----------|-------|
| Tetraeder | 4 | 4 | 6 | 2 |
| Würfel | 8 | 6 | 12 | 2 |
| Oktaeder | 6 | 8 | 12 | 2 |
| Dodekaeder | 20 | 12 | 30 | 2 |
| Ikosaeder | 12 | 20 | 30 | 2 |

(2)     Vierseitige Pyramide:

5 Ecken und  5 Flächen und 8 Kanten

$$5 + 5 - 8 = 2$$

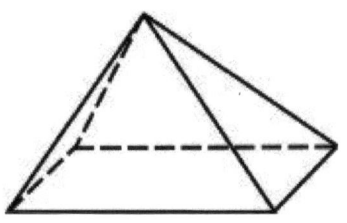

## (3)     Deltoidalikositetraeder

**26 Ecken und 24 Flächen und 48 Kanten**

**26 + 24 − 48 = 2**

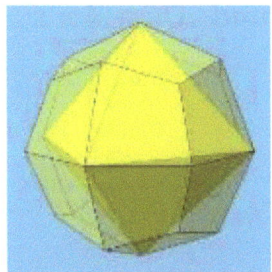

**Bildquelle de.Wikipedia.org**

## (4)     Sterntetraeder

**14 Ecken und 36 Kanten und 24 Flächen**

**14 + 24 − 36 = 2**

**Bildquelle de.Wikipedia.org**

**9.37.**

Das Verhältnis von Volumen zu Oberfläche ist bei Kugel und Würfel gleich:

Kugel: $\qquad V_K = \frac{4}{3}\,\pi\,r^3$ und $O_K = 4\,\pi\,r^2$

$V_K : O_K = \dfrac{r}{3} = \dfrac{d}{6}$

Würfel: $\qquad V_W = d^3$ und $O_W = 6\,d^2$

$V_W : O_W = \dfrac{d}{6}$

.

Das erscheint merkwürdig, da die Kugel unter allen Körpern mit gleichem Volumen die kleinste Oberfläche hat.

# 10. Die harmonische Proportion PHI

## 10.1.

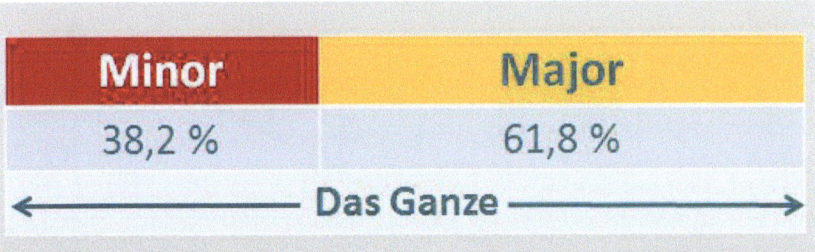

Als Goldenen Schnitt (Proportio Divina, Sectio Aurea) bezeichnet man das Teilungsverhältnis einer Strecke, bei dem das Verhältnis des Ganzen (=A) zu seinem größeren Teil (Major = B ) dem Verhältnis des größeren Teils (Major = B ) zum kleineren Teil (Minor = C) entspricht.

$$\frac{A}{B} = \frac{B}{C} = 1.618033 \ldots = \Phi$$

**10.2.**

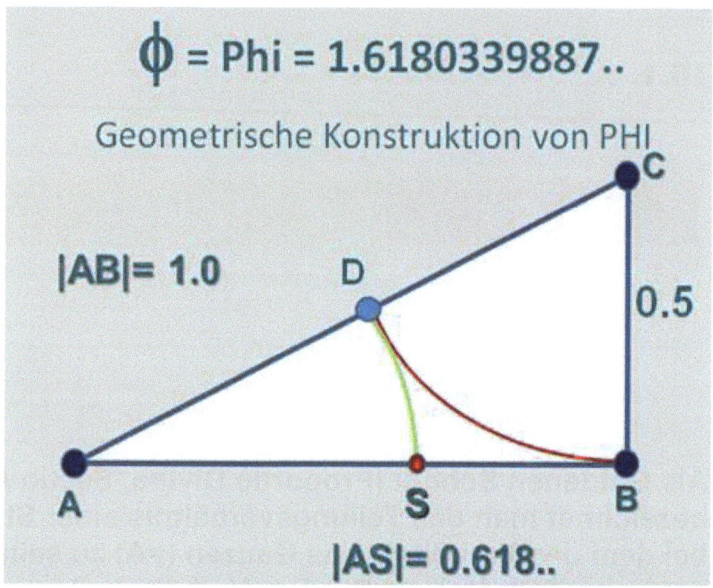

**Konstruktionsverfahren des Goldenen Schnitt**

1.  Man errichte auf B eine Senkrechte mit der halben Länge von |AB|., d.h. |BC| = 0.5 |AB|
2.  Der Kreis um C mit dem Radius |CB| schneidet die Strecke AC im Punkt D.
3.  Der Kreis um A mit dem Radius |AD| teilt die Strecke AB im Verhältnis des Goldenen Schnittes.

**10.3.**

Die ersten 500 Stellen der Zahl PHI lauten:

Φ = 1.·61803 39887 49894 84820 45868 34365 63811
77203 09179 80576 50 28621 35448 62270 52604 62818
90244 97072 07204 18939 11374 100 84754 08807 53868
91752 12663 38622 23536 93179 31800 60766 72635
44333 89086 59593 95829 05638 32266 13199 28290
26788 200 06752 08766 89250 17116 96207 03222 10432
16269 54862 62963 13614 43814 97587 01220 34080
58879 54454 74924 61856 95364 300 86444 92410 44320
77134 49470 49565 84678 85098 74339 44221 25448
77066 47809 15884 60749 98871 24007 65217 05751
79788 400 34166 25624 94075 89069 70400 02812 10427
62177 11177 78053 15317 14101 17046 66599 14669
79873 17613 56006 70874 80710 ... (500 Stellen !)

**10.4.**

Die Kettenbruchentwicklung von PHI besitzt nur Einsen
besitzt, Damit gehört PHI zu den Zahlen, die besonders
schlecht rational approximierbar sind. PHI ist daher die
„irrationalste" aller Zahlen!

$$\phi = 1 + \cfrac{1}{1 + \cfrac{1}{1 + \cfrac{1}{1 + \cfrac{1}{1 + \dots}}}}$$

**10.5.** PHI und das Sonnensystem

(1)    Periode Venusumlauf : Periode Erdumlauf =
225 : 365  = 0,616  ≈  1 : PHI.

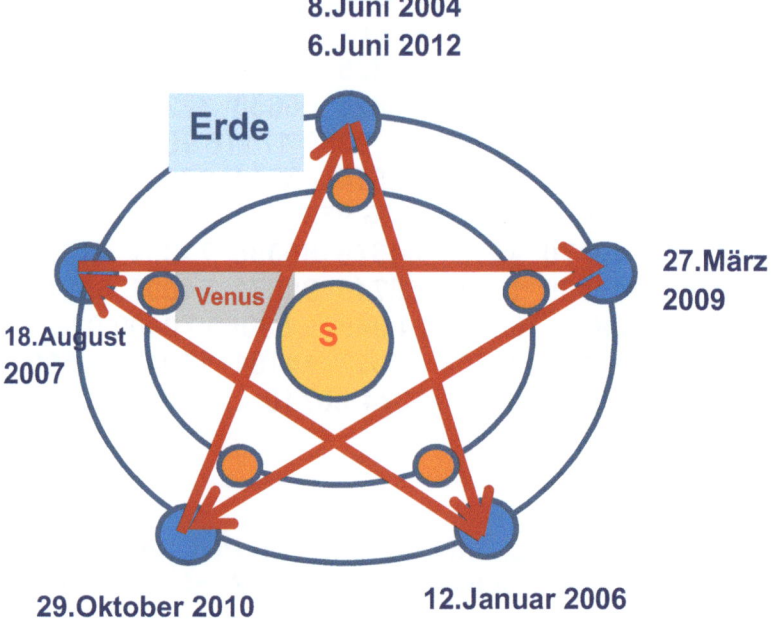

8.Juni 2004
6.Juni 2012

Erde

27.März
2009

18.August
2007

Venus

S

29.Oktober 2010          12.Januar 2006

Alle 8 Erdenjahre und 13 Venusjahre werden 5
synodische Umläufe vollendet. 13 : 8  = 1.625 ≈ PHI

**(2)**      **1 LE = Entfernung Erde-Sonne**

| Planet | Entfernung | Planet | Entfernung |
|--------|------------|--------|------------|
| Merkur | 0.387 | Erde | 1 |
| Venus | 0.732 | Mars | 1.523 |
|  | 1.387 |  | 2.246 |

**1,387/2,246 = 0.6175 ≈ PHI**

| Planet | Entfernung | Planet | Entfernung |
|--------|------------|--------|------------|
| Jupiter | 5.202 | Saturn | 9.538 |
| Uranus | 19.183 | Neptun | 30.033 |
|  | 24.384 |  | 39.571 |

**24.384 /39.571 = 0.6175 ≈ PHI**

**(3)**      **PHI und das System Erde-Mond**

**Radius der Erde gleich 1 LE = 6371 km**
**Radius Mond+ Radius Erde ≈ $\sqrt{\phi}$ LE ≈ 8109 km)**

$a = 1$          $b = \sqrt{\phi}$          $c = \phi$
$a = 6371$ km     $b = 8109$ km     $c = 10319$ km

$$a^2 + b^2 = c^2$$

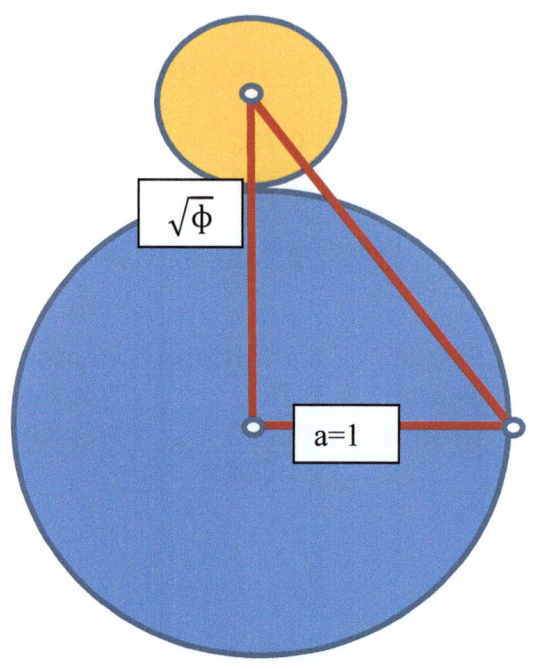

**(4)**      **Der Durchmesser des Saturn steht in einem PHI-Verhältnis zum Durchmesser seines Rings.**

$T_E$ = Länge des Sonnenjahres = 365.2422 Tage
$T_M$ = Länge des Lunarjahres = 354.3671 Tage

PI = 3.1415...                 PHI = 1.618 ...

$M_{13}$     = 13 lunare Monate = 13 x 29.5305 Tage
        = 383.8965...Tage

$T_{SA}$     = Synodische Periode des Saturn
        = 378.09 Tage

$T_{JU}$ = Synodische Periode des Jupiter
= 398.88 Tage

$PHI \cong 0,5 \times PI \times T_E / T_M$

$(18+PHI) \times (18 + 1/PHI) \cong T_E$
Übereinstimmung 99.998 % !

$(19+PHI) (18 + 1/PHI) \cong M_{13}$
Übereinstimmung 99.99% !

$PHI \cong (T_{JU} - T_{Sa}) : (T_{Sa} - T_E)$
Übereinstimmung 99.99%

**10.6.**

Bei rotierenden Schwarzen Löchern geht die negative Wärmekapazität ab einer kritischen Geschwindigkeit in die positive Wärmekapazität über. Physiker haben berechnet, dass dieser Umschlagpunkt nur von der Masse und dem Goldenen Schnitt bestimmt wird.

Quelle:
https://www.theguardian.com/science/2003/jan/16/science.research1

157

**10.7.**

(1) $$\phi = \sqrt{1+\sqrt{1+\sqrt{1+\sqrt{1+....}}}}$$

(2) $$\phi = \sqrt{\frac{5+\sqrt{5}}{5-\sqrt{5}}}$$

(3) $$\phi^2 - \phi - 1 = 0$$

(4) $$\phi = \frac{13}{8} + \sum_{1}^{\infty} \frac{(-1)^{n+1}\,(2n+1)!}{(n+2)!\,n!\,4^{2n+3}}$$

(5) $$\phi = 1 + 2\sin\left(\frac{\pi}{10}\right)$$

(6) $$\phi = \sum_{1}^{\infty} \frac{1}{\phi^k}$$

(7) $$\phi = 2\cos\left(\frac{\pi}{5}\right) = 2\sin\left(\frac{3\pi}{10}\right)$$

(8) $$\phi^2 = 1 + \phi$$

(9) $$\phi = \frac{1+\sqrt{5}}{2}$$

(10) $$\frac{1}{\phi} = \phi - 1$$

(11) $$\phi^k = F_k\,\phi + F_{k-1} \quad ( F_i = \text{i-te Fibnoccizahl}$$

(12) $$\phi \approx \frac{7\pi}{5e}$$

(13) $\quad 6^{\phi} \approx \phi^6 \approx 18$

(14) $\quad \dfrac{5}{6}\,\pi \approx \phi^2$

(15) $\quad \pi \approx \dfrac{4}{\sqrt{\phi}}$

(16) $\quad 9^{\phi} \approx 35$

(17) $\quad \ln 2 \approx \sqrt{\ln \phi}$

(18) $\quad \sum_{n=1}^{\infty}(-1)^n \dfrac{\binom{2n}{n}}{2^{2n}} = 2\,[\ln(\phi)]^2$

(19) $\quad \dfrac{\pi}{6} = \dfrac{\phi 2}{5} = \pi - \phi^2 = 0.5236$

(20) $\quad \dfrac{-\phi 2}{(-\phi 2+1)^2} = \text{-1} =$

**10.8.**

$5778 : \phi^{17} \approx 1.6180339... \approx \phi$

$5778 : \phi^{18} \approx 1.0000000...$

$5778 : (\phi\text{-}1)^{18} \approx 333385284 = 5778^2$

**10.9.**

## Der Modulor

Das System des Modulor basiert auf den menschlichen Maßen und dem Goldenen Schnitt. Corbusier nahm 183 cm (sechs Fuß) als menschliches Maß an. Diese Standardgröße des menschlichen Körpers ist Ausgangswert einer geometrischen Folge von Maßen, die jeweils zueinander in der Proportion des Goldenen Schnitts stehen

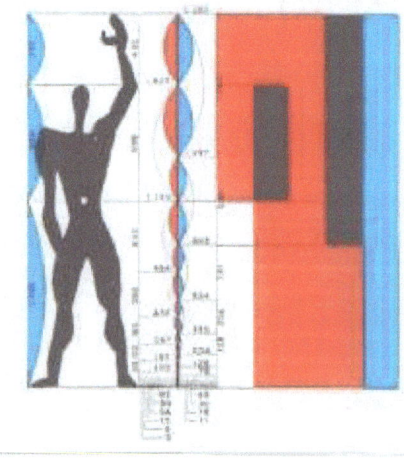

## 10.10.   Die Cheopspyramide

Gebaut: ca. 2620 – 2580 v.Chr.
Grabmal des Pharaoh Cheops  ???

Ursprüngliche Höhe (geschätzt): 146.59 m
Ursprüngliche Seitenlänge: (geschätzt):  230.33 m

Die halbe Seitenlänge der Cheopspyramide und die Höhe ihrer  dreieckigen Seitenfläche stehen in einem goldenen Schnittverhältnis.

$|FM_b|$ = **Minor** = 115.165 m

$|FM_b|^2 + |FS|^2 = |M_bS|^2$

$(115.165)^2 + (146.9)^2 = |M_b S|^2$

$|M_b S|$ = **Major** = $\sqrt{34842,2587}\ m = 186.66\ m$

**Major : Minor = 1.620...**

(Abweichung zu PHI $\approx$ 0.1 % )

**10.11.**

ISO/IEC 7810 ist eine internationale Norm, die vier Formate für Identitätsdokumente definiert.

**ID-1, ID-2, ID-3 , ID-000.**

Anwendungsgebiete sind z.B. Bankkarten, Kreditkarten, Führerscheine und der elektronische Personalausweis.

Das Verhältnis der Seiten im ID-1 Format beträgt 85,60 : 53.98 = 1.5857. Abweichung des Goldenen Schnitt [ (1.618:1) = 1.618... ] zum ID-1 Format beträgt ca. 2%

**10.12.**

(1)  Ein Musiker, der den Goldenen Schnitt häufig anwendete, war der ungarische Komponist Béla Bartók. Ein Beispiel dafür ist seine *„Sonate für zwei Klaviere und Schlagzeug"*. Das gesamte Stück, bestehend aus 2 Sätzen (Teilen), ist 6432 Achtelnoten lang, wobei der zweite Satz 3975 Achtel dauert. Diese beiden Zahlen stehen in einem Verhältnis, das dem goldenen Schnitt recht genau entspricht.

**6432/3975 = 1.618...**

(2)     Der berühmte Geigenbauer Stradivari   soll die Proportion des Goldenen-Schnitts verwendet haben, um die klanglich optimale Position der F-Löcher für seine Violinen zu berechnen.

(3)     Ein Tonintervall im Goldenen Schnitt ist mit etwa 833,09 Cent nur 19 Cent größer ist als eine kleine Sexte,

(4)     Die Oktave auf der Klaviertastatur von C bis C hat 13 Tasten. 8 weiße Tasten und 5 schwarze Tasten, die in Gruppen von 3 und 2 aufgeteilt sind. 13,8,5,3,2 sind Zahlen der Fibonaccifolge.

13:8 = 1.625 ≈ PHI

(5)     Der Komponist Karl Heinz Stockhausen hat in seinem Klavierstück IX eine bewusste Proportionierung nach den  Zahlen der Fibonaccireihe eingesetzt.

## 10.13.

Die Seitenlänge des regelmäßigen Zehnecks im Einheitskreis ist der längere Abschnitt der im Goldenen Schnitt unterteilten Längeneinheit:

$$S_{10} = \frac{1}{2} (\sqrt{5} - 1) = 2 \sin (18°) = 0.618034...$$

**10.14.**

In einem psychologischen Test von <u>Gustav Fechner</u> (1876) sollten Testpersonen eine Vorzugswahl aus 10 Rechtecken treffen:

| V | Prozent - Z | |
|---|---|---|
| | *m* | *w* |
| 1:1 | 3.74 | 3.36 |
| 6:5 | 0.22 | 0.27 |
| 5:4 | 3.07 | 0.00 |
| 4:3 | 1.97 | 3.36 |
| 29:20 | 5.85 | 11,.35 |
| 3:2 | 22.23 | 17.22 |
| *34:21* | *24.5* | *35.83* |
| 23:13 | 21.64 | 16.99 |
| 2:1 | 6.25 | 9.94 |
| 5:2 | 1.43 | 1.68 |

V Seitenverhältnis des Rechtecks
Z Zahl der Vorzugsurteile
m männlich        w weiblich.

Das Rechteck mit dem Seitenverhältnis 34:21 wurde bevorzugt ausgewählt. 34:21 = 1.6190… ist eine sehr gute Annäherung an den goldenen Schnitt. Verhältnisse im goldenen Schnitt sprechen das natürliche ästhetische Empfinden des Menschen an.

Quelle:
Gustav Theodor Fechner: *Vorschule der Aesthetik*, Kapitel 14, 1876,
http://gutenberg.spiegel.de/buch/vorschule-der-asthetik-teil-1-1096/15

**10.15.**

**(1)** <u>Das goldene Dreieck</u>

Das 36-72-72-Dreieck

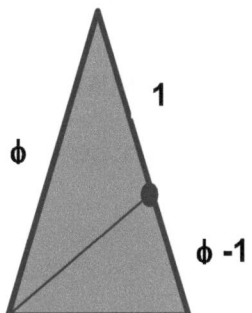

Dreiecke mit den Innenwinkeln 36°, 72° und 72° haben Seitenverhältnisse von $\phi$ : 1 bzw. 1 : ($\phi$-1).

**(2)** <u>Der goldene Winkel</u>

Teilt man den Vollwinkel 360 °im goldenen Schnitt, so erhält man die beiden Teilungswinkel 137.5° und 222,5°.

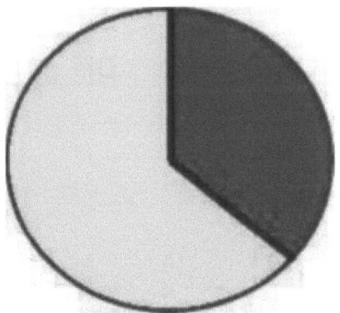

Der goldene Winkel (137.5 °) spielt in der Natur eine wichtige Rolle. Bei den meisten Pflanzen haben die Blüten, Samen oder Blätter einen Winkelabstand, der dem goldenen Winkel entspricht.

Durch wiederholte Drehung um den goldenen Winkel entstehen immer neue Blattansätze Da die goldene Schnittzahl irrational ist, kann keine exakte Überdeckung der Blätter entstehen. Durch den goldenen Winkel wird daher erreicht, dass die Überdeckung der Blätter, die die Photosynthese behindern, minimiert wird.

(3)  **Das goldene Rechteck**

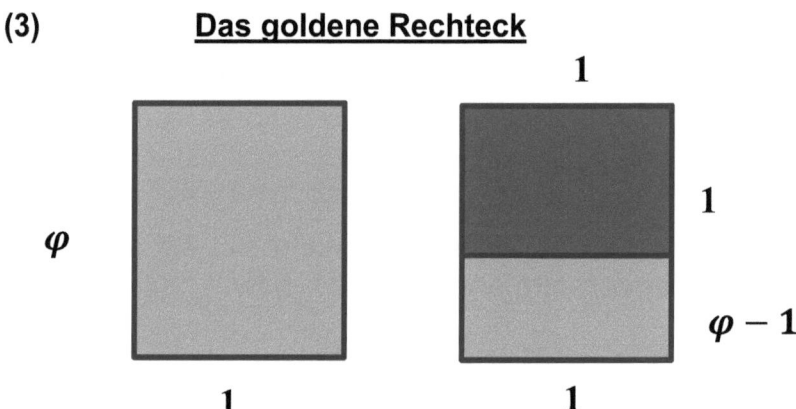

(4)  **Die goldene Spirale**

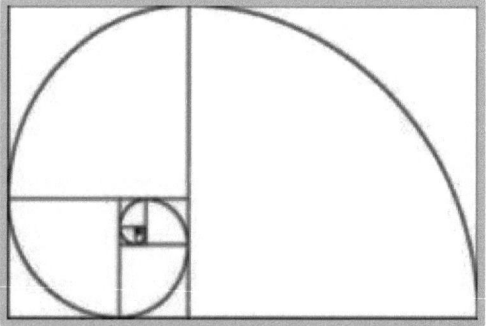

## Konstruktion der Goldenen Spirale:

Länge und Breite eines Rechtecks sollen sich im Verhältnis des Goldenen Schnittes teilen. Bildet man die Breite auf die Längsseite auf, so entsteht ein Quadrat und ein kleineres Rechteck, in dem sich wiederum Länge und Breite stetig teilen. Die Zusammensetzung von Viertelkreisen in den sukzessiven Quadraten erzeugt die Goldene Spirale.

## 10.16. Das Keplerdreieck

Ein Keplerdreieck besteht aus drei Seiten, deren Längen eine geometische Progression mit dem Faktor

$$\sqrt{\varphi} = \sqrt{1.618\ldots} \text{ bilden.}$$

$$a = s \quad , \quad b = s\sqrt{\varphi} \quad \text{und } c = s\varphi$$

Das Keplerdreieck ist rechtwinklig. Mit $\varphi^2 = (\varphi + 1)$ gilt auch: $(s\varphi)^2 = s^2 \varphi^2 = s^2 ( + 1) = s^2 \varphi + s^2$

Numerischen Koinzidenz: Der Umfang des Umkreises des Keplerdreiecks und der Umfang eines Rechtecks mit der Seitenlänge $s\sqrt{\varphi}$ stimmen *fast* überein.

$$4 s \times \sqrt{\varphi} \approx s \pi \varphi \quad \text{Abweichung 0.1 \%}$$

**10.17.**

Bildet man den Kehrwert von Φ (1 durch 1.618033...) ergibt sich

$$\frac{1}{\Phi} = 0.618033... = \Phi - 1$$

Diese Eigenschaft gibt es bei keiner anderen Zahl.

**10.18.**

Für eine reelle Zahl α > 1 ist die Beatty-Folge definiert durch $B(\alpha) := \{\lfloor n\alpha \rfloor : n \in N$. Dabei bedeutet der Term $\lfloor x \rfloor$ die größte ganze Zahl, die kleiner oder gleich x ist. Bildet man die Beattyfolge

$\lfloor \Phi \rfloor, \quad \lfloor 2\Phi \rfloor, \quad \lfloor 3\Phi \rfloor, \quad \lfloor 4\Phi \rfloor \quad ...$

zur Goldenen Zahl Φ, dann ergibt sich die Zahlenreihe:      1,3,4,6,8,9,11,12,14,16,

Die Folge ist unregelmäßig, da Φ eine irrationale Zahl ist. Bildet man die Folge der ganzen Zahlen, die nicht in der Beattyfolge von Φ vorkommen, dann erhält man:

2,5,7,10,13,15, ...

Diese Folge ist identisch ist mit der Beattyfolge von $\Phi / (\Phi - 1)$ !

**10.19.**

(1) Die Reihe der Endziffern der Fibonaccizahlen wiederholt sich nach einer Zykluslänge von 60.

Das Zyklusmuster lautet:

0,1,1,2,3,5,8,3,1,4,5,9,4,3,7,0,7,4,1,5,6,1,7,8,5,3,8,1,9,0,9,
9,8,7,5,2,7,9,6,5,1,6,7,3,0,3,3,6,9,5,4,9,3,2,5,7,2,9,1,0...

(2) Die Reihe der letzten beiden Endziffern der Fibonaccizahlen wiederholt sich nach einer Zykluslänge von 300.

(3) Die Reihe der Endziffern der letzten drei Fibonaccizahlen wiederholt sich nach einer Zykluslänge von 1500.

**10.20.** Der Goldene Schnitt im Efeublatt:

# 11. PI – Faszination in Ziffern

## 11.1.

Die Kreiszahl PI ist eine irrationale und transzendente Zahl :

3.
1415926535 8979323846 2643383279 5028841971
6939937510 5820974944 5923078164 0628620899
8628034825 3421170679 8214808651 3282306647
0938446095 5058223172 5359408128 4811174502
8410270193 8521105559 6446229489 5493038196
4428810975 6659334461 2847564823 3786783165
2712019091 4564856692 3460348610 4543266482
1339360726 0249141273 7245870066 0631558817
4881520920 9628292540 9171536436 7892590360
0113305305 4882046652 1384146951 9415116094
3305727036 5759591953 0921861173 8193261179
3105118548 0744623799 6274956735 1885752724
8912279381 8301194912 ...   (500 Stellen)

Dezember 2013 lag der Rekord bei der Berechnung der Nachkommastellen von PI bei über 12 Trillionen Stellen.

Quelle: Alexander J. Yee, Shigeru Kondo:  12.1 Trillion Digits of Pi (numberworld.org. 6. Februar 2014)

**11.2.**      A=1   B=2   C=3   D = 4  .....Y = 25   Z=26

| Anordnung | C | A | D | O | I | Z |
|-----------|---|---|---|----|---|----|
| | 3 | 1 | 4 | 15 | 9 | 26 |

PI ≈ 3.1415926

ZODIAC ist ein Anagramm von CADOIZ !

**11.3.**

Das Textsatzsystem TeX (Entwicklung Donald E. Knuth) nähert sich mit seinen Versionsnummern der Kreiszahl Pi an. Die aktuelle Versionsnummer ist 3.14159265 (Januar 2014).

**11.4.**

Die Zahlen PI, PHI und e sind fast pythagoräisch !

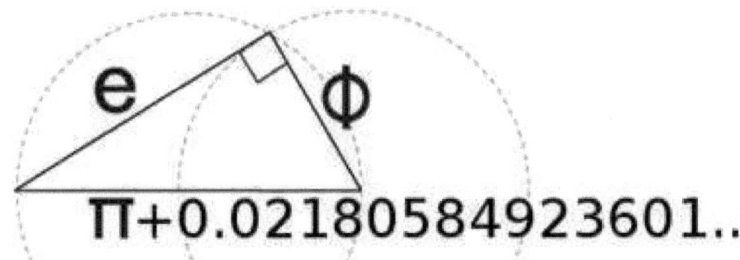

$$e^2 + \Phi^2 = (\pi + 0.0218058492360...)^2$$

**11.5.** Das Produkt der ersten fünf Ziffern von π ergibt
60.

$$3 \times 1 \times 4 \times 1 \times 5 = 60$$

**11.6.**

Merkverse für PI

Wie, o dies π macht ernstlich so vielen viel Müh
3,  1 4  1  5  9      2   6   5  3

May I have a large container of coffee
3 1 4  1  5  9  2  6

Gib o Herr o guter Fähigkeit zu denken
3  1 4  1 5  9  2  6

Ist' s doch o jerum schwierig zu wissen wofür sie
3, 1 4  1 5   9  2  6   5  3

steht.
 5

Can I know a cycle according to nature round and
 3 1 4  1 5  9   2  6  5  3
never complete
 5    7

**11.7.**

31415926535897932384626433832795028841 ist eine Primzahl, deren Ziffernfolge mit den ersten 38 Ziffern von $\pi$ identisch ist!

**11.8.**

1665 entdeckte der englische Mathematiker John Wallis eine Formel zur Berechnung von $\pi$. Die Wallische Formel definiert $\pi$ als ein Produkt mit unendlich vielen Faktoren:

$$\frac{2}{1} \cdot \frac{2}{3} \cdot \frac{4}{3} \cdot \frac{4}{5} \cdot \frac{6}{5} \cdot \frac{6}{7} \cdot \frac{8}{7} \cdot \frac{8}{9} \ldots = \frac{\pi}{2}$$

Amerikanische Physiker entdeckten 2015 einen Zusammenhang der 300 Jahre alten Formel mit quantenmechanischen Berechnungen. Das Produkt wurde bei der Variationsrechnung der Energiezustände des Wasserstoffatoms entdeckt.

Quelle:
http://scitation.aip.org/content/aip/journal/jmp/56/11/10.1063/1.4930800

## 11.9. Formeln zur Pi-Berechnung:

$$\frac{\pi}{6} = 1 + \frac{1}{4} + \frac{1}{9} + \frac{1}{16}$$

---

$$\frac{1}{\pi} = \frac{\sqrt{8}}{9801} \sum_{n=1}^{\infty} \frac{(4n!)(1103+26390n)}{(n!)^4 \, 396^{4n}}$$

**Ramanujan**

---

$$\frac{1}{\pi} = \sum_{n=1}^{\infty} \frac{(-1)^n (1123+21460n)(2n-1)!!(4n-1)!!}{(882)^{2n-1} \, 32^n (n!)^3}$$

**Ramanujan**

---

$$\frac{1}{\pi} = \frac{12}{\sqrt{640320^3}} \sum_{n=1}^{\infty} (-1^n) \frac{(6n!)(13591409+545140134n)}{(n!)^3 (3n)! (\, 640320^3)^n}$$

---

$$\pi = \sum_{n=1}^{\infty} \frac{1}{16^n} \left( \frac{4}{8n+1} - \frac{2}{8n+4} - \frac{1}{8n+5} - \frac{1}{8n+6} \right)$$

---

$$\frac{\pi}{4} = \sum_{n=1}^{\infty} arctan \frac{1}{F_{2n+1}}$$

$F_{2n+1}$ = (2n+1)te Fibonaccizahl

---

$$\frac{\pi}{4} = \sqrt{5} \sum_{n=1}^{\infty} \frac{(-1)^n F_{2n+1}}{(2n+1)PHI^{4n+2}}$$

$F_{2n+1}$ = (2n+1)te Fibonaccizahl

---

$$8 \int_0^{\infty} \frac{(log \, x)^2}{1+x^2} \, dx = \pi^3$$

---

$$\frac{2}{1} \cdot \frac{2}{3} \cdot \frac{4}{3} \cdot \frac{4}{5} \cdot \frac{6}{5} \cdot \frac{6}{7} \cdot \frac{8}{7} \cdot \frac{8}{9} \ldots = \frac{\pi}{2}$$

**Wallis**

---

$$740025 \cdot \pi = \sum_{n=1}^{\infty} \frac{3 \cdot P_n}{\binom{7n}{2n} \cdot 2^{n-1}}$$

**Bellard**

174

$$P_n = -885673181n^5 + 3125347237n^4 - 2942969225n^3 + 1031962795n^2 - 196882274n + 10996648$$

$$\sum_{n=1}^{\infty} \frac{(-1)^n}{(2n+1)}, = \frac{\pi}{4}$$
**Leibniz**

$$\frac{\pi}{4} = 4 \arctan\frac{1}{5} - \arctan\frac{1}{239}$$
**Machin**

$$\prod_{n=1}^{\infty} \frac{4n^2}{4n^2-1} = \frac{\pi}{2}$$

$$\pi = \frac{3\sqrt{3}}{4} + 24 \int_0^{0.25} \sqrt{x - x^2}\, dx$$

$$\pi = \frac{1}{64} \sum_{n=1}^{\infty} \frac{1}{2^{10n}} \left( \frac{32}{4n+1} - \frac{1}{4n+3} + \frac{256}{10n+1} - \frac{64}{10n+3} - \frac{4}{10n+5} - \frac{4}{10n+7} + \frac{1}{10n+9} \right)$$
**Bellard**

$$\pi = \frac{\prod_{n=1}^{\infty} (1+\frac{1}{4n^2-1})}{\sum_{n=1}^{\infty} \frac{1}{4n^2-1}}$$
**Sondow**

$$\frac{11340}{691\pi^6} = \sum_{n=1}^{\infty} \frac{1}{n^6}$$

$$\pi = \sum_{n=1}^{\infty} \frac{3^n-1}{4^n} \rho(n+1)$$
**Flajolet / Vardi**

$$\pi = \sum_{n=0}^{\infty} \frac{(25n-3)n!(2n)!}{2^{n-1}(3n)!}$$
**Gosper**

$$\pi = 3 + \frac{4}{3^3-3} + \frac{4}{5^3-5} + \frac{4}{7^3-7} + \frac{4}{9^3-9} + \dots$$
**Somayaji**

$$\pi = 4 \sum_{n=0}^{\infty} \frac{(-1)^{k+1}}{2k-1}$$
**Leibniz**

$$\pi = \sum_{n=0}^{\infty} \frac{2\,(-1)^{k+1}3^{0.5-k}}{2k+1}$$
**Abraham Sharp**

$$\pi^2 = 8 \sum_{n=0}^{\infty} \frac{1}{(2k-1)^2}$$

$$\pi = \lim_{m \to \infty} 2^m \sqrt{2 - \sqrt{2 + \sqrt{2 + \sqrt{2}}}}\dots$$
**m Wurzelzeichen!**

$$\sum_{n=0}^{\infty} \frac{1}{k^2}\left(1 + \frac{1}{2} + \frac{1}{3} + \dots + \frac{1}{k}\right)^2 \;=\; \frac{17\pi^4}{360}$$
**Enrico Au-Yeung**

$$\int_0^1 \frac{8(1-x)^8(25+816x^2)}{3{,}164\,(1+x^2)} = \frac{355}{113} - \pi$$
**Stephen K.- Lucas**

$$\pi = \lim_{n \to \infty} \frac{2^{4n}\,n!^4}{((2n)!)^2}\,\frac{2}{2n+1}$$

## 11.10. PI Näherungen:

$(\frac{16}{9})^2 \approx \pi$ — (1 Stelle genau)

$(2\,e^3 + e^8)^{\frac{1}{7}} \approx \pi$ — (2 Stellen genau)

$\frac{22}{7} \approx \pi$ — (2 Stellen genau)

$\frac{1 \times 3 \times 5 \times 7 \times 9 \times 11 \times 13 \times 15}{2 \times 4 \times 6 \times 8 \times 10 \times 12} \approx \pi$ — (2 Stellen genau)

$\sqrt[3]{31} \approx \pi$ — ( 3 Stellen genau)

$\frac{4}{\sqrt{\varphi}} \approx \pi$ — ( 3 Stellen genau)

$\frac{3927}{1250} \approx \pi$ — ( 3 Stellen genau)

$\frac{2^9}{163} \approx \pi$ — (3 Stellen genau)

$\frac{211875}{67441} \approx \pi$ — (3 Stellen genau)

$43^{\frac{7}{23}} \approx \pi$ — (4 Stellen genau)

$\frac{333}{106} \approx \pi$ — (4 Stellen genau)

$\Phi \times \frac{6}{5} \approx \pi$ — (4 Stellen genau)

$\sqrt{4e - 1} \approx \pi$ — (5 Stellen genau)

$$\frac{11^{\ln 11}}{100} \approx \pi \qquad \text{(5 Stellen genau)}$$

$$\frac{\ln(2198)}{\sqrt{6}} \approx \pi \qquad \text{(5 Stellen genau)}$$

$$\frac{47^3 + 20^3}{30^3} \approx \pi \qquad \text{(6 Stellen genau)}$$

$$\frac{355}{113} \approx \pi \qquad \text{(6 Stellen genau)}$$

$$\frac{9801}{4412} \times \sqrt{2} \approx \pi \qquad \text{(6 Stellen genau)}$$

$$\frac{9801}{1103} \times \frac{\sqrt{2}}{4} \approx \pi \qquad \text{(6 Stellen genau)}$$

$$2^{\frac{222222222}{134558126}} \approx \pi \qquad \text{(6 Stellen genau)}$$

$$\left(\frac{13}{4}\right)^{\frac{1181}{1216}} \approx \pi \qquad \text{(7 Stellen genau)}$$

$$\frac{100798}{32085} \approx \pi \qquad \text{(7 Stellen genau)}$$

$$\left(\frac{77729}{254}\right)^{0.2} \approx \pi \qquad \text{(8 Stellen genau)}$$

$$\frac{4}{\sqrt{58}} \, \text{Ln}(396) \approx \pi \qquad \text{(8 Stellen genau)}$$

$$\frac{312689}{99532} \approx \pi \qquad \text{(8 Stellen genau)}$$

$$\left(9^2 + \frac{19^2}{22}\right)^{0.25} \approx \pi \qquad \text{(8 Stellen genau)}$$

178

$$\frac{312689}{99532} \approx \pi \qquad \text{(8 Stellen genau)}$$

$$3 + \frac{8}{60} + \frac{29}{60 \, x \, 60} + \frac{44}{60 \, x \, 60 \, x \, 60} \approx \pi \qquad \text{(8 Stellen genau)}$$

$$\sqrt[3]{\frac{63023}{30510}} + 0.25 + 0.5(\sqrt{5}+1) \approx \pi \qquad \text{(9 Stellen genau)}$$

$$[0+3+(1- 9- 8^{-5})^{-6}] : (7+2^{-4}) \approx \pi \qquad \text{(9 Stellen genau)}$$

$$\frac{103993}{33102} \approx \pi \qquad \text{(9 Stellen genau)}$$

$$\frac{48}{23} \ln \left(\frac{60318}{13387}\right) \approx \pi \qquad \text{(10 Stellen genau)}$$

$$\frac{833719}{265381} \approx \pi \qquad \text{(11 Stellen genau)}$$

**833719 und 265381 sind prim**

$$\sqrt[4]{100 - \frac{2125^3 + 214^3 + 30^3 + 37^3}{82^5}} \approx \pi \qquad \text{(13 Stellen genau)}$$

$$\frac{\ln(199148648)}{\sqrt{37}} \approx \pi \qquad \text{( 14 Stellen genau)}$$

$$\frac{428224593349304}{136308121570117} \approx \pi \qquad \text{( 30 Stellen genau)}$$

$$\frac{\ln(2625377412640768744)}{\sqrt{163}} \approx \pi \qquad \text{( 30 Stellen genau)}$$

$$8 \int_{0}^{+\infty} \cos(2x) \prod_{n=1}^{\infty} \cos\left(\frac{x}{n}\right) \, dx \approx \pi \qquad \text{(42 Stellen genau)}$$

## 11.11.  $\pi$  und die Bibel

a) Die Beschreibung eines „Teiches" im Zusammenhang mit der Ausstattung des salomonischen Tempels findet sich gleichlautend an zwei verschiedenen Stellen der Bibel:

1 Könige 7,23 und 2 Chronik 4,2

*Dann machte er das „Meer". Es wurde aus Bronze gegossen und maß zehn Ellen von einem Rand zum anderen; es war völlig rund und fünf Ellen hoch. Eine Schnur von 30 Ellen konnte es rings umspannen.* (Deutsche Einheitsübersetzung)

Diese Beschreibung ist mathematisch zweifelhaft, da hier der Umfang geteilt durch den Durchmesser den Wert 3 besitzt, was einen nur sehr groben Näherungswert für $\pi$ liefert.

b)

Rabbi Elijah Ben Salomon Salman (auch Gaon von Vilna genannt) machte im 18.Jahrhundert eine bemerkenswerte Entdeckung. Er hatte bemerkt,dass das hebräische Wort für *„Längenmaß"* in den beiden Passagen der Bibel unterschiedlich geschrieben wurde. Der Rabbi konnte mit Hilfe der Gematria (jedem Buchstaben ist ein Zahlenwert zugeordnet) zeigen, dass *„Längenmaß"* im Buch 1 König den Wert 111 besitzt, während die verwandte Schreibweise im Buch Chronik den Wert 106 erhält.

Der gelehrte Rabbi bildete nun den Bruch 111/106 ≈ 1.0472. Multipliziert man diesen Wert mit der Zahl 3 dann erhält man 3,1416, eine sehr genaue Näherung von π!

c)    Genesis 1 ,1 :

*Im Anfang schuf Gott Himmel und Erde*

Hebräisch:

בראשיתבראאלהיםאתהשמיםואתהארץ

Zahlenwerte der hebräischen Buchstaben;

| 1 | 2 | 3 | 4 | 5 | 6 | 7 | 8 | 9 | 10 | 11 |
|---|---|---|---|---|---|---|---|---|----|----|
| א | ב | ג | ד | ה | ו | ז | ח | ט | י | ך כ |
| 1 | 2 | 3 | 4 | 5 | 6 | 7 | 8 | 9 | 10 | 20 |
| (a) | B | G | D | H | W | S | Ch | T | J | K |
| Aleph | Beth | Gimel | Daleth | He | Waw | Zajin | Chet | Tet | Jod | Kaph |

| 12 | 13 | 14 | 15 | 16 | 17 | 18 | 19 | 20 | 21 | 22 |
|----|----|----|----|----|----|----|----|----|----|----|
| ל | ם מ | ן נ | ס | ע | ף פ | ץ צ | ק | ר | ש | ת |
| 30 | 40 | 50 | 60 | 70 | 80 | 90 | 100 | 200 | 300 | 400 |
| L | M | N | S | (o) | P | Z | Q | R | Sch | T |
| Lamed | Mem | Nun | Samech | Ajin | Pe | Tzade | Qoph | Resch | Schin | Taw |

| | | |
|---|---|---|
| הארץ | Ha'arez | 90+200 +1+5 = 296 |
| ת | Ve'et | 400+1 + 6 = 407 |
| השמים | Hashamayim | 40+10 +40+300 +5 =395 |
| את | Et | 400+1 = 401 |
| אלהים | Elohim | 40+10 +5+30+1= 86 |
| ברא | Bara | 1 + 200 + 2 = 203 |
| בראשית | Bereshit | 400 + 10 + 300 + 1 + 200 + 2 = 913 |

**A: Anzahl der Buchstaben: 28**

**B: Produkt der Zahlenwerte der Buchstaben:**

$$23887872 \times 10^{34}$$

**C: Anzahl der Worte: 7**

**D: Produkt der Zahlenwerte der Worte:**

$$304153525784 \times 10^{17}$$

**A x B = $668860416 \times 10^{35}$**
**C x D = $212907468049 \times 10^{18}$**

$$\frac{A \times B}{C \times D} = 3.14155450783 \times 10^{17} \quad (\pi = 3{,}141592653)$$

**Genauigkeit der Ziffernfolge im Vergleich mit PI beträgt 99.999%**

**11.12.**

**(1)**

A B C D E F G H I J K L M N O P Q R S T U V W X Y Z

**(2)**

J K L M N O P Q R S T U V W X Y Z A B C D E F G H I

Wenn wir in der Anordnung 2) der 26 Buchstaben unseres Alphabets die Buchstaben weglassen, die symmetrisch sind (in Bezug auf eine Mittelachse oder einen Mittelpunkt), dann erhalten wir die Reihenfolge

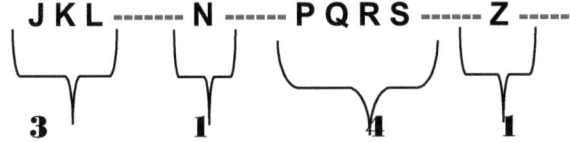

**11.13.**

Mit Supercomputern wurde die Zahl π bis auf mehrere Trillionen Stellen berechnet.

Suchalgorithmen für interessante Ziffernfolgen (unter den ersten 13 Billionen Stellen von π) finden sich im Internet auf der Webseite von Gerd Lamprecht:
http://pi.gerdlamprecht.de/

183

(1)     Die Zahlenfolge 01234567890 kommt in den bisher bekannten Nachkommastellen von π mehrfach vor. Das erste Mal beginnt diese Folge ab der 53217681704. Stelle!

(2)     Die Ziffernfolge 360 beginnt an der 359. Stelle von π.

(3)     Position: 1755524129973
Ziffernfolge: ...000000000000472
(12 Nullen in Folge)

(4)     Position 8838254734239
Ziffernfolge: ...271828182845 ...
(die ersten 12 Ziffern der Zahl e)

(5)     Position: 3907688331257
Ziffernfolge: ...1111111111111149595...
(14 Einsen hintereinander)

(6)     Position: 5547233660249
Ziffernfolge: ... 22222222222244985...
(13 Zweien hintereinander)

(7)     Position: 1221587715177
Ziffernfolge: 666666666666447...
(12 Sechsen hintereinander)

(8)     Position: 5758910552709
Ziffernfolge: 99999999999999975105900...
(14 Neunen hintereinander)

(9)    Auch die Lottozahlen der nächsten Woche sind in der Dezimaldarstellung von $\pi$ enthalten !

## 11.14.

Reiht man sechs Zahlen (die kleiner oder gleich 49 sind) aneinander so erhält man maximal eine 12-stellige Ziffernfolge. Die Mathematiker nehmen an, dass die Ziffern in der Dezimaldarstellung von $\pi$ zufällig verteilt sind. Dann lässt sich beweisen, dass jeder 12-stellige Zahlenstring irgendwo in der Dezimaldarstellung von $\pi$ mit der Wahrscheinlichkeit 1 , also sicher, auftaucht.

## 11.15.    $\pi$ - e - Relationen

(1)    $\pi^4 + \pi^5 \approx e^6$  (Abweichung ca. 0.00001%)

(2)    $e^\pi - \pi = 19.999099972\ldots$

(3)    $\pi$ Prozent von e $\approx$ e Prozent von $\pi$

(4)    $e^{\pi i} + 1 = 0$

(5)    $\dfrac{\pi^9}{e^8} = 9.9998387\ldots$

(6)    $\dfrac{5\,\varphi\,e}{7\,\pi} = 1.0000097\ldots$

(7)    $e^6 - \pi^4 - \pi^5 = 0.000017673\ldots$

(8) $\quad 10 \approx \pi^{2\cdot}\left(\dfrac{9}{e\,\pi}\right)^{0.25} = 9.999984\ldots$

(9) $\quad \sqrt[i]{i} = \sqrt{e^{\pi}} = 4.81047738\ldots$

(10) $\quad e^{\pi\sqrt{163}} \approx$
262537412640768743.99999999999950…

(11) $\quad 3^{\frac{\pi+e}{4}} \approx 5$

(12) $\quad e^{\pi\sqrt{58}} \approx 24591257751.9999998\ldots$

(13) $\quad (\dfrac{\pi^{3^2}}{e^{2^3}} \approx 10$

(14) $\quad 163\,(\pi - e) \approx 69$

(15) $\quad \dfrac{e^{\pi} - \pi}{2} \approx 10$

(16) $\quad \sum_{k=1}^{n-1} e^{\frac{-k^2\,\pi}{n}} \approx \dfrac{1+\sqrt{n}}{2}$

(17) $\quad \int_{-\infty}^{+\infty} \dfrac{\cos x}{x^2+1}\,\mathbf{dx} = \dfrac{\pi}{e}$

(18) $\quad -\dfrac{\pi^2}{12e^3} = \sum_{n=1}^{\infty} \dfrac{1}{n^2}\cos\left(\dfrac{9}{n\pi+\sqrt{n^2\pi^2-9}}\right)$

(19) $\quad 2\pi + e \approx 9$

(20) $e^{-\frac{\pi}{9}} + e^{-4\frac{\pi}{9}} + e^{-9\frac{\pi}{9}} + e^{-16\frac{\pi}{9}} + e^{-25\frac{\pi}{9}} + e^{-36\frac{\pi}{9}} + e^{-49\frac{\pi}{9}} + e^{-64\frac{\pi}{9}}$

$\approx 1$

(21) $PHI^2 + e^2 + (\frac{i}{e})^2 \approx \pi^2$

## 11.16.

Der Mathematiker und Cambridgeprofessor Hans Henrik Stolum hat herausgefunden, dass die tatsächliche Länge eines Flusses im Durchschnitt ungefähr das Dreifache seiner direkten Entfernung von der Quelle zur Mündung ausmacht. Für ältere Flüsse, die Mäander ausformen konnten, nähert sich das Verhältnis dem Wert von 3.14 !

Empirische Daten belegen, dass die Länge eines Flusses geteilt durch die Luftlinie von Quelle zu seiner Mündung dann π am nächsten ist, wenn der Fluss kurvenreich, lang und naturbelassen ist.

Beispiel Nil:

Der Nil ist 6671 km lang. Er hat eine Luftlinie von 2120 km.

$\pi = 3.14159...$

$\frac{6671}{2120} = 3.14669...$

187

## 11.17. Integraldarstellungen von $\pi$

(1) $\quad \int_0^1 \frac{x^4 \, (1-x)^4}{1+x^2} \, dx = \frac{22}{7} - \pi$

(2) $\quad \int_0^1 \frac{x^8 \, (1-x)^8 \, (257816x^2 \,)}{3.164 \, (1+x^2)} \, dx = \frac{355}{113} - \pi$

(3) $\quad \int_{-\infty}^{+\infty} \frac{1}{1+x^2} \, dx = \pi$

(4) $\quad \int_{-\infty}^{+\infty} e^{-x^2} dx = \sqrt{\pi}$

(5) $\quad \int_{-1}^{+1} \sqrt{1-x^2} \, dx = \frac{\pi}{2}$

(6) $\quad 8 \int_0^{+\infty} cos(2x) \prod_{n=1}^{\infty} cos(\frac{x}{n}) \, dx \approx \pi$

(7) $\quad \pi = e \int_{-\infty}^{\infty} \frac{cos \, x}{1+x^2} \, dx$

(8) $\quad \pi = 2 \int_0^{\infty} \frac{sin \, x}{x} dx$

(9) $\quad \pi = [ \int_0^{\infty} \frac{e^{-t}}{\sqrt{t}} \, dt \, ]^2$

(10) $\quad \pi = 2 \int_0^{\infty} \frac{1}{1+x^2} \, dx$

(11) $\quad \pi = \frac{3}{4} \sqrt{3} + 24 \int_0^{0.25} \sqrt{x - x^2} \, dx$

(12) $\quad \pi = \int_0^1 \frac{16y-16}{y^4-2y^3+4y-4} \, dy$

**11.18.**

Am 1. Juni 2008 erschien ein Muster in einem englischen Kornfeld (Barbury Castle, Wiltshire), das die Zahl π kodiert. Wie das Muster erzeugt wurde (nachweislich nachts – in einem Zeitfenster von nur wenigen Stunden!) und wer dafür verantwortlich ist, konnte nicht geklärt werden

Bildquelle: Commons.Wikimedia.org

# 12. Die Eulersche Zahl e

## 12.1.

### 2.

7182818284590452353602874713526624977572470936999595749669676277240766303535475945713821785251664274274663919320030599218174135966290435729003342952605956307381323286279434907632338298807531952510190115738341879307021540891499348841675092447614606680822648001684774118537423454424371075390777449920695517027618386062613313845830007520449338265602976067371132007093287091274437470472306969772093101416928368190255151086574637721112523897844250569536967707854499696997946864454905987931636889230098793127736178215424999229576351482208269895193668033182528869398496465105820939239829488793320362509443117301238197068416140397019837679320683282376464804295311802328782509819455815301756717361332069811250996181881593041690351598888519345807273866738589422879228499892086680582574927961048419844436346324496844875602336324827041978623209002160990235304369941849146314093431738143640546253152096183690888707016768396424378140592714563549061303107208510383750510115747704171898610687396965521267154688957035035402123407849819334321068170121005627880235193033224745015853904730419957777093503660416997329725088687696640355570716226844716256079882651787134195124665201030592123667719432527867539855894489697096409754591856956380236370162112047742722836489613422516445078182442352948636372141740238893441247963574370263755294448337998016125492278509257782562092622648326277933386566481627725164019105900491644998289315056604725802777863186415519565324425869829469593080191529872117255634754639644791014590409058629849679128740687050489585867174798546677575732056812884592054133405392200011378630094556068816674001137863009455606881667400

...

Quelle:http://www.datendieter.de/item

**Die Eulersche Zahl e ist**

a)        die Basis des natürlichen Logarithmus

b)        Grenzwert der Reihe: $\sum_{n=1}^{\infty} \frac{1}{n!} = e$

c)        Grenzwert der Folge:   $\lim\limits_{n \to \infty} \left(1 + \frac{1}{n}\right)^n = e$

d)        Grenzwert der Folge:   $\lim\limits_{n \to \infty} \frac{n}{\sqrt[n]{n!}} = e$

e)        Grenzwert der Folge: $\lim\limits_{n \to \to}(\sqrt[n]{n}\,)^{\pi(n)} = e$

**12.2.**

Gute Näherungen der Eulerschen Zahl durch Brüche mit kleinen natürlichen Zahlen (< 100 000) sind:

(1) $e \approx \frac{878}{323}$   (2) $e \approx \frac{1457}{536}$ (3) $e \approx \frac{49171}{18089}$ (4) $e \approx \frac{58291}{21444}$

**12.3.**

(1)   $\boxed{\text{Eulersche Identität:} \quad e^{2\pi i} = 1}$

(2)       $i^{\,i} = e^{-\frac{\pi}{2}} = 0.207879\ldots$

(3)       $e^{ix} = \cos x + i \sin x$

## 12.4.

Als Kettenlinie (auch Seilkurve) bezeichnet man die Form einer an beiden Enden aufgehängten Kette, die unter dem Einfluss der Schwerkraft durchhängt. Die Kettenlinie wird durch eine einfache mathematische Funktion beschrieben:

$$\cosh x = \frac{e^x + e^{-x}}{2}$$

Der *Gateway Arch* in St.Louis USA hat die Form einer auf den Kopf gestellten Kettenlinie. (630m breit und 639m hoch)-

Quelle: commons.wikimedia.org

**Gleichung der Gateway-Kurve:**

$$f(x) = 127.7 \cdot \cosh\left(\frac{x}{127,7}\right) + 757.7 \quad \text{(Einheit: ft)}$$

## 12.5

Teilt man 100 durch die durchschnittliche Körpertemperatur eines Menschen, so ergibt sich eine gute Näherung für e:

$$\frac{100}{36,8} = 2.71739\ldots \approx e$$

**12.6.**

**(1)** $\quad e^{-e} = 0.065988\ldots$ und $e^e = 15.15426\ldots$

**(2)** $\quad \dfrac{1}{e} = 0.367894\ldots$ und $e^1 = 2.718281828\ldots$

**(3)** $\quad e^{\pi} = 23.14069\ldots > \pi^e = 22.45916\ldots$

**(4)** $\quad e \approx \sqrt[6]{\pi^4 + \pi^5}$

**(5)** $\quad \ln(x) = \log_e(x)$

**(6)** $\quad \dfrac{\pi^{3^2}}{e^{2^3}} = 9,9998\ldots \approx 10$

**(7)** $\quad e^{\frac{163}{32}} = 162.9999673\ldots \approx 163$

**(8)** $\quad e \approx \dfrac{58.291}{21.444}$

**(9)** $\quad \lim\limits_{n \to \infty} \dfrac{e^n\, n!}{n^n \sqrt{n}} = \sqrt{2\pi}$

**(10)** $\quad 3^{\frac{\pi+e}{4}} \approx 5$

**(11)** $\quad e^{\frac{1}{\sqrt{2}}} \approx 2$

**(13)** $\quad e^e \approx \dfrac{500}{33}$

**(14)** $\quad \sqrt{\dfrac{e}{(\pi-e)^{1.5}}} \approx \pi$

**12.7.**

Die Ziffernfolge 1828 wiederholt sich nach der 2.Stelle in der Dezimaldarstellung von

e = 2.7182818284*59045* ....

Die nachfolgende Ziffernfolge 459045 zeigt die drei numerischen Wert für die Winkel eines gleichschenkligen und rechtwinkligen Dreiecks.

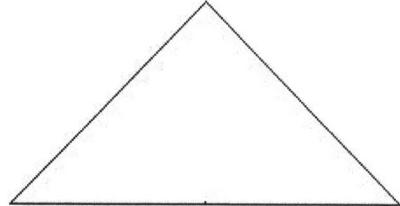

**12.8.**

Ein merkwürdiger Zusammenhang zwischen der Eulerschen Zahl e und unendlich vielen Kreisen ($2\pi r$ und r = 1,2,3...):

$$\frac{e+1}{e-1} = 2 + 4 \sum_{r=1}^{\infty} \frac{1}{(2\pi r)^2 + 1}$$

**12.9.**

Die erste 10-ziffrige Primzahl im Zahlenstring der Dezimaldarstellung von e beginnt an Stelle 101 und lautet:

$$7427466391$$

**12.10.**
Merkhilfe für die Zahl e:

**Die Universität Dresden wurde am 2.7. 1828 gegründet. Verdoppelt man die Jahreszahl, so erhält man**
**2.718281828....**

# 13. Zahlenzauber

## 13.1. Interessante Summen

(1) Die Summe der ersten 10 Primzahlen ist gleich 100:

$$100 = \sum_{i=1}^{10} p_i$$

(2) Die Summe der ersten 24 Quadratzahlen ist gleich 4900:

$$4900 = \sum_{i=1}^{24} i^2$$

(3) Die Summe der Kubikzahlen von 1 bis n ist immer eine Quadratzahl. Beispiel:

$$n = 4 \quad \sum_{i=1}^{4} i^3 = 1 + 8 + 27 + 64 = 10^2 = 100$$

(4) Die Formel für die Berechnung der Summe aller natürlichen Zahlen von F (First) bis L (Last) lautet:

$$\sum_{n=F}^{L} n = (L^2 - F^2 + F + L) : 2$$

Beispiel: F=5 und L=11

$$5+6+7+8+9+10+11 = (11^2 - 5^2 + 5 + 11) : 2 = 56$$

## 13.2.

| | |
|---|---|
| 235412 x 11 | = 2589532 |
| 2359852 : 11 | = 214 532 |
| 12356 x 11 | = 135916 |
| 619531 : 11 | = 56321 |

**13.3.**

Bildet man aus einer beliebigen ganzen Zahl (die keine Ziffern doppelt besitzt) eine zweite Zahl, deren Ziffernfolge eine Umkehrung der Ziffernfolge der ersten Zahl darstellt, dann ist die Differenz der beiden Zahlen immer durch neun teilbar. Beispiele:

91 -19 = 72                           72 : 9 = 8
83512 – 21538 = 61974                 61974 : 9 = 6886

**13.4.**

Das Produkt von fünf aufeinander folgenden natürlichen Zahlen ist immer durch 120 teilbar.

**13.5.**

(1)    1052631578947368 42 x 2  =
       2105263157894736 84

(2)    10344827586206896551 72413793 x 3 =
       31034482758620689655172413793

(3)    1012658227848 x 8 = 8101265822784

**13.6.**

2520 ist die kleinste natürliche Zahl, die durch die Zahlen 1,2,3,4,5,6,7,8,9,10 teilbar ist.

$$2520 = 2^3 \times 3^2 \times 5 \times 7$$

**13.7.**

(1)    Die  drei Zahlen in der folgenden Gleichung
enthalten die Ziffern 1 – 9 genau einmal:

987654321 – 123456789 = 864197532

(2)    Die drei Zahlen der folgenden Gleichung
enthalten die Ziffern 0 – 9 genau einmal:

9876543210 - 0123456789 = 9753086421

(3)    Die kleinste Quadratzahl, die aus genau allen
Ziffern 1 - 9 besteht , lautet:
$11826^2 = 139854276$

(4)    Die Tabelle der Hill'schen Quadratzahlen:

$152843769 = 12363^2$
$215384976 = 14676^2$
$326597184 = 18072^2$
$361874529 = 19023^2$
$412739856 = 20316^2$
$523814769 = 22887^2$
$549386721 = 23439^2$
$597362481 = 24441^2$
$627953481 = 25059^2$
$735982641 = 27129^2$
$842973156 = 29034^2$
$923187456 = 30384^2$

**13.8.**

(1)     5 + lg{5 + lg{5 + lg{5 + lg 5,760456934}}} = 5,760456934 ...

(2)     8589934592 x 116415321826934814453125 = 1000000000000000000000000000000000

(3)     (6 x 9) + (6+9) = 69

(4)     37174210 : 111111111  = 0.12345678901234567890...

(5)     11! : 7920 = 7!

(6)     2 x (123456789+987654321)+2 = 2222222222

(7)     1! x 10! x 22!  x 1! = 11! x 0!  x 2! x 21!

(8)     212 + 222 + 232 + 242    = 252 + 262 + 272

(9)     362+372+382+392+402  = 412+422+432+442

(10)    (2+7+9+9+7+2) x 7777 = 279972

(11)     1 + 2 + 3 = 1 x 2 x 3 = 6

(12)     73 x 9 x 42 = 7 x 3942  = 27594

(13)    (1+2+3+4+5+6+7+8+9+8+7+6+5+4+3+2+1) x 12345678987654321 = 999999999$^2$

**(14)** $1^3+3^3+6^3 = 244$ und $2^3+4^3+4^3 = 136$

**(15)** $\frac{1}{n}\sin x$ =? → $\frac{1}{n}\sin x$ = 1 six = six = 6

**(16)** 235412 x 11 = 2589532

Spiegelung der Ziffern von 2589532 ergibt: 2359852

2359852 : 11 = 214532

**(17)**
$$\frac{3^2+4^2+5^2+6^2+7^2}{1^2+2^2+3^2+4^2+5^2} \; \frac{8^2+9^2}{6^2+7^2} = 2$$

$$\frac{11^2+12^2+13^2+14^2+15^2}{365} = 2$$

$$\frac{11480^2+11481^2+11482^2+11483^2+11484^2}{8117^2+8118^2+8119^2+8120^2+8121^2} = 2$$

**(21)** $4! + 0! + 5! + 8! + 5! = 40585$

**(19)** $(1 + 9 + 6 + 8 + 3)^3 = 19683$

**(20)** $\log(1) + \log(2) + \log(3) = \log(1+2+3+)$

**(21)** 21978 x 4 = 87912

**(22)** $8^1 + 8^0 + 8^3 + 8^3 = 1033$

**(23)** $13177388 = 7^1+7^3+7^1+7^7+7^7+7^3+7^8+7^8$

**(24)** $(9999998 + 0000001)^2 = 99999980000001$

(25) $\quad 241 = \dfrac{2^8 + 4^8 + 1^8}{2^4 + 4^4 + 1^4}$

(26) $\quad 8 \times 177777777 = 17^8 = 6975757441$

(27) $\quad 3 + 2 = \log_2 32$

(28) $\quad 3 \times 1.5 = 3 + 1.5$

(29) $\quad 2^7 = 71^2 - 17^3$

(30) $\quad (3+4)^3 = 343$

(31) $\quad 3^{2^1} = 3! + 2! + 1!$

(32) $\quad \sqrt[3]{5832} = 5 + 8 + 3 + 2 = 18$

(33) $\quad 221859 = 22^3 + 18^3 + 59^3$

(34) $\quad 12^2 + 33^2 \quad = 1233$
$\qquad 88^2 + 33^2 \quad = 8833$

(35) $\quad (1+2+2+2+4+4+4+8)^2$
$\qquad = 1^3 + 2^3 + 2^3 + 2^3 + 4^3 + 4^3 + 4^3 + 8^3 = 729$

(36) $\quad 1 : 37 = 0.027027027...$
$\qquad 1 : 27 = 0.037037037...^2$

(37) $\quad 2 + 2 = 2 \times 2 = 2^2 = 3^3 - 5^2 = 4^2 - 3^2 - 2^2 - 1^2$

(38) $\quad \dfrac{5}{8} \times \dfrac{5}{8} + \dfrac{3}{8} = \dfrac{3}{8} \times \dfrac{3}{8} + \dfrac{5}{8}$

(39) $\quad \log 237.5812087593 = 2.375812087593...$

(41)     145 = 1! + 4! + 5!

(42)     1212 + 1388 + 2349     = 4949
         $4949^3$                = 121213882349

         3689 + 1035 + 2448     = 7172
         $7172^3$                = 368910352448

(43)     $952 = 9^3 + 5^3 + 2^3 + 9 \times 5 \times 2$

(44)     $1120 = \dfrac{1 \times 2 \times 3 \times 4 \times 5 \times 6 \times 7 \times 8}{1+2+3+4+5+6+7+8}$

(45)     100 : 9 = 11.1111...   100 : 11 = 9.09090...

(46)     $5^5$ = 38 + 39 + 40 + 41 + 42 .... + 86 + 87

(47)     122 x 213 = 25986  und 221 x 312 = 68952

(48)     $\sqrt[4]{\dfrac{62304353849776801}{1423276677734560000}} + \dfrac{5497}{17270} =$

         $\sqrt[4]{\dfrac{62304353849776801}{1423276677734560000} + \dfrac{5497}{17270}}$

(49)     262144 x 3814697265625 = $10^{18}$

(50)     8101265822784 : 8 = 1012658227848

(51)  1011235955050561797752808988764044943820
224719 x 9
=
9101123595505617977528089887640449438 2
022471

(52)  $5648834 = 5^6 + 6^6 + 4^6 + 8^6 + 8^6 + 3^6 + 4^6$

(53)  $362880 = 9! = 7! \times 3! \times 3! \times 2!$

(54)  $36363636364^2 = 1322314049613223140496$

(55)  $82350^2 + 38125^2 = 8235038125$

(56)  $116788^2 + 321168^2 = 11788321168$

(57)  $25840^2 + 43776^2 = 2584043776$

(58)  $9412^2 + 2353^2 = 94122353$

(59)  $883212^2 + 321168^2 = 883212321168$

(60)  $588^2 + 2353^2 = 5882352$

(61)  $74160^2 + 43776^2 = 7416043776$

(62)  $8767122 + 328768^2 = 876712328768$

(63)  $334000667 = 334^3 + 000^3 + 667^3$

(67)　　　　$333667001 = 333^3 + 667^3 + 001^3.$

(68)　　　　$5965 = 77^2 + 06^2$ und $7706 = 59^2 + 65^2$

(69)　　　　$3869 = 62^2 + 05^2$ und $6205 = 38^2 + 69$

(70)　　　　$3 \times 51249876 = 153749628$

(71)　　　　$27 = 1 + 9 + 6 + 8 + 3$　und $27^3 = 19683$

(72)　　　　$990100 = 990^2 + 100^2$

(73)　　　　$11^2 \times 91827346455464372819 =$
　　　　　　$1111111111111111111111$

(74)　　　　$10^2 + 11^2 + 12^2 = 13^2 + 14^2$
　　　　　　$20^3 = 11^3 + 12^3 + 13^3 + 14^3.$

(75)　　　　$1^4 + 5^4 + 4^4 + 8^4 + 12^4 + 18^4 + 19^4 =$
　　　　　　$2^4 + 3^4 + 9^4 + 13^4 + 16^4 + 20^4$

(76)　　　　$(1+2+3+4+5+6+7)^2 = 1^3 + 2^3 + 3^3 + 4^3 + 5^3 + 6^3 + 7^3$

(77)　　　　$2 + 3 + 7 \quad = 1 + 5 + 6$
　　　　　　$2^2 + 3^2 + 7^2 \quad = 1^2 + 5^2 + 6^2$
　　　　　　$3^3 + 4^3 + 5^3 \quad = 6^3$

(78)　　　$6^2 = 1^3 + 2^3 + 3^3 = 1^2 \times 2^2 \times 3^2$

(79)　　　$13532385396179 = 13 \times 53^2 \times 3853 \times 96179$

(80)　　　$123456789 = 61728395^2 - 61728394^2$

204

(81)     $16 + 17 + 18 + 19 + 20 = 21 + 22 + 23 + 24$

(82)     $9412^2 + 2353^2 = 94\ 122\ 353$

(83)     $1765038125 = 17650^2 + 38125^2$

(84)     $883212321\ 168 = 883212^2 + 321168^2$

(85)     $1741725 = 1^7 + 7^7 + 4^7 + 1^7 + 2^7 + 5^7$

(86)     $6^4 = 1296 = (1+2+9-6)^4$

(87)     $(3 + \frac{3}{8})^{\frac{2}{3}} = \frac{2}{3}(3 + \frac{3}{8})$

(88)     $218971425876120755 =$
$2^{17}+1^{17}+8^{17}+9^{17}+7^{17}+1^{17}+4^{17}+2^{17}+5^{17}+8^{17}+7^{17}+6^1$
$^7+1^{17}+2^{17}+\ 0^{17}+7^{17}+5^{17}$

(89)     $128468643043731391252 =$
$1^{21}+2^{21}+8^{21}+4^{21}+6^{21}+8^{21}+6^{21}+4^{21}+3^{21}+0^{21}+4^{21}+3^2$
$^1+7^{21}+3^{21}+\ 1^{21}+3^{21}+9^{21}+1^{21}+2^{21}+5^{21}+2^{21}$

(90)     $472335975 = 4^9 + 7^9 + 2^9 + 3^9 + 3^9 + 5^9 + 9^9 + 7^9 + 5^9$

**(91)**     255 x 807 = 255807

**(92)**     1! + 9! = 1 + 362880 = 362881
            362881 : 19 = 19099

**(93)** .   $17^3$ = 4913     und    17 = 4+9+1+3
           $18^3$ = 5832     und    18 = 5+8+3+2
           $26^3$ = 17576    und    26 = 1+7+5+7+6
           $27^3$ = 19683    und    27 = 1+9+6+8+3

**(94)**     $\dfrac{123456787654321}{137}$ = 901144435433

**(95)**     414768 = $768^2$ - $416^2$

**(96)**     (1+2+3+4+5+6+7+8+9+8+7+6+5+4+3+2+1) x
           12345678987654321 = $999999999^2$

**(97)**     $\sqrt{256}$ = 2 x 5 + 6

**(98)**     $\sum_{n=1}^{n=8191} n$ = 33550336 = $2^{12}$ x $(2^{13} - 1)$
           = $\sum_{n=1}^{n=64} (2n - 1)^3$

**(99)**     12157692622039623539 =
           $1^1+2^2+1^3+5^4+7^5+6^6+9^7+2^8+6^9+2^{10}+2^{11}+0^{12}+$
           $3^{13}+9^{14}+6^{15}+2^{16}+3^{17}+5^{18}+3^{19}+9^{20}$

**(100)**    $654^2$ + $132^2$ + $879^2$ = $456^2$ + $231^2$ + $978^2$

**(101)**    33333666667 x 1111333 = 37113711137111
**+**

(102)  $416768 = 768^2 - 416^2$
416 ist der Spitzname von Toronto

(103)  $1^3+3^3+6^3 = 244$    $2^3+4^3+4^3 = 136$

(104)  $\log_2(343) \times \log_7(32)$    $= 15$
$\log_2(32) \times \log_7(343)$    $= 15$

(105)  $12157692622039623539 =$

$1^1+2^2+1^3+5^4\ 7^5+6^6+9^7+2^8+6^9+2^{10}+2^{11}+0^{12}+3^{13}+9^{14}$
$+6^{15}+2^{16}+3^{17}+5^{18}+3^{19}+9^{20}$

(106)  $\dfrac{15^2+15^1}{15^1} = 15$

(107)  $1{,}153^3 = 1{,}533$

(108)  $4913 = (4+9+1+3)^3$

(109)  $(6 \times 9) + (6 + 9) = 69$

(110)  $\dfrac{47591-47}{99990} = \dfrac{47591591-47}{99999900} = \dfrac{47591591-47591}{99900000}$

(111)  $\dfrac{1}{1.618..} = \dfrac{0.618...}{1}$    $0.618... = PHI$

(112)  $99066^2 = 9814072356$

(113)  $6^3 + 4^3 + 2^3 + 2^3 + 1^3 = (6+4+2+2+1)^2$

207

(114)  $111111111^2 = 12345678987654321$

(115)   $67 \times 67 = 4489$

　　　 $667 \times 667 = 444889$

　　　 $6667 \times 6667 = 44448889$

　　　 $66667 \times 66667 = 4444488889$

 (117)

$1^4+5^4+8^4+12^4+18^4+19^4 = 2^4+3^4+9^4+13^4+16^4+20^4$

(118)

$9801 \rightarrow 98 + 01 = 99$  und      $9801 = 99^2$

(119)

$407 \rightarrow 4^3 + 0^3 + 7^3 = 407$

(120)

$6205 = 38^2+69^2$     $3869 = 62^2+05^2$

## 13.9.

Es gibt genau 6 natürliche Zahlen, die gleich der Summe ihrer Ziffern plus die Summe der Kubikzahlen ihrer Ziffern sind:

$$12 = 1^1 + 2^1 + 1^3 + 2^3$$
$$30 = 3^1 + 0^1 + 3^3 + 0^3$$
$$870 = 8^1 + 7^1 + 0^1 + 8^3 + 7^3 + 0^3$$
$$666 = 6^1 + 6^1 + 6^1 + 6^3 + 6^3 + 6^3$$
$$960 = 9^1 + 6^1 + 0^1 + 9^3 + 6^3 + 0^3$$
$$1998 = 1^1 + 9^1 + 9^1 + 8^1 + 1^3 + 9^3 + 9^3 + 8^3$$

## 13.10.

Eine merkwürdige Art Brüche zu kürzen:

$$\frac{1\cancel{6}}{\cancel{6}4} = \frac{1}{4} \qquad \frac{1\cancel{9}}{\cancel{9}5} = \frac{1}{5} \qquad \frac{2\cancel{6}}{\cancel{6}5} = \frac{2}{5} \qquad \frac{4\cancel{9}}{\cancel{9}8} = \frac{4}{8} = \frac{1}{2}$$

$$\frac{3\cancel{8}5}{\cancel{8}80} = \frac{35}{80} = \frac{7}{16} \qquad \frac{2\cancel{7}5}{\cancel{7}70} = \frac{25}{70} = \frac{5}{14} \qquad \frac{1\cancel{6}3}{\cancel{3}2\cancel{6}} = \frac{1}{2}$$

$$\frac{3\cancel{5}44}{7\cancel{5}31} = \frac{344}{731} \qquad \frac{2\cancel{6}66}{\cancel{6}665} = \frac{2}{5} \qquad \frac{\cancel{1}47\cancel{1}4}{\cancel{7}\cancel{1}468} = \frac{14}{68} = \frac{7}{34}$$

$$\frac{6\cancel{48}6\cancel{48}6}{\cancel{8}6\cancel{48}6\cancel{48}} = \frac{6}{8} = \frac{3}{4} \qquad \frac{143\cancel{1}85}{170\cancel{1}8560} = \frac{1435}{170650} \qquad \frac{2\cancel{0}3}{6\cancel{0}9} = \frac{23}{69}$$

$$\frac{53\cancel{84}61\cancel{5}}{7\cancel{5}38\cancel{46}1} = \frac{5}{7} \qquad \frac{4\cancel{84848}48\cancel{4}}{\cancel{848484}847} = \frac{4}{7} \qquad \frac{2\cancel{666}6}{\cancel{6666}5} = \frac{2}{5}$$

$$\frac{403}{806} = \frac{43}{86} \qquad \frac{\cancel{14}2857\cancel{1}}{\cancel{42857}1\cancel{3}} = \frac{1}{3}$$

**13.11.**

**(1)** $$\frac{21}{22} + \frac{42}{11} + \frac{231}{128} \quad = \quad \frac{21}{22} \times \frac{42}{11} \times \frac{231}{128}$$

**(2)** $$\frac{169}{30} + \frac{13}{15} = \frac{169}{30} : \frac{13}{15}$$

**(3)** $$\frac{13}{4} + \frac{13}{9} = \frac{13}{4} : \frac{13}{9}$$

**(4)** $$\frac{1}{4} \times \frac{8}{5} = \frac{18}{45}$$

**(5)** $$\frac{4}{9} \times \frac{9}{8} = \frac{49}{98}$$

**(6)** $$\frac{1}{6} \times \frac{4}{3} = \frac{14}{63}$$

**(7)** $$\frac{3}{4} \times \frac{8}{5} = \frac{38}{45}$$

**13.12.**

**(1)** $1^r + 6^r + 7^r + 17^r + 18^r + 23^r = 2^r + 3^r + 11^r + 13^r + 21^r + 22^r$
r = 1,2,3,4,5

**(2)** $1^r + 13^r + 28^r + 70^r + 82^r + 124^r + 139^r + 151^r = 4^r + 7^r + 34^r + 61^r + 91^r + 1118^r + 145^r + 148^r$
r = 1,2,3,4,5,6,7

**(3)** $1^r + 8^r + 10^r + 17^r = 2^r + 5^r + 13^r + 16^r$
r = 1,2,3

(4) $3^r+4^r+12^r+14^r+22^r+23^r = 2^r+7^r+8^r+18^r+19^r+24^r$

r = 1,2,3,4,5

(6) $1^r+25^r+31^r+84^r+87^r+134^r+158^r+182^r+198^r =$
$2^r+18^r+42^r+66^r+113^r+116^r+169^r+175^r+199^r$

r = 1,2,3,4,5,6,7,8

(7) $2^r+9^r+16^r+30^r+37^r+44^r = 4^r+5^r+22^r+24^r+41^r+42^r$

r = 1,2,3,4,5

(8) $1^r+4^r+5^r+5^r+6^r+9^r = 2^r+3^r+3^r+7^r+7^r+8^r$
r = 1,2,3,

(9) $13031^r+42024^r+53035^r+68086^r+57075^r+97079^r =$
$31013^r+24042^r+35053^r+86068^r+75057^r+79097^r$

r = 1,2,3

(10) $1^r + 5^r + 8^r +12^r + 18^r + 19^r = 2^r + 3^r + 9^r +13^r + 16^r + 20^r$

r = 1,2,3,4

(11) $1^r + 5^r + 8^r + 12^r = 2^r + 3^r + 10^r + 11^r$

r = 1,2,3,

(12) $227^r = 233^r +239^r - 251^r +263^r$

r=1,2

(13)    $2^r+10^r+13^r+29^r+32^r+40^r = 4^r+5^r+20^r+22^r+37^r+38^r$

r = 1,2,3,4,5

(14)    $1^r + 5^r + 7^r + 9^r + 12^r + 14^r + 16^r + 20 =$
$2^r + 4^r + 6^r + 10^r + 11^r + 15^r + 17^r \ 19^r$

r=1,2,3

(15)    $1^r + 6^r + 8^r = 1501 = 2^r + 4^r + 9^r$

r=1,2

Quelle: Albert Beiler, Recreations in the Theory of Numbers, 1964.

## 13.13.

Die Neunerprobe des Produkts der beiden Zahlen eines Primzahlzwillings ergibt immer den Wert 8 (Ausnahme 3 und 5).

Beispiele:

13 x 11      = 143        143:9        = 15 Rest 8

73 x 71      = 5183       5183: 9      = 575   Rest 8

101 x 103    = 10403      10403 : 9    = 1155   Rest 8

**13.14.**

(1)     24 ist die größte natürliche Zahl, die durch alle Zahlen kleiner als ihre Quadratwurzel ohne Rest teilbar ist!

$1,2,3 < \sqrt{24} = 4.898...$     und 1,2,3 sind Teiler von 24

(2)     360360 ist die kleinste natürliche Zahl, die durch alle Zahlen von 2 bis 15 teilbar ist.

(3)     720720 ist die kleinste natürliche Zahl, die durch alle Zahlen von 2 bis 16 teilbar ist.

**13.15.**

Es gibt 5 vierstellige Zahlen mit der folgenden Eigenschaft:

*Subtrahiert man von der Zahl ihre Umkehrung (Ziffernfolge umgekehrt), so besitzt das Ergebnis dieselben Ziffern wie die Ursprungszahl:*

5823 – 3285 = 2538          3870 – 0783 = 3087
2961 – 1692 = 1269          7641 – 1467 = 6174
9108 – 8019 = 1089

**13.16.**

Wenn eine Zahl n nicht durch 9 teilbar ist, dann ist die iterierte Quersumme dieser Zahl immer gleich dem ganzzahligen Rest von n dividiert durch 9:

Beispiel:

(a)    $n = 783546 \rightarrow 7+8+3+5+4+6 = 42 \rightarrow 4+2 = 6$
$783546 = 87060 \times 9 + 6$

(b)    $n = 137711 \rightarrow 1+3+7+7+1+1 = 20 \rightarrow 2$
$137711 = 15301 \times 9 = 137709 + 2$

( c )    $n = 31 \rightarrow 3+1 = 4$
$31 : 9 = 3$ Rest 4

## 13.17.

Die folgende Gleichung bleibt erhalten, wenn wiederholt bei jedem Summanden jeweils die rechte Ziffer der Quadratzahlen gestrichen wird.

a)

$123789^2+561945^2+642864=242868^2+761943^2+323787^2$
$12378^2 + 56194^2+64286^2 = 24286^2+76194^2+32378^2$
$1237^2+5619^2+6428^2\ 2428+7169^2 +3237^2$
$123^2+561^2+642 = 242+716^2+323^2$
$12\ ^2+56^2+64^2=24^2+7 +32^2$
$1^2+5^2+ 6^2 = 2^2+7^2+3^2$

c)　　$23789^2 +61945^2+42864 =42868^2+61943^2+23787^2$
　　　　$2378^2 +6194^2+4286 =4868^2+6194^2+2378^2$
　　　　$278^2 +619^2+428 =486^2+ 619^2+237^2$
　　　　$27^2+61^2 +42 =48^2+ 61^2+ 23^2$
　　　　$2^2+6^2+ 4^2=4^2+6^2+ 2^2$

## 13.18.

Die folgende Gleichung bleibt erhalten, wenn wiederholt bei jedem Summanden jeweils die linke Ziffer der Quadratzahlen gestrichen wird.

$23789^2+61945^2+42864^2=42868^2+61943^2+23787^2$
$3789^2+1945^2+2864=2868^2+1943^2+ 3787^2$
$789^2+945^2 +864^2=868^2+943^2 +787^2$
$89^2 +45^2+64^2\ 68^2+43^2\ 87^2$
$9^2+5^2+4^2=8^2+3^2+7^2$

**13.19.**

a)  $23789^2+61945^2+42864^2=42868^2+61943^2+23787^2$
    $378^2+194^2+286^2=286^2+194^2+378^2$
    $7^2+9^2+8^2=8^2+9^2+7^2$

b)  $2378^2+ 194^2+4286^2=4286^2+6194^2+2378^2$
    $37^2+19^2+28^2=28^2+19^2+37^2$

c )  $618^2+753^2+294^2 =816^2 \ 357^2+492^2$
    $68^2+73^2+24^2 =86^2+37^2+42^2$

d)  $672^2+159^2+834^2 =276^2+951^2+438^2$
    $62^2+19^2+84^2 =26^2+91^2+48^2$

e)  $654^2+132^2+879^2 =456^2+231^2+978^2$
    $64^2+12^2+89^2 =46^2+21^2+98^2$

**13.20.**  Die merkwürdige Zahl  76923 :

76923 x 1   = 076923
76923 x 2   = 153846
76923 x 3   = 230769
76923 x 5   = 384615
76923 x 4   = 307692
76923 x 6   = 461538
76923 x 10 = 769230
76923 x 8   = 615384
76923 x 12 = 923076
76923 x 11 = 846153

**13.21.**

639172 ist die größte natürliche Zahl, die aus unterschiedlichen Ziffern besteht und deren Quadrat nur Ziffern besitzt, die in der Zahl selbst nicht vorkommen.

$639172^2 = 408540845584$

**13.22.**

Die Ziffernfolge der Dezimaldarstellung von $\frac{1}{998001}$ zeigt nacheinander alle dreistelligen Zahlen von 001 bis 999 mit Ausnahme der Zahl 998

$$\frac{1}{998001} =$$

1.002003004005006007008009010011012013014015016 017018019020021022023 ...9969979990001 x $10^{-6}$

**13.23.** Spiegelmultiplikation:

203313 × 657624 = 426756 × 313302

9306 x 2013 = 3102 x 6039

**13.24.**

2880 lässt sich auf 15 verschiedene Weisen als Differenz zweier Quadratzahlen ausdrücken:

$98^2 - 82^2 = 2880$

$89^2 - 71^2 = 2880$

$82^2 - 62^2 = 2880$

$72^2 - 48^2 = 2880$

$63^2 - 33^2 = 2880$

$61^2 - 29^2 = 2880$

$58^2 - 22^2 = 2880$

$54^2 - 6^2 = 2880$

$721^2 - 719^2 = 2880$

$362^2 - 358^2 = 2880$

$243^2 - 237^2 = 2880$

$184^2 - 176^2 = 2880$

$149^2 - 139^2 = 2880$

$126^2 - 114^2 = 2880$

$56^2 - 16^2 = 2880$

**13.25.**

510510 ist gleich dem Produkt der ersten sieben Primzahlen und auch Produkt von vier aufeinanderfolgenden Fibonaccizahlen:

510510 $= 2 \times 3 \times 5 \times 7 \times 11 \times 13$

510510 $= 12 \times 21 \times 34 \times 55$

**13.26.**

73 ist die 21. Primzahl und $3 \times 7 = 21$.

37 ist die 12. Primzahl.

**13.27.**

(1) A = 3608528850368400786036725

Eine Zahl, die aus den ersten n Ziffern von A gebildet wird (n=1,2,...25) ist durch n teilbar, z.B. :

Beispiele:

| | |
|---|---|
| n = 2 | 36 : 2 = 16 |
| n = 7 | 3608528 : 7 = 515504 |
| n = 11 | 36085288503: 11 = 3280480773 |
| n = 13 | 3608528850368 : 13 = 277579142336 |
| n = 24 | 36085288503684007860 3672:24 = 150355368 7635003275153 |


(2)  A = 9721368

Größte aus verschiedenen Ziffern gebildete Zahl mit der Eigenschaft:

Streicht man eine Ziffer, so ist die Restzahl durch die gestrichene Ziffer teilbar.

721368 : 9 = 80152
972136 : 8 = 121517
921368 : 7 = 131624
972138 : 6 = 162023
972168 : 3 = 324056
971368 : 2 = 485684
972368 : 1 = 972368

**13.28.**

A =
90236465306233130665155201592687078644413045485690038961540360536371993258287019185759580345274700499275323129070333233826784067560738920615666452384945
=
3757743950996951360339099388278029234031393078897094225748776505531332619793 99 x $3^4$ x 5 x 11 x $5281^{19}$

B =
86259376650143596387690953818787166659714840888357774281383581683102264665913329533162256868364964774727067384973129580885368384109913214991276380031055
=
139175701888775976308855532899186267927088632551744230583288018723382689621 x $3^4$ x 5 x 11 x 29 x 89 x $5281^{19}$

a) Beide Zahlen A und B haben jeweils 152 Stellen.
b) A hat 800 Teiler
c) B hat 3200 Teiler
d) Die Summe der 799 echten Teiler der Zahl A ergibt die Zahl B
e) Die Summe der 3199 echten Teiler von B ergibt die Zahl A

Quelle: Herman te Riele, Amsterdam, 1972

220

**13.29.**

48988659276962496 ist die kleinste Zahl, die sich auf fünf verschiedene Weisen als Summe von zwei Kubikzahlen darstellen lässt.

| | | |
|---|---|---|
| $231518^3$ | + | $331954^3$ |
| $221424^3$ | + | $336588^3$ |
| $205292^3$ | + | $342952^3$ |
| $107839^3$ | + | $362753^3$ |
| $38738^3$ | + | $365757^3$ |

**13.30.**

Das Quadrat der 18 - stelligen Zahl
a = 648070211589107021
besitzt nur die Ziffern 1,4 und 9.

$a^2$ = 419994999149149944149149944191494441

**13.31.**

$1134^3+1135^3+1136^3 + \dots +2132^3+2133^3 = 16830^3$

$\sum_{i=1}^{1000}(1133 + i)^3 = 16830^3$

**13.32.**

Die größte Zahl, die man mit nur drei Ziffern und einfachen mathematischen Operationen (*Addition, Subtraktion, Multiplikation, Division, Potenzierung*) darstellen kann, lautet:

$9^{(9^9)} = 9^{387420489}$

**Diese Zahl hat 369 693 100 Stellen! Im Vergleich dazu:**

$9^{99} = 2.951266543 \times 10^{94} =$

2951266654306527521487534802261977363143592725170438328860638846376769434334780203327094110048 89

$(9^9)^9 = (387420489)^9 =$

196627050475552913618075908526912116283103450944214766927315415537966391196809

**13.33.**

| 9933 | = | 441 + 442 + . . . + 461+ 462 |
| 9933 | = | 463 + 464 + . . . + 482 + 483 |

**13.34.**

105263157894736842 x 2 = 210526315789473684

Die Zahl 105263157894736842 ist die kleinste Zahl mit der Eigenschaft, dass sich bei ihrer Verdoppelung die letzte mit der ersten Ziffer vertauscht!

**13.35.**

$$588^2 + 2353^2 = 5882353 \text{ (Primzahl!)}$$

Wenn man die Periode von $\frac{1}{17}$ auf 8 Stellen verkürzt, dann erhält man die Ziffernfolge 5 8 8 2 3 5 3 !

**13.36.**

71x1639344262295081967213114754098360655737704
91803278

=

1163934426229508196721311475409836065573770491
80327877

9x101123595505617977528089887640449438202247 19

=

910112359550561797752808988764044943820224 71

**13.37.**

12496 besitzt die echten Teiler:
1; 2; 4; 8; 11; 16; 22; 44; 71; 88; 142; 176; 284; 568;
781; 1136; 1562; 3124; 6248;
Die Summe der echten Teiler von 12496 beträgt 14288.

14288 besitzt die echten Teiler:
1; 2; 4; 8; 16; 19; 38; 47; 76; 94; 152; 188; 304; 376;
752; 893; 1786; 3572; 7144;
Die Summe der echten Teiler von 14288 beträgt 15472.

15472 besitzt die echten Teiler:
1; 2; 4; 8; 16; 967; 1934; 3868; 7736;
Die Summe der echten Teiler von 15472 beträgt 14536.

14536 besitzt die echten Teiler:
1; 2; 4; 8; 23; 46; 79; 92; 158; 184; 316; 632; 1817;
3634; 7268

Die Summe der echten Teiler von 14536 beträgt 14264.
14264 besitzt die echten Teiler:
1; 2; 4; 8; 1783; 3566; 7132

Die Summe der echten Teiler von 14264 beträgt 12496
!!!

**13.38.**

Gegeben sind drei beliebige reelle Zahlen a, b und c, die die folgende Gleichung erfüllen:

$\frac{1}{a} + \frac{1}{b} + \frac{1}{c} = \frac{1}{a+b+c}$          Dann gilt auch:

$\frac{1}{a^5} + \frac{1}{b^5} + \frac{1}{c^5} = \frac{1}{(a+b+c)^5}$

**Beispiel:**          a = 2 , b = 3  c = - 2

$\frac{1}{2} + \frac{1}{3} + \frac{1}{-2} = \frac{2}{6} = \frac{1}{3}$          und          $\frac{1}{2+3+ -2} = \frac{1}{3}$

$\frac{1}{2^5} + \frac{1}{3^5} + \frac{1}{(-2)^5} = \frac{1}{243}$          und          $\frac{1}{(2+3-2)^5} = \frac{1}{243}$

**13.39.**

**Die Zahlen der Folge**

**49,4489,444889, 44448889, 4444488889,...**

**sind Quadratzahlen.**

**13.40.**

**5777 und 5993 sind die einzige n bisher bekannten Zahlen, die sich nicht in der Form p +2 x n² dar-stellen lassen, wobei p einen Primzahl ist und n eine ganze Zahl.**

**13.41.**

(1)    $121 = \dfrac{22 \times 22}{1+2+1}$

(2)    $12321 = \dfrac{333 \times 333}{1+2+3+21}$

(3)    $1234321 = \dfrac{4444 \times 4444}{1+2+3+4+3+2+1}$

(4)    $123454321 = \dfrac{55555 \times 55555}{1+2+3+4+5+4+3+2+1}$

(5)    $12345654321 = \dfrac{666666 \times 666666}{1+2+3+4+5+6+5+4+3+2+1}$

(5)    $1234567654321 = \dfrac{7777777 \times 7777777}{1+2+3+4+5+6+7+6+5+4+3+2+1}$

(7)    $123456787654321 = \dfrac{88888888 \times 88888888}{1+2+3+4+5+6+7+8+7+6+5+4+3+2+1}$

(8)    $1234567897654321 = \dfrac{999999999 \times 999999999}{1+2+3+4+5+6+7+8+9+8+7+6+5+4+3+2+1}$

**13.42.**      $5 \times 55 \times 555 = 152625$

**Die Gleichung bleibt korrekt, wenn man jede Ziffer um eins erhöht!**

$$6 \times 66 \times 666 = 263736$$

226

**13.43.**

(1) $$\frac{27^4+2^4+4^4+21^4}{28^4+1^4+9^4+18^4} = \frac{27^2+2^2+4^2+21^2}{28^2+1^2+9^2+18^2} = \frac{27+2+4+21}{28+1+9+18}$$

(2) $$\frac{37^3+13^3}{37^3+24^3} = \frac{37+13}{37+24}$$

**13.44.**

| | |
|---|---|
| $45^2 = 2025$ | 20+25 = 45 |
| $45^3 = 91125$ | 9+11+25 = 45 |
| $45^4 = 4100625$ | 4+10+06+25 = 45 |
| $45^5 = 184528125$ | 18+4+5+2+8+1+2+5 = 45 |
| $45^6 = 8303765625$ | 8+3+0+3+7+6+5+6+2+5 = 45 |

**13.45.**

| 3216 | 2169 | 2318 |
|---|---|---|
| +2047 | +1305 | +3790 |
| +1495 | +6074 | +1956 |
| 6758 | 9548 | 8064 |

Die „Spalten" in jeder Summe stimmen mit den Zeilen überein!

**13.46.** Die magische 19

Die Periode der Dezimalbruchdarstellung von 1 : 19
beträgt: 052631578947368421 (Periodenlänge = 18)

Die Periode lässt sich durch rückwärts gerichtete
Addition der Zweierpotenzen berechnen!

**13.47.**

| 266! hat 2 × 266 Ziffern, | 2712! hat 3 × 2712 Ziffern | 27175! hat 4 × 27175 Ziffern |
|---|---|---|
| 267! besitzt 2×267 Ziffern | 2713! besitzt 3×2713 Ziffern | 27176! besitzt 4×27176 Ziffern |
| 268! besitzt 2 × 268 Ziffern | | |

Quelle:

Robert G. Wilson. More at the Online Encyclopedia of Integer Sequences

**13.48.**

Die Summe der Ziffern von $34^7$ = 52523350144 ist
gleich 34.

## 13.49.

Die Summe der Ziffern von $207^{20}$ ergibt 207.

$207^{20}$= 20864448472975628947226005981267194447042584001

## 13.50.

Die Summer der Ziffern von $2015^{137}$ ist gleich 2015.

$2015^{137}$ =

4849331967771140741439586012960471913032388883
2849378889341714636461282535535197030813992895
7833085956832631883510901963225138394459592711
5764951804154018314659617110202283008965029217
7587797290188691282775436095410100384042181289
4608376388855924775307461686437025813798733634
7588526566660860669082561132696094524251257688
0699871340946150843683152340103534181032663014
1937768206827236443422239853620216595663080724
75404600254478282295167446136474609375

**13.52.**

log(3a + 2) + log(4a − 1) = 2 log(11)

Kürzt man auf beiden Seiten der Gleichung das
"Wort" log dann erhält man:

(3a + 2) + (4a − 1) = 2 x 11

7a +1 = 22

7a = 21

a = 3

a = 3 ist tatsächlich die Lösung der
Ausgangsgleichung.

Quelle:
Howard C. Saar , Albion, Mich.,*Recreational Mathematics Magazine*, 1962

**13.52.**

$3435 = 3^3 + 4^4 + 3^3 + 5^5$

$438579088 = 4^4 + 3^3 + 8^8 + 5^5 + 7^7 + 9^9 + 0^0 + 8^8 + 8^8$

3435 und 438579088 sind die beiden einzigen
natürliche Zahlen mit dieser Eigenschaft-

**13.53.**

0264+4125+5610 = 0165+5214+4620

Die Gleichung bleibt korrekt, wenn man jeden Term durch ein Multiplikationszeichen (oder Additionszeichen) teilt:

02×64+41×25+56×10 = 01×65+52×14+46 × 20
02+64+41+25+56+10 = 01+65+52+14+46+20

Die Gleichung bleibt auch erhalten, wenn man jeden Term der Ausgangsgleichung quadriert:

$0264^2 + 4125^2 + 5610^2 = 0165^2 + 5214^2 + 4620^2$

**13.54.**

Verknüpft man die Zahlen 1 bis 19 in umgekehrter Reihenfolge, dann ist die so gebildete Zahl ohne Rest durch 19 teilbar.

1918171615141312110987654321 : 19 =
100956400796911167342040 2859

**13.55.**

Das Pascaldreieck ist durch die Zahl 11 kodiert!
Die Umwandlung von Potenzen einer zweigliedrigen
Summe liefert die folgenden Resultate:

$(a+b)^0 = 1$
$(a+b)^1 = 1a+1\,b$
$(a+b)^2 = 1a^2+2ab+1b^2$
$(a+b)^3 = 1a^3+3a^2b+3ab^2+1b^3$
$(a+b)^4 = 1a^4+4a^3+6a^2b^2+4ab^3+1b^4$
$(a+b)^5 = 1a^5+5a^4b+10a^3b^2+10a^2b^3+5ab^4+1b^5$
$(a+b)^6 = 1a^6+6a^5b+15a^4b^2+20a^3b^3+15a^2b^4+6ab^5+1b^6$

...

| | | | | | | | | | | | | |
|---|---|---|---|---|---|---|---|---|---|---|---|---|
| | | | | | | 1 | | | | | | |
| | | | | | 1 | | 1 | | | | | |
| | | | | 1 | | 2 | | 1 | | | | |
| | | | 1 | | 3 | | 3 | | 1 | | | |
| | | 1 | | 4 | | 6 | | 4 | | 1 | | |
| | 1 | | 5 | | 10 | | 10 | | 5 | | 1 | |
| 1 | | 6 | | 15 | | 20 | | 15 | | 6 | | 1 |

1  7  21  35  35  21  7  1
1  8  28  56  70  56  28  8  1
1  9  36  84  126  126  84  36  9  1
1  10  45  120  210  252  210  120  45  10  1
1  11  55  165  330  462  462  330  165  55  11  1

Die Koeffizienten der jeweiligen Ausdrücke lassen
sich systematisch durch eine Darstellung im
Pascalschen Dreieck beschreiben:

$$1 \qquad = 11^0 \qquad\qquad 11 \quad = 11^1$$
$$121 \qquad = 11^2 \qquad\qquad 1331 \ = 11^3$$
$$14641 \quad = 11^4 \qquad\qquad 161051 = 11^5$$
$$1771561 \ = 11^6$$
...

In der 6.Reihe bricht die Zuordnung der aneinandergereihten Koeffizienten zu einer 11er-Potenz nicht ab. Wenn man den dezimalen Übertrag der Zahl 10 berücksichtigt, dann erhält man:

1 5 10 10 5 1 $\rightarrow$ 161051

was der Potenz $11^5$ entspricht.

In der 7.Reihe erhält man entsprechend:

1771561 $= 11^6$, usw.

**13.56.**

(1) 360360 ist die kleinste natürliche Zahl, die durch alle Zahlen von 1 bis 15 teilbar ist.

(2) 720720 ist die kleinste natürliche Zahl, die durch alle Zahlen von 1 bis 16.

**13.57.**

8128 ist die vierte vollkommene Zahl und es gilt:

$$8128 = 1^3 + 3^3 + 5^3 + 7^3 + 9^3 + 11^3 + 13^3 + 15^3$$

## 13.58. Die Hollowoodfunktion

$$f(x) = \frac{10^{x+1} - 9x - 10}{81}$$

| x | f(x) |
|---|---|
| -10 | 0,987654321 |
| -9 | 0,87654321 |
| -8 | 0,7654321 |
| -7 | 0,654321 |
| -6 | 0,54321 |
| -5 | 0,4321 |
| -4 | 0,321 |
| -3 | 0,21 |
| -2 | 0,1 |
| -1 | 0 |

| x | f(x) |
|---|---|
| 0 | 0 |
| 1 | 1 |
| 2 | 12 |
| 3 | 123 |
| 4 | 1234 |
| 5 | 12345 |
| 6 | 123456 |
| 7 | 1234567 |
| 8 | 12345678 |
| 9 | 123456789 |

Quelle:http://tdmta.wikispaces.com/file/detail/Hollowood%27s%20Functi
on.docx

## 13.59.

### Die Zahl

31399719737866347113914486515772694858917594191229387445918776569257897479749143194228896113
73939731

**ergibt vorwärts und rückwärts gelesen eine Primzahl.**

**13.60.**

| $\sqrt{2} \times 1$ | $\sqrt{2} \times 2$ | $\sqrt{2} \times 3$ | $\sqrt{2} \times 4$ | $\sqrt{2} \times 5$ | $\sqrt{2} \times 6$ | $\sqrt{2} \times 7$ | $\sqrt{2} \times 8$ | ... |
|---|---|---|---|---|---|---|---|---|
| 1.414 ... | 2.828 ... | 4.242 ... | 5.656 ... | 7.071 ... | 8.485 ... | 9.899 ... | 11.31 ... | ... |
| 1 | 2 | 4 | 5 | 7 | 8 | 9 | 11 | ... |
| 3 | 6 | 10 | 13 | 17 | 20 | 23 | 27 | |
| 2 | 4 | 6 | 8 | 10 | 12 | 14 | 16 | |

Multipliziert man $\sqrt{2}$ sukzessive mit den Zahlen 1, 2, 3,... und vernachlässigt die Nachkommastellen des Resultats, dann erhält man eine Zahlenreihe wie folgt: 1 , 2, 4, 5, 7, 8, 9, 11, 12, 14, 15, 16, 19,...
Setzt man unter diese Zahlenreihe die Reihe der natürlichen Zahlen, die in der Zahlenreihe fehlen, dann ergibt sich als Folge der Differenzen von jeweils übereinanderliegenden Zahlen: 2, 4, 6, 8, 10, 12, 14,...

Quelle: Roland Sprague, Recreations in Mathematics, 1963.

**13.61.**

„Permutationsresistente" Gleichungen:

1234+2484+3674 = 1254+2444+3694   (a)
122+542+695 = 211+364+784            (b)

Die Gleichung bleibt korrekt, wenn man die Ziffern in jedem Term der Gleichung auf gleiche Weise permutiert:

2134+4284+6374   = 2154+4244+6394      (a)
212 + 254+ 569    = 121+436+478         (b)

**13.62.**

Es gibt nur zwei positive ganze Zahlen für die gilt:

$$438579088 = 4^4+3^3+8^8+5^5+7^7+9^9+0^0+8^8+8^8$$
$$3435 = 3^3+4^4+3^5+5$$

**13.63.**

Alle Resultate der 72 Multiplikationen 2739726 x r  mit r = 1,2,3,... 71,72  besitzen die Quersumme 36.

**13.64.**

Teilt man die Ziffernfolge der folgenden Zahl

X= 31399919737866347113914486515772694858917594191229387445918776569257897479749143 19422889611373939731

in zehn Teile, so ist jede Teilzahl ebenfalls eine umkehrbare Primzahl.

| | |
|---|---|
| 3139991973 – | 3791999313 |
| 7866347113 – | 3117436697 |
| 9144865157 – | 7525684419 |
| 7269485891 | 1985849627 |
| 7594191229 – | 9221914957 |
| 3874459187 – | 7819544783 |
| 7656925789 – | 9875296567 |
| 7479749143 | 3419479741 |
| 1942288961 – | 1698822491 |
| 1373939731 | 1379393731 |

Quelle E.M. Langley Math. Gazette, 1896

**13.65.**

**(1)**

364285944903131587835844525328708922261556 =

$3^{42}+6^{42}+4^{42}+2^{42}+8^{42}+5^{42}+9^{42}+4^{42}+4^{42}+9^{42}+0^{42}+3^{42}+1^{42}+3^{42}+$
$1^{42}+5^{42}+8^{42}+7^{42}+8^{42}+3^{42}+5^{42}+8^{42}+4^{42}+4^{42}+5^{42}+2^{42}+5^{42}+3^{42}+$
$2^{42}+8^{42}+7^{42}+0^{42}+8^{42}+9^{42}+2^{42}+2^{42}+6^{42}+1^{42}+5^{42}+5^{42}+6^{42}$

**(2)**

20864448472975628947226005981267194447042584001 =

$(2+0+8+6+4+4+4+8+4+7+2+9+7+5+6+2+8+9+4+7+2+2+6$
$+0+0+5+9+8+1+2+6+7+1+9+4+4+4+7+0+4+2+5+8+4+0+$
$0+1)^{20} = 207^{20}$

**(3)**

$(1+2+2+2+4+4+4+8)^2 = 1^3 +2^3 +2^3 +2^3 +4^3 +4^3 +4^3 +8^3$

**(4)**

121576926220339623539 =
$1^1+2^2+1^3+5^4+7^5+6^6+9^7+2^8+6^9+2^{10}+2^{11}+0^{12}+3^{13}+9^{14}+6^{15}+2^{1}$
$^6+3^{17}+5^{18}+3^{19}+9^{20}$

**13.66.**

$3^2+4^2 = 5^2$

$10^2+11^2+12^2 = 13^2+14^2$

$21^2+22^2+23^2+24^2 = 25^2+26^2+27^2$

$36^2+37^2+38^2+39^2+40^2 = 41^2+42^2+43^2+44^2$

$55^2+56^2+57^2+58^2+59^2+60^2 = 61^2+62^2+63^2+64^2+65^2$

$78^2+79^2+80^2+81^2+82^2+83^2+84^2 =$

$85^2+86^2+87^2+88^2+89^2+90^2$

**13.67.**

$$\sqrt{1 + \sqrt{-3}} + \sqrt{1 - \sqrt{-3}} = \sqrt{6}$$

**13.68.**

11     + 2   -   1    = 12

eleven + two   -   one    = elvtw (→ twelve)

**Eleven Plus Two ist ein Anagramm von Twelve Plus One .**

**13.69.**

Gegeben ist der Ausdruck:

5_383_8_2_936_5_8_203_9_3_76 .

Es gibt 10! Möglichkeiten, die Leerstellen der 28-stelligen Zahl mit allen Ziffern 0,1,2,3,4,5,6,7,9 auszufüllen. Jeder der so gebildeten Zahlen ist durch 396 teilbar!

Beispiele:

5038398728936251862034953376  : 396
= 12723229113475383489987256

5138328324936556872038993076  : 396
=1297557657812261836373 4831

**13.70.**

Multipliziert man die Zahl 123456789 mit 2 so bleibt die Zahl gesamtzifffrig (alle Ziffern sind einmal vorhanden):

2 x 123456789 = 1975308642

Die Zahl bleibt auch gesamtziffrig, wenn man sie mit 4,6 oder 8 multipliziert.**

**13.71.**

3.16 x 1.25 x 1.20 x 1.50 = 3.16 + 1.25 + 1.20 + 1.50

**13.72.**

381654729 ist die einzige neunstellige Zahl für die gilt:

3 ist ohne Rest durch 1 teilbar.
38 ist ohne Rest durch 2 teilbar.
381 ist ohne Rest durch 3 teilbar
3816 ist ohne Rest durch 4 teilbar
38165 ist ohne Rest durch 5 teilbar
381654 ist ohne Rest durch 6 teilbar
3816547 ist ohne Rest durch 7 teilbar
38165472 ist ohne Rest durch 8 teilbar
381654729 ist ohne Rest durch 9 teilbar

**13.73.**

Die Gleichung 10100 $= 10^2 + 100^2$ ist in allen Stellenwertsystemen gültig!

**13.74.**

$16830^3 = 1134^3 + 1135^3 + 1136^3 + \ldots + 2133^3$

**13.75.**

2,3,5,7,11 sind die ersten fünf Primzahlen und es gilt:
$$X = 2^{(3^5)^{(-7^{11})}} = 1 \quad ???$$

<u>Auflösung:</u>

$$X = 2^{243^{-7^{11}}} = 2^{243^{-1977326743}} =$$

$$X = 2^{(\frac{1}{243^{1977326743}})} = \sqrt[243^{1977326743}]{2} \cong 1$$

$$243^{1977326743} \cong$$

$$8,82028207116788239433354 \times 10^{4717123084}$$

Die dezimale Entwicklung von X enthält nach der 1 hinter dem Komma eine sehr große Anzahl von aufeinander-folgenden Nullen (grob geschätzt 1 Milliarde) bevor die erste Ziffer ungleich Null auftaucht.. Daher ist der X fast genau 1. Und es gilt auch:

$$Y = 2^{-(3^5)^{(-7^{11})}} \cong 1$$

**13.76.**

98765432 x 9      = 888888888

888888888 x 8      = 111111111

111111111 x 9      = 12345679

## 13.77.

$$\frac{1+2}{3} = 1$$

$$\frac{4+5+6+7+8+9+10+11}{12} = 5$$

$$\frac{13+14+15+16+\cdots+37+38}{39} = 17$$

$$\frac{40+41+42+\cdots+118+119}{120} = 53$$

$$\frac{121+122+123+\cdots+361+362}{363} = 161$$

## 13.78.

**736 ist die einzige dreiziffrige Zahl für die gilt:**

$$abc = a + b^c \qquad\qquad 736 = 7 + 3^6$$

## 13.79.

**548834 ist die einzige Zahl > 1 mit der Eigenschaft:**

$$548834 = 5^6 + 4^6 + 8^6 + 8^6 + 3^6 + 4^6$$

## 13.80.

**n = 612220032 ist die kleinste Zahl > 1 deren Ziffernsumme gleich $\sqrt[7]{n}$ ist.**

**13.81.**

500 : 499 =
1.00200400801603206412825651302605210420841 6833
667334669338

**13.82.**

Die Zahl 3608528850368400786036725 besitzt die folgende Eigenschaft: Bildet man von links die Zahl aus den k ersten Ziffern (k= 1,2,3, 25), so ist diese Zahl durch k teilbar

**13.83.**     $(1+5+4+7) \times (1^2+5^2+4^2+7^2) = 1547$
$(2+1+9+6) \times (2^2+1^2+9^2+6^2) = 2196$

**13.84.**

5777 und 5993 sind die einzigen bisher bekannten Zahlen, die sich nicht in der Form $p + 2 \times n^2$ darstellen lassen, wobei p eine Primzahl und n eine natürliche Zahl ist.

Quelle: https://de.wikipedia.org/wiki/Liste_besonderer_Zahlen

**13.85.**

99999999999999999990000000000000000001 =
9999000 x 100009999999899989999000000010001
(Primfaktor)

244

**13.86.**

Für Zahlen n der Form n=9m+4 und n=9m+5 (m $\in$ N )
ist die Gleichung n = $a^3$ + $b^3$ + $c^3$ nicht lösbar.

Für n = 1 gibt es unendliche viele Lösung:
1 = $(9p^4)^3$ + $(3p -9p^4)^3$ + $(1-9p^3)^3$   p $\in$ N

Für n = 2 gibt es unendliche viele Lösungen:
2 = $(6p^3 +1)^3$ + $(1 -6p^3)^3$ + $(-6p^2)^3$  p $\in$ N

Eine nichttriviale Lösung für 3 lautet:

$(569936821221962380720)^3$ +
$(-569936821113563493509)^3$ +
$(-472715493453327032)^3$ = 3

Vermutung: Für alle Zahlen n, die nicht zu den
verbotenen Zahlen  n = 9m +4 und  n = 9m+5 gehören,
gibt es mindestens eine Lösung.

Beispiel  (gefunden September 2019):

42 =     $(-80538738812075974)^3$
      + $( 80435758145817515)^3$
      + $( 12602123297335631)^3$

**13.87.**

$18^2 + 19^2 + ... + 28^2 = 77^2$

**13.88.**

a) $\dfrac{1}{98} = 0.010204080160320653061\ldots$

Die Dezimaldarstellung enthält die Folge der Potenzen von 2 mit Überlauf, wenn mehr als zwei Ziffern vorhanden sind.

b) $\dfrac{1}{97} = 0.010309027083505154\ldots.$

Die Dezimaldarstellung enthält die Folge der Potenzen von 3 mit Überlauf, wenn mehr als zwei Ziffern vorhanden sind.

c) $\dfrac{1}{9801} = 0.0001020304050607080910111213 14..$

**13.89.**

Die Periode von 1/37 ist 027. Umgekehrt ist 037 die Periode von 1/27 !! Vertauscht man die Ziffern eines dreistelligen Vielfachen von 27, ist diese Zahl auch ein Vielfaches von 27! Die einzige andere Zahl mit dieser Eigenschaft ist 37.

**13.90.**

Keine Zahl unter 1 Million. kann mehr als 240 Teiler besitzen. Es gibt genau 5 Zahlen kleiner als $10^6$, die 240 Teiler besitzen:

720720        831600-        942480-        982800-

**13.91.**

Eine natürliche Zahl n ist genau dann durch 77 teilbar, wenn ihre alternierende 3er-Quersumme durch 77 teilbar ist.

Beispiel:  n = 9471  bzw. 009471

Alternierenden Quersumme: 471- 009 = 462

77 ist Teiler von 462 → 77 ist Teiler von 9471

9471:77=123

b)     n = 322456904

Alternierende 3-er Quersumme = 904-456+322=770

770 = 10 x 70  → 77 ist Teiler von 322456904

322456904:77= 4187752

**13.92**

Multiplikation einer zweistelligen Zahl mit 111 (Regel): Man addiere die beiden Ziffern der Zahl und füge das Ergebnis zweimal zwischen den beiden Ziffern ein.

41 x 111 = 4553   23 x 111 = 2553

Ist die Summe der beiden Zeiffern größer als 9 dann funktioniert das auch noch mit Überlauf:

57 x 111 = 5(12)(12)7 = 6327

**13.93**

Es gibt 8 Zahlen, die die folgende Bedingung erfüllen (Nullen einbezogen) :

[abcd] = $a^4 + b^4 + c^4 + d^4$

0000, 1000, 0100, 0010, 0001, 1634, 8208, 9474

**13.94.**

Die größte Quadratzahl, die jede Ziffer einmal verwendet lautet: $30384^2 = 923187456$ Die kleinste Quadratzahl, die jede Ziffer einmal verwendet lautet: $11826^2 = 139854276$ Die größte Quadratzahl, die jede Ziffer dreimal verwendet lautet: $31621017808183^2 =$

999888767225363175346145124

**13.95**

| | |
|---|---|
| 364 + 725 | = 1089 |
| 324 + 765 | = 1089 |
| 357 + 849 | = 1206 |
| 743 + 859 | = 1602 |
| 249 + 263 + 587 | = 999 |

**13.96.**

Jede natürliche Zahl n hat die gleiche Endziffer wie das Produkt n * n * n * n * n .

**13.97.**

Die folgenden Produkte und ihre Resultate zeigen jeweils neun verschiedene Ziffern:

$4 \times 1738 = 6952$
$4 \times 1963 = 7852$
$3 \times 51249876 = 152749628$
$6 \times 32547891 = 195287346$

**13.98.**

$135 = 1^1 + 3^2 + 5^3$
$153 = 1^3 + 5^3 + 3^3$
$283 = 2^5 + 8 + 3^5$
$175 = 1^1 + 7^2 + 5^3$
$1715 = 1 \times 7^3 \times 1 \times 5$
$518 = 5^1 + 1^2 + 8^3$
$598 = 5^1 + 9^2 + 8^3$
$952 = 9^3 + 5^3 + 2^3 + 9 \times 5 \times 2$
$1306 = 1^1 + 3^2 + 0^3 + 6^4$
$1231 = 1^7 + 2^7 + 3^7 + 1^7$
$1386 = 1 + 3^4 + 8 + 6^4$
$1676 = 1^1 + 6^2 + 7^3 + 6^4$
$2427 = 2^1 + 4^2 + 2^3 + 7^3$

$3435 = 3^3 + 4^4 + 3^3 + 5^5$

$438579088 = 4^4 + 3^3 + 8^8 + 5^5 + 7^7 + 9^9 + 0^0 + 8^8 + 8^8$

**13.99.**

Es gibt nur eine Möglichkeit mit den vier Grundzahlen
1,3,4 und 6 und unter Anwendung der Grund-
rechenarten die Zahl 24 darzustellen:

Lösung: $\dfrac{6}{1-\frac{3}{4}} = 24$

**13.100**

| | |
|---|---|
| 123456789 | 987654321 |
| 12345678 | 87654321 |
| 1234567 | 7654321 |
| 123456 | 654321 |
| 12345 | 54321 |
| 1234 | 4321 |
| 123 | 321 |
| 12 | 21 |
| 1 | 1 |
| -------------------- | --------------------- |
| 1083676269 | 1083676269 |

**13.101.** Faktorschleife

169       →       1! + 6! + 9! = 361601

361601       →       3! + 6! + 1! + 6! + 0! + 1! = 1454

1451       →       1! + 4! + 5! +4 ! = 169

**13.102**

Es gibt nur zwei dreiziffrigen Zahlen, die die folgende Eigenschaft haben:

Die drei letzten Ziffern ihrer Potenzen entsprechen der Zahl selber.

<u>625</u>

$625^2 = 390\underline{625}$

$625^3 = 244140\underline{625}$

$625^4 = 152587890\underline{625}$

usw.

<u>376</u>

$376^2 = 141\underline{376}$

$376^3 = 53157\underline{376}$

$376^4 = 19987173\underline{376}$

**13.103.**

X % von Y = Y% von X

# 14. Zahlentypen

## 14.1. Fibonaccizahlen

Die Fibonacci-Folge ist eine unendliche Folge von natürlichen Zahlen, die zweimal mit der Zahl 1 beginnt und in der die Summe zweier aufeinander folgender Zahlen die unmittelbar danach folgende Zahl ergibt:

Rekursionsformel: $F(n+1) = F(n) + F(n-1)$

1, 1, 2, 3, 5, 8, 13, 21, 34, 55, 89, 144, 233, 377, 610, 987, 1597,...

Es gelten die folgenden interessanten Beziehungen:

(1) $\sum_{i=1}^{n} F(i)^2 = F(n) \times F(n+1)$

(2) $\sum_{i=1}^{\infty} \frac{F(n)}{x^{n+1}} = \frac{1}{x^2 - x - 1}$ $(x \geq 2)$

(3) $F(n)$ ist Teiler von $F(nm)$

(4) $(F(n))^2 - F(n+1)F(n-1) = (-1)^{n-1}$

(5) $F(1) + F(3) + F(5) + \ldots + F(2n-1) = F(2n)$

(6) $F(2n+1) = F(n)^2 + F(n+1)^2$

(7) Genau jede achte Fibonaccizahl ist durch 7 teilbar!

(8)     Jede Fibonaccizahl ist Teiler von unendlich vielen Fibonaccizahlen.

(9)     Jede natürliche Zahl >1 ist Teiler irgendeiner Fibonaccizahl.

(10)        $F_{n-1} - F_n \cdot \phi = (-\phi)^n$.

1,1,2,3,5,8,13,21,34,54,89,144,233,377,610,987,1597,258
4,4181,6765,10946,1771,28657,46368, 75025, 121393,
196418, 317811, 514229, 832040,...

Reduziert man die Fibonaccizahlen auf einstellige Quersummen, dann wiederholen sich diese Quersummen in 24 - Intervallen:

 1,1,2,3,5,8,4,3,7,9,8,9,8,8,7,6,4,1,5,6,2,8,1,9,

1,1,2,3,5,8...

(11)

Die Verhältnisse aufeinander folgender Glieder der Fibonaccifolge konvergieren gegen den Grenzwert φ !

$\frac{5}{3} = 1{,}666...$    $\frac{8}{5} = 1{,}6$    $\frac{13}{8} = 1{,}625...$    $\frac{21}{13} = 1{,}615...$

$\frac{34}{21} = 1{,}619$    $\frac{55}{34} = 1{,}617...$    $\frac{89}{55} = 1{,}618...$    usw.

| Nenner | Zähler | Wert | Abweichung von PHI |
|--------|--------|------|--------------------|
| 1 | 1 | 1 | - 38.1966% |
| 1 | 2 | 2 | 23.6068% |
| 2 | 3 | 1.5 | -7.2949% |
| 3 | 5 | 1.666667 | 3.00566% |
| 5 | 8 | 1.6 | -1.11456% |
| 8 | 13 | 1.625 | 0.43052% |
| 13 | 21 | 1.615385 | -0.16374% |
| 21 | 34 | 1.619048 | 0.06265% |
| 34 | 55 | 1.617647 | -0.02392% |
| 55 | 89 | 1.618182 | 0.00914% |
| 89 | 144 | 1.617977 | -0.00349% |

(12)    1 : 998999 =
0.000001001002003005008013021034055089144233377610988599588187775963739703443146589736326062388450839290129 4

Periodenlänge 496620

Der Kehrwert von 998999 liefert eine Ziffernfolge, die mit der Folge der Fibonaccizahlen überein-stimmt. Bei mehr als drei Stellen gibt es einen Überlauf.

254

(13)

Man nehme beliebig vier Fibonaccizahlen, die
aufeinander folgen:

z.B. 13,21,34,55

Dann bilde man das Produkt der äußeren Zahlen
13 x 55 = 715 Danach bilde man das Produkt der beiden
inneren Zahlen und verdoppele das Resultat:

13 x 55 = 715 =und 21 x 34 x 2= 1428

715 und 1428 seien die beiden Kathetenlängen a und b
eines rechtwinkligen Dreiecks. Dann ist die
Hypotenuse c ebenfalls ganzzahlig und einen
Fibonaccizahl:

$$c = \sqrt{715^2 + 1428^2} = 1597$$

(1597 ist die 17.Fibonaccizahl)

Der Flächeninhalt des rechtwinkligen Dreiecks
beträgt:

0.5 x 1428 x 715 = 510510 FE

Das Produkt der vier Fibonaccizahlen ist:

13 x 21 x 34 x 55 = 510510

**(8)** Fibonaccizahlen in der Natur

Bei einer genauen Prüfung des Fruchtstands einer Sonnenblume, erkennt man, dass die Kerne in spiralförmigen Linien angeordnet sind. Es gibt links- und rechtsdrehende Spiralen. Zählt man die linksdrehenden, so stößt man auf die nach Fibonacci benannten Zahlen, also

1,1,2,3,5,8,13,21, 34, 55, 89, 144, 233 ... .

Erstaunlicherweise ergibt die Anzahl der rechtsdrehenden Spiralen nicht die gleiche, sondern eine benachbarte Fibonacci-Zahl. Das Verhältnis ( z.B. 34/55 ) ergibt eine Näherung von PHI = 0.61803...

**(9)**

Betrachtet man die letzten Ziffern der Zahlen aus der Fibonnaccifolge, so erhält man eine Zahlenfolge, die sich nach 60 Gliedern wiederholt.

1,1,2,3,5,8,13,21,34,54,89,144,233,377,610,987,1597,...

1,1,2,3,5,8,3,1,4,4,9,4,3,7,0,7,7,4,1,...

Wählt man die letzten beiden Ziffern der Zahlen der Fibonaccifolge, so entsteht ebenfalls eine periodische Folge, deren Glieder sich nach 300 Stellen wiederholen! Betrachtet man die letzten drei Ziffern, so ergibt sich für die entsprechende Folge eine Periodenlänge von 1500.

**(10)**

Die Folge der Fibonaccizahlen nennt man auch die Kaninchenfolge. Leonardo Da Pisa (Fibonacci) fand diese Folge bei der Untersuchung des Wachstum einer Population von Kaninchen (Liber Abbacci, 1227)

**(11) Eine erstaunliche „Fibonacci-Formel" :**

$$\lim_{n \to \infty} \frac{ln(F1 \cdot F2 \cdot \ldots \cdot Fn)}{ln(kgv(F1,F2,\ldots Fn))} = \frac{\pi^2}{6}$$

Quelle: Matiyasevich, Y.V., Guy, R.K.: "A new formula for Pi", Amer. Math. Monthly 93 No.8 (1986) 631-635.

**(12) Das Pascaldreieck und die Fibonaccizahlen**

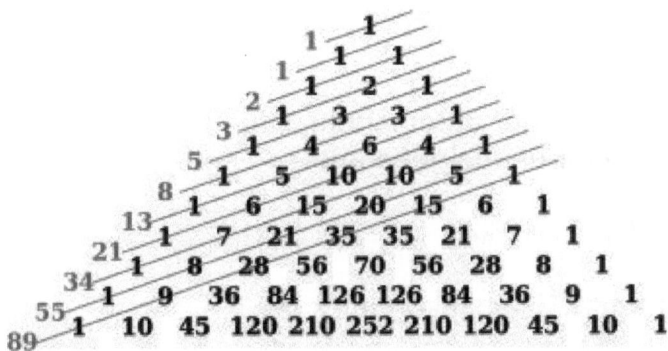

**Summen aus den diagonalliegenden Zahlen:**

| | | |
|---|---|---|
| 1+1=2 | 2+1 = 3 | 1+3+1= 5 |
| 3+4+1 = 8, | 1+6+5+1=13 | 4+10+6+1=21 |
| 1+10+15+7+1=34 | 5+20+21+8+1=55 | |

**(13)** Die Funktion arctan und Fibonaccizahlen

$$\arctan\left(\frac{1}{1}\right) = \arctan\left(\frac{1}{2}\right) + \arctan\left(\frac{1}{3}\right)$$

$$\arctan\left(\frac{1}{3}\right) = \arctan\left(\frac{1}{5}\right) + \arctan\left(\frac{1}{8}\right)$$

$$\arctan\left(\frac{1}{8}\right) = \arctan\left(\frac{1}{13}\right) + \arctan\left(\frac{1}{21}\right)$$

$$\arctan\left(\frac{1}{21}\right) = \arctan\left(\frac{1}{34}\right) + \arctan\left(\frac{1}{55}\right)\text{usw.}$$

**(14)**

**Man wähle drei aufeinander folgende Fibonaccizahlen aus der Fibonaccireihe aus:**

$F_{n-1}, F_n, F_{n+1}$ →**Dann gilt:** $F_n^2 - F_{n-1} \times F_{n+1} = 1$

**Beispiel: 8,13,21** $\quad 13^2 = 169$ **und** $8 \times 21 \quad 168$

**(15)**

**Man wähle vier aufeinander folgende Fibonaccizahlen aus der Fibonaccireihe aus:**

$F_{n-1}, F_n, F_{n+1}, F_{n+2}$

**Dann gilt:** $F_{n-1} \times F_{n+2} - F_n \times F_{n+1} = \pm 1$

**Beispiel 1:**

13,21,34,55
13 x 55 = 715 und 21 x 34 = 714
715 – 714 = + 1

**Beispiel 2:**        55,89,144,233
                  55 x 233    = 12815
                  55 x 144    = 12816

                  12815 – 12816 = -1

(16) Die Summe von zehn aufeinander folgenden
     Zahlen aus der Fibonaccireihe ist immer gleich
     dem Produkt von11 und der 7. Zahl.

**Beispiel:**    8,13,21,34,54,89,144,233,377,610

8+13+21+34+54+89+144+233+377+610 =  1584

11 x 44 =  1584

(17)

Wenn die Primzahl p die Form 10 k ± 1 besitzt,
dann gibt es ein a, so dass gilt:

$$F_p = a \times p + 1$$

(18)

Wenn die Primzahl p die Form 10k ± 3 besitzt, dann
gibt es ein b so dass gilt:

$$F_p = b \times p - 1$$

(19)

Die Summe von jeweils 14 aufeinander folgenden
Fibonaccizahlen ist immer durch 29 teilbar.

**(20)** ggT = Größter gemeinsamer Teiler

$$ggT(F_m, F_n) = F_{ggT(m.n)}$$

**(21)**

$$\sum_{n=1}^{\infty} \frac{1}{f_F} = \frac{7-\sqrt{5}}{2}$$

**(22)**

$$\begin{pmatrix} 1 & 1 \\ 1 & 0 \end{pmatrix}^n = \begin{pmatrix} f_{n+1} & f_n \\ f_n & f\ n-1 \end{pmatrix}$$

**(23)**

**Ein Kreis mit dem Radius 5813 cm hat einen Umfang von 36524 cm. [ 5813 * 2* 3.14159 = 36524,125 ] = 365,24 m.**

**(a) 5,8,13 sind Fibonaccizahlen.**
**(b) 365,24 ist die Länge eines Jahres in Tagen.**

## 14.2. Repdigitzahlen

Repdigitzahlen sind natürliche Zahlen, deren Ziffern alle identisch sind. Beispiele: 11, 333, 999999, ...

(1)    Eine Teilmenge bilden die Repunitzahlen. Als Repunit $R_n$ bezeichnet man eine natürliche Zahl, deren n Ziffern alle gleich 1 sind. .

Alle Repunitzahlen $R_{2n}$ sind durch 11 teilbar (n=1,2,3,...).Alle Repunitzhalen $R_{3n}$ sind durch drei teilbar (n=1,2,3,...).

(2)    Prim-Repunitzahlen

Eine Repunitzahl kann auch Primzahl sein. Bisher nachgewiesene Prim-Repunitzahlen sind: $R_2$, $R_{17}$, $R_{23}$, $R_{317}$, $R_{1031}$, (Vermutung $R_{49081}$). Es gilt: $R_p$ kann nur prim sein, wenn p prim ist.

## 14.3. Ein besonderer Typ

Es gibt genau 20 natürliche Zahlen n für die gilt:
$n = \sum_{i=1}^{s} a_i^i n$ Dabei bezeichnet s die Anzahl der Ziffern und $a_i$ die i-te Ziffer der Zahl.

0, 1, 2, 3, 4, 5, 6, 7, 8, 9, 89, 135, 175, 518, 598, 1306, 1676, 2427, 2646798, 12157692622039623539

Beispiele: $135 = 1^1+3^2+5^3$    und   $2427 = 2^1\,4^2+2^3+7^4$a

## 14.4. Mirpzahlen

Eine Mirpzahl ist eine Primzahl, die Primzahl bleibt, wenn man sie rückwärts liest.

(1)    Mirpzahlen unter 1000 (mit palindromischen Primzahlen):

13,17,31,37,71,73,79,97,101,107,113,131,149,151,157,16
7,179,181,191,199,311,313,337,347,353,359,373,383,389
,701,709,727,733,739,743,751,757,761,769,787,797,907,
919,929,937,941,953,967,971,983,991

(2)

Die bisher größte berechnete Mirpzahl (Stand: 13.12.2014) ist:

$10^{10006} + 941992101 \times 10^{4999} + 1$

Es gibt 11 aufeinander folgende Primzahlen, die Mirpzahlen sind!

1477271183, 1477271249, 1477271251, 1477271269, 1477271291, 1477271311, 1477271317, 1477271351, 1477271357, 1477271381, 1477271387

## 14.5. Münchausenzahlen

Eine natürliche Zahl nennt man Münchausenzahl, wenn die Summe ihrer mit sich selbst potenzierten Ziffern wieder diese Zahl ergibt. Mit der Festsetzung $0^0 = 1$ gibt es im Zehnersystem vier Münchausenzahlen:
0, 1, 3435, 438579088

$$0^0 = 1 \qquad 1^1 = 1 \qquad 3435 = 3^3 + 4^4 + 3^3 + 5^5$$

$$438579088 = 4^4 + 3^3 + 8^8 + 5^5 + 7^7 + 9^9 + 0^0 + 8^8 + 8^8$$

## 14.6. Taxicab-Zahlen

Unter der n-ten Taxicab-Zahlen TC(n) versteht man die kleinste natürliche Zahl, die auf n verschiedene Weisen als Summe von zwei Kubikzahlen dargestellt werden kann. 1954 konnten die englischen Mathematiker G.H. Hardy und E.M. Wright beweisen, dass die Zahl TC(n) für alle natürliche Zahlen n tatsächlich existiert. Der Existenzbeweis liefert aber keinen Hinweis, wie man solche Zahlen konstruieren kann. Bisher kennt man nur die ersten 6 Taxicab-Zahlen.

TC(1) = 2    TC(2) = 1729    TC(3) = 87539319,
TC(4) = 6963472309248    TC(5) = 48988659276962496
TC(6) = 24153319581254312065344

Quelle:
C. S. Calude, E. Calude and M. J. Dinneen: *What is the value of Taxicab(6)?Journal of Universal Computer Science*, Vol. 9 (2003), p.1196–1203

## 14.7. Friedmanzahlen

Eine Zahl heißt Friedmanzahl, wenn man aus ihren Ziffern neue Zahlen bildet und diese unter einmaliger Verwendung durch Addition, Subtraktion, Multiplikation, Division und Potenzierung zu einem Ausdruck verbindet, dessen Wert wieder die Ausgangszahl ist.

(1)     Beispiel Friedmanzahlen:

$$123456789 = ((86 + 2 \cdot 7)^5 - 91) : 3^4$$

$$99999999 = (9 + \frac{9}{9})^{(9 - 9/9)} - \frac{9}{9} = 10^8 - 1$$

(2)     Alle zwei- drei- und vierstelligen Friedmanzahlen sind bekannt. Sie lauten:

25, 121, 125, 126, 127, 128, 153, 216, 289, 343, 347, 625, 688, 736,1022,1024,1206, 1255,1260,1285,1296,1395,1435,1503,1530,179 2,1827,2048,2187,2349,2500, 2501, 2502, 2503, 2504, 2505, 2506, 2507, 2508, 2509, 2592 ,2737, 2916, 3125,3159, 3281, 3375, 3378, 3685, 3784, 3864, 3972, 4088, 4096, 4106,4167,4536,4624,4628, 5120, 5776, 5832, 6144, 6145, 6455, 6880, 7928, 8092, 8192, 9025, 9216, 9261.

(3)      Beispiele für vierstellige Friedmanzahlen :

| $2=2^5 \times 9^2$ | $243 = 41 \times 323$ | $3159 = 351 \times 9$ |
|---|---|---|
| $2509=50^2+9$ | $2501 = 50^2 + 1$ | $4628 = 68^2 + 4$ |
| $9261=21^{9-6}$ | $9216=1 \times 96^2$ | $9025 = 95^2 + 0$ |
| $1296= 6^{((9-1)/2)}$ | $2048 =8^4/2+0$ | $1792=7 \times 2^{(9-1)}$ |
| $2501=50^2+1$ | $7928 = 89^2 - 7$ | $2500 = 50^{(0+2)}$ |
| $2349=29 \times 3^4$ | $1503 = 501 \times 3$ | $3125 =(3+1 \times 2)^5$ |
| $9025= 95^2+0$ | $9216 = 1 \times 96^2$ | $9261 = 21^{(9-6)}$ |

(4)      Eine Liste aller 5-stelligen Friedmanzahlen findet sich hier:

Quelle:http://www2.stetson.edu/~efriedma/mathmagic/0800/5digit.html

(5)

**Es gibt unendlich viele Primzahlen, die Friedmanzahlen sind.**

**Beweis:**

Die Zahlen $k \times 10^{14} + 19683 = k \times 10^{6+8}+3^9$ sind Friedmanzahlen für alle k. Diese Zahlen bilde eine arithmetische Folge a n + b mit a und b relativ prim. Das Theorem von Dirichlet besagt, dass alle Folge diese Art unendlich viele Primzahlen enthalten.

Quelle: http://www2.stetson.edu/~efriedma/mathmagic/0800.html

## 14.8. Palindromische Zahlen

Palindromzahlen sind natürliche Zahlen, deren Darstellung im Zahlensystem vorwärts und rückwärts gelesen den gleichen Wert hat.

(1) Es gibt 9 zweistellige, 90 dreistellige und 90 vierstellige Palindromzahlen. Eine Liste der vierstelligen Palindrome:

1001, 1111, 1221, 1331, 1441, 1551, 1661, 1771, 1881, 1991, 2002, 2112, 2222, 2332, 2442, 2552, 2662, 2772, 2882, 2992, 3003, 3113, 3223, 3333, 3443, 3553, 3663, 3773, 3883, 3993, 4004, 4114, 4224, 4334, 4444, 4554, 4664, 4774, 4884, 4994, 5005, 5115, 5225, 5335, 5445, 5555, 5665, 5775, 5885, 5995, 6006, 6116, 6226, 6336, 6446, 6556, 6666, 6776, 6886, 6996, 7007, 7117, 7227, 7337, 7447, 7557, 7667, 7777, 7887, 7997, 8008, 8118, 8228, 8338, 8448, 8558, 8668, 8778, 8888, 8998, 9009, 9119, 9229, 9339, 9449, 9559, 9669, 9779, 9889, 9999

Die Anzahl der Palindrome kleiner als $10^n$ folgt einer einfachen Zahlenreihe:

| | |
|---|---|
| 1998 | Palindrome kleiner $10^6$ |
| 10998 | Palindrome kleiner $10^7$ |
| 19998 | Palindrome kleiner $10^8$ |
| 109998 | Palindrome kleiner $10^9$ |

... usw.

266

(2)        Spiegelzahlen und Palindrome

1089 x 1 = 1089    → Spiegelzahl 9801
1089 x 2 = 2178    → Spiegelzahl 8712
1089 x 3 = 3267    → Spiegelzahl 7623
1089 x 4 = 4356    → Spiegelzahl 6534
1089 x 5 = 5445    → Spiegelzahl 5445
1089 x 6 = 6534    → Spiegelzahl 4356
1089 x 7 = 7623    → Spiegelzahl 3267
1089 x 8 = 8712    → Spiegelzahl 2178
1089 x 9 = 9801    → Spiegelzahl 1089

(3)    Das größte bisher berechnete
       Primzahlpalindrom lautet

$$9^{180004} + 248797842 \times 10^{8998} + 1$$

Quelle: (Harvey Dubner)
Wikipedia  https://de.wikipedia.org/wiki/Primzahlpalindrom

(4)

Verfahren zu Erzeugung von Palindromzahlen:

Man addiere zu einer Zahl n ihre Spiegelzahl. Ist die Summe s keine  palindromische Zahl, dann bilde man wiederum die Summe von s und der Spiegelzahl von s. Das Verfahren wird solange fortgesetzt, bis eine palindromische Zahl entsteht.

**Beispiele:**

| | |
|---|---|
| 59+95 | = 154 |
| 69+96 | = 165 |
| 154+451 | = 605 |
| 165+561 | = 726 |
| 605+506 | = 1111 |
| 726+627 | = 1353 |
| 1353+3531 | = 4884 |

Die Zahl 10000442119 führt nach 112 Iterationen auf die palindromische Zahl;

13656852665688105699133698688689633199965018865 6625865631

<u>Vermutung:</u>

Alle natürlichen Zahlen n > 10 lassen sich durch das Verfahren der iterierten Addition von Spiegelzahlen in endlich vielen Schritten in palindromische Zahlen umformen.

## Das 196-Problem;

Bisher ist es nicht gelungen die Zahl 196 mit endlich vielen Iterationen in eine Palindromzahl umzuwandeln. Weitere Zahlen, die bisher nicht in endlich vielen Schritten in Palindrome transformiert werden konnten sind:  887, 1675, 7436, 13783, ...

(5)     Es gibt 15 dreistellige palindromische
        Primzahlen:

        101, 131,151, 181, 191, 313, 353, 373, 383,
        727, 757, 787, 797, 919 , 929

(6)     Es gibt keine vier- oder sechsstellig
        palindromische Primzahlen. Alle vier- oder
        sechsstelligen Palindromzahlen sind durch
        11 teilbar.

(7)     Es gibt 93 fünfstellige palindromische
        Primzahlen.

(8)     Es gibt 668 siebenstellige palindromische
        Primzahlen.

(9)     Wenn man den Zahlenstring 1808010808 (10
        Ziffern) 1560 mal wiederholt und die Ziffer 1
        anhängt, dann erhält man eine 15601-ziffrige
        palindromische Zahl. Diese Zahl ist auch
        Primzahl!

Quelle:
http://www.futilitycloset.com/category/science-math/page/55/

(10)    Eine palindromische Gleichung:

        $12+43+65+78 = 87+56+34+21$
        $12^2+43^2+65^2+78^2 = 87^2+56^2+34^2+21^2$

(11)    $111211 \times 112111 = 12467976421$

(12)      1226221 = 1021 x 1201

(13)      Palindrompyramide aus palindromischen
          Dreickszahlen:

2
30203
133020331
1713302033171
12171330203317121
1512171330203317 12151
181512171330203317 1215181
16181512171330203317121518161
331618151217133020331712151816133
9333161815121713302033171215181613339
11933316181512171330203317121518161333911

**Dreieckszahl:  D** $= \frac{(n \times (n+1))}{2}$

Quelle: G.L.Honaker

(14)

**Die Gesamtzahl P aller Palindrome mit höchstens n**
**Stellen brechnet sich mit**

$P = 10^{\lfloor \frac{n}{2} \rfloor} + = 10^{\lfloor \frac{n+1}{2} \rfloor} - 2$

**14.9.    McNuggetszahlen**

Bei McDonalds wurden ChickenMcNuggets in Schachteln zu 6, 9 oder 20 Stück verkauft. Alle Zahlen, die man durch eine Bestellung erhalten kann, sind McNugget-Zahlen.

Beispiele:  $21 = 2 \times 6 + 9$  und  $26 = 1 \times 20 + 1 \times 6$

Problem:    Welche natürlichen Zahlen sind keine McNuggetzahlen?

Antwort:

Es gibt genau 22 Zahlen; die keine McNuggetzahlen sind!

1, 2, 3, 4, 5, 7, 8, 10, 11, 13, 14, 16, 17, 19, 22, 23, 25, 28, 31, 34, 37 und 43 sind keine McNuggetzahlen

**14.10.  Gammazahlen**

Die Gammazahl $G_{EM}(n)$ ist definiert als die natürliche Zahl, die aus den ersten n Ziffern der Euler-Mascheronikonstanten gebildet wird.

$\gamma$ = 0,57721 56649 01532 86060 65120 90082 40243 10421 59335 93992 35988  …

Bisher sind 4 Gammazahlen bekannt, die Primzahlen sind:

(I)  5

(II)  577

(III)  57721 56649 01532 86060 65120 90082 40243
       10421

(IV)  57721 35988 14631 92353 60087 84793 05877
      28079 67600 30103 93586 68013 10090 46976
      45516 60537 28690 83396 93031 85486 37343
      49984 64759 50136 95875 95126 56649 05767
      44724 62535 35203 74508 55352 84234 17247
      41777 79654

## 14.11.    Harshadzahlen

Eine Harshad-Zahl ist eine natürliche Zahl, die durch
ihre Quersumme teilbar ist. Die Liste der
Harshadzahlen beginnt mit:

1, 2, 3, 4, 5, 6, 7, 8, 9, 10, 12, 18, 20, 21, 24, 27, 30, 36, 40,
42, 45, 48, 50, 54, 60, 63, 70, 72, 80, 81, 84, 90, 100, 102,
108, 110, 111, 112, 114, 117, 120, 126, 132, 133, 135, 140,
144, 150, 152, 153, …

## 14.12. Narzisstische Zahlen

Narzisstische Zahlen sind Zahlen, die sich durch bestimmte Rechenoperationen mit ihren Ziffern selbst erzeugen.

Beispiele:

| | |
|---|---|
| $43 = 4^2+3^3$ | $1233 = 12^2+33^2$ |
| $63 = 6^2+3^3$ | $1306 = 1^1+3^2+0^3+6^4$ |
| $89 = 8^1+9^2$ | $2427 = 2^1+4^2+2^3+7^4$ |
| $36 = 3! \times 6$ | $3435 = 3^3+4^4+3^3+5^5$ |
| $24 = (2\sqrt{4})!$ | $2646798 = 2^1+6^2+4^3+6^4+7^5+9^6+8^7$ |
| $127 = -1 + 2^7$ | $1033 = 8^1 +8^0 +8^3 +8^3$ |
| $343 = (3 + 4)^3$ | $54748 = 5^4 +4^5 +7^5 +4^5 +8^5$ |
| $101= 10^2+0^2+1^1$ | $40585 = 4!+0!+5!+8!+5!$ |
| $135 = 1^2+3^2 +5^3$ | $4624 = 4^4+4^6+4^2+4^4$ |
| $175 = 1^1+7^2+5^3$ | $3456 = 3! \times \frac{4}{5} \times 6!$ |
| $355 = 3 \times 5! - 5$ | $595968 = 4^5+4^9+4^5+4^9+4^6+4^8$ |
| $370 = 3^3 + 7^3 + 0^3$ | $8208 = 8^4+2^4+0^4+8^4$ |
| $407 = 4^3 + 0^3 {}^+ 7^3$ | $24739 = 2^4+7!+3^9$ |
| $518 = 5^1+1^2+8^3$ | $6859 = (6+8+5)^9$ |
| $598 = 5^1 + 9^2 + 8^3$ | $5161 = 5! + (1 + 6)! + 1$ |
| $3456 = 3! \frac{4}{5} 6!$ | $3435 = 3^3 + 4^4 + 3^3 + 5^5$ |
| $355 = 3 \times 5! - 5$ | $144 = (1+4+4) \times (1+4+4)$ |
| $145 = 1! +4! +5!$ | $438579088 =$ $4^4+3^3+8^8+5^5+7^7+9^9+0^0\ 8^8+8^8$ |

| | |
|---|---|
| $512 = (5+1+2)^3$ | $1676 = 1^1+6^2+7^3+6^4$ |
| $715 = (7-1)!-5$ | $34425\ = 3^4 \times 425$ |
| $3125 = (3^1 + 2)^5$ | $24739 = 2^4+7!+3^9$ |
| $4096 = (4 + 0 \times 9)^6$ | $23328 = 2 \times 3^{3!} \times 2 \times 8$ |
| $5832 = (5+8+3+2)^3$ | $48625 = 4^5+8^2+6^6+2^8+5^4$ |
| $729 = (7 + 2)^{\sqrt{9}}$ | $13177388 = 7^1+7^3+7^1+7^7+7^7+7^3+7^8+7^8$ |
| $534494836\ = 5^9+3^9+4^9+4^9+9^9+4^9+8^9+3^9+6^9$ | |
| $438579088 = 4^4+3^3+8^8+5^5+7^7+9^9+0^0+8^8+8^8$ | |
| $24547\ 2\ 84284866560000000000 =$ $=2^4 \cdot 5^4 \cdot 7 \cdot 8^4 \cdot 2^8 \cdot 4^8 \cdot 6^6 \cdot 5^6 \cdot 0^0 \cdot 0^0 \cdot 0^0 \cdot 0^0 \cdot 0^0 \quad (0^0=1)$ | |

## 14.13. Armstrongzahlen

Die Armstrongzahlen sind Zahlen, bei denen die Summe ihrer Ziffern, jeweils potenziert mit der Stellenanzahl der Zahl, wieder die Zahl selbst ergibt. Für die n-stellige Zahl a mit den Ziffern

$a_1, a_2, a_3, \ldots a_n$ muss gelten:

$$a = a_1^n + a_2^n + a_3^n + \ldots + a_n^n$$

Es gibt insgesamt nur 88 Armstrongzahlen.

| | | |
|---|---|---|
| 1 | = | $1^1$ |
| 9 | = | $9^1$ |
| 153 | = | $1^3+5^3+3^3$ |
| 407 | = | $4^3+0^3+7^3$ |
| 1634 | = | $1^4+6^4+3^4+4^4$ |
| 8208 | = | $8^4+2^4+0^4+8^4$ |
| 9474 | = | $9^4+4^4+7^4+4^4$ |
| 54748 | = | $5^5+4^5+7^5+4^5+8^5$ |
| 92727 | = | $9^5+2^5+7^5+2^5+7^5$ |
| 93084 | = | $9^5+3^5+0^5+8^5+4^5$ |
| 548834 | = | $5^6+4^6+8^6+8^6+3^6+4^6$ |
| 1741725 | = | $1^7+7^7+4^7+1^7+7^7+2^7+5^7$ |
| 4210818 | = | $4^7+2^7+1^7+0^7+8^7+1^7+8^7$ |
| 9800817 | = | $9^7+8^7+0^7+0^7+8^7+1^7+7^7$ |
| 9926315 | = | $9^7+9^7+2^7+6^7+3^7+1^7+5^7$ |
| 24678050 | = | $2^8+4^8+6^8+7^8+8^8+0^8+5^8+0^8$ |
| 24678051 | = | $2^8+4^8+6^8+7^8+8^8+0^8+5^8+1^8$ |
| 88593477 | = | $8^8+8^8+5^8+9^8+3^8+4^8+7^8+7^8$ |
| 534494836 | = | $5^9+3^9+4^9+4^9+9^9+4^9+8^9+3^9+6^9$ |
| 912985153 | = | $9^9+1^9+2^9+9^9+8^9+5^9+1^9+5^9+3^9$ |

$4679307774 = 4^{10}+6^{10}+7^{10}+9^{10}+3^{10}+0^{10}+7^{10}+7^{10}+7^{10}+4^{10}$

$2164049651 =$
$3^{11}+2^{11}+1^{11}+6^{11}+4^{11}+0^{11}+4^{11}+9^{11}+6^{11}+5^{11}+1^{11}$

$82693916578 =$
$8^{11}+2^{11}+6^{11}+9^{11}+3^{11}+9^{11}+1^{11}+6^{11}+5^{11}+7^{11}+8^{11}$

Die größte Armstrongzahl hat 39 Stellen:

$115132219018763992565095597973971522401 =$

$1^{39}+1^{39}+5^{39}+1^{39}+3^{39}+2^{39}+ \ldots +2^{39}+ 4^{39}+0^{39}+1^{39}$

## 14.14. Erhabene Zahlen

Wenn die Anzahl und die Summe der Teiler einer Zahl vollkommene Zahlen sind, dann nennt man diese Zahl erhaben. Bisher sind nur zwei erhabene Zahlen bekannt:

$n = 12$

$n =$
6086555670238378989670371734243169622657830773
3518859705283248605127 9

## 14.15. Zyklische Zahlen

Eine zyklische Zahl ist eine n-stellige Zahl, die durch die folgende Eigenschaft definiert ist: Wird diese Zahl mit einer natürlichen Zahl von 1 bis n multipliziert, so besitzt das Produkt die gleichen Ziffern wie die Ausgangszahl in derselben zyklischen Reihenfolge.

Alle zyklischen Zahlen sind Perioden von periodischen Zahlen, die man als Kehrwert bestimmter Primzahlen gewinnen kann.

Beispiel:

Der Kehrwert von 7 ist gleich 0,142857142857... und besitzt genau die erste zyklische Zahl als Periode:

1. Zyklische Zahl: 142857.

Solche Zahlen, deren Perioden zyklische Zahlen liefern, nennt man Generatorzahlen.

Beispiele für Generatorzahlen sind:

7, 17, 19, 23, 29, 47, 59, 61, 97, 109, 113, 131,...

| Beispiel: | | |
|---|---|---|
| a =1/17 = 0, 0588234294117647...(16-stellig) | | |
| 1 x a | 0, | 0588235294117647 |
| 2 x a | 0, | 1176470588235294 |
| 3 x a | 0, | 1764705882352941 |
| 4 x a | 0, | 2352941176470588 |
| 5 x a | 0, | 2941176470588235 |
| 6 x a | 0, | 3529411764705882 |
| 7 x a | 0, | 4117647058823529 |
| 8 x a | 0, | 4705882352941176 |
| 9 x a | 0, | 5294117647058823 |
| 10 x a | 0, | 5882352941176470 |
| 11 x a | 0, | 6470588235294117 |
| 12 x a | 0, | 7058823529411764 |
| 13 x a | 0, | 7647058823529411 |
| 14 x a | 0, | 8235294117647058 |
| 15 x a | 0, | 8823529411764705 |
| 16 x a | 0, | 9411764705882352 |

**Jede zyklische Zahl ist durch 9 teilbar!**

## 14.16. Vollkommene Zahlen

Eine natürliche Zahl heißt <u>vollkommen</u>, wenn sie gleich der Summe aller ihrer positiven Teiler außer sich selbst ist. Unbekannt ist

- ob es unendlich viele vollkommen Zahlen gibt
- ob ungerade vollkommene Zahlen existieren

**Satz:**

Der Term $2^{n-1}(2^n-1)$ stellt genau dann eine gerade vollkommene Zahl dar, wenn $2^n-1$ eine Primzahl ist.

Ist n keine Primzahl, so ist auch $2^n-1$ keine Primzahl !!

a)      Die ersten neun vollkommenen Zahlen:

$6 = 1 + 2 + 3 = 2(2^2-1)$

$28 = 1 + 2 + 4 + 7 + 14 = 2^2(2^3-1)$

$496 = 1+2+4+8+16+31+62+124+248 = 2^4 \times (2^5-1)$

$8128 = 2^6 \times (2^7-1)$

$33550336 = 2^{12} \times (2^{13}-1)$

$8589869056 = 2^{16} \times (2^{17}-1)$

$1378691328 = 2^{18} \times (2^{19}-1)$

$2305843008139952128 = 2^{30} \times (2^{31}-1)$

$2658455991569831744654692615953842176$
$= 2^{60} \times (2^{61}-1)$

**b) Vollkommene Zahlen und Kubikzahlen**

$28 \quad = 1^3 + 3^3$

$496 \quad = 1^3 + 3^3 + 5^3 + 7^3 = \sum_{n=1}^{4}(2n-1)^3$

$8128 = 1^3 + 3^3 + 5^3 + 7^3 + 9^3 + 11^3 + 13^3 + 15^3 \quad = \sum_{n=1}^{8}(2n-1)^3$

$33550336 \qquad\qquad\qquad = \sum_{n=1}^{64}(2n-1)^3$

$8\ 589\ 869\ 056 \qquad\qquad = \sum_{n=1}^{256}(2n-1)^3$

$137438691328 \qquad\qquad = \sum_{n=1}^{512}(2n-1)^3$

$2305843008139952128 \quad = \sum_{n=1}^{32768}(2n-1)^3$

**c)**

**Die Summe der Kehrwerte aller Teiler einer vollkommenen Zahl (einschließlich n ) beträgt 2!**

**Beweis:**

$\text{Summe}(\frac{1}{k}, k \text{ Teiler von n}) = \text{Summe}(\frac{k}{n}, k \text{ Teiler von n}) = \frac{1}{n}\sigma(n) = \frac{2n}{n} = 2$

## 14.17. Dreieckszahlen

Zählt man die Punkte, die in Form eines gleichseitigen Dreiecks angeordnet sind, so entstehen, die als Dreieckszahlen bekannt sind. Dreieckszahlen haben die Form T(n) = 1 + 2 + ... + n.

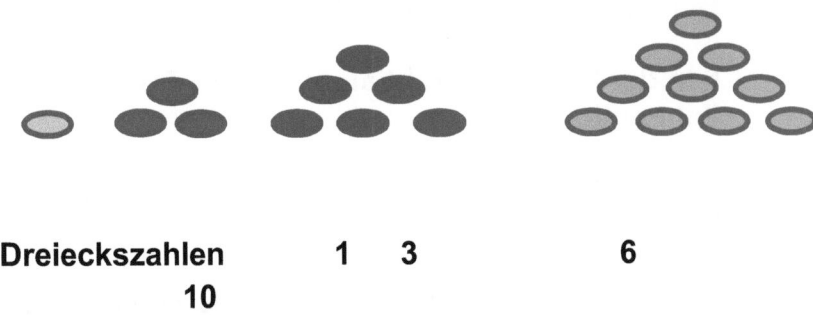

Dreieckszahlen     1   3      6
             10

Dreieckszahlen bis 1000:

0, 1, 3, 6, 10, 15, 21, 28, 36, 45, 55, 66, 78, 91, 105, 120, 136, 153, 171, 190, 210, 231, 253, 276, 300, 325, 351, 378, 406, 435, 465, 496, 528, 561, 595, 630, 666, 703, 741, 780, 820, 861, 903, 946, 990,

666 ist eine Dreieckszahl und die 666. Dreieckszahl lautet 222111.

**Resultat v on Gauss:**

*Jede natürliche Zahl lässt sich höchstens als Summe von drei Dreieckszahlen schreibe.*

## 14.18. Selbstdeskriptive Zahlen

Eine selbstdeskriptive Zahl ist eine natürliche Zahl m zur Basis a mit a Ziffern, in der jede Ziffer d an der Position b (beginnend mit der Position 0) angibt, wie oft die Ziffer b in der Zahl m vorkommt.

Beispiel:     6210001000 (Basis 10)

6 in der Position 0 gibt an, wie viele Ziffern Null die Zahl enthält.

2 in der Position 1 gibt an, wie viele Ziffern Eins die Zahl enthält.

1 in der Position 2 gibt an, wie viele Ziffern Zwei die Zahl enthält.

0 in der Position 3 gibt an, wie viele Ziffern Drei die Zahl enthält.

0 in der Position 4 gibt an, wie viele Ziffern Vier die Zahl enthält.

0 in der Position 5 gibt an, wie viele Ziffern Fünf die Zahl enthält.

1 in der Position 6 gibt an, wie viele Ziffern Sechs die Zahl enthält.

0 in der Position 7 gibt an, wie viele Ziffern Sieben die Zahl enthält.

0 in der Position 8 gibt an, wie viele Ziffern Acht die Zahl enthält.

0 in der Position 9 gibt an, wie viele Ziffern Neun die Zahl enthält.

Andere selbstdeskriptive Zahlen mit unterschiedlichen Basen sind:

| Basis | Selbstdeskriptive Zahl |
|-------|------------------------|
| 4 | 1210, 2020 |
| 5 | 21200 |
| 7 | 3211000 |
| 8 | 42101000 |
| 9 | 521001000 |
| 11 | 72100001000 |
| 12 | 821000001000 |
| 16 | 210000000001000 |

## 14.19. Pandigitale Zahlen

Ein pandigitale Zahl ist eine ganze Zahl, die jede der Zehn Ziffern nur einmal enthält (die erste Ziffer 0 ist ausgeschlossen).

(1)   9814072356   ist   die   größte   pandigitale Quadratzahl

(2)   3816547290 ist die einzige pandigitaleZahl, bei der die ersten *n* Ziffern (als Zahlen gelesen) jeweils durch *n* teilbar sind:

3 ist durch 1 teilbar
38 ist durch 2 teilbar
381 ist durch 3 teilbar
3816 ist durch 4 teilbar
38165 ist durch 5 teilbar
381654 ist durch 6 teilbar
3816547 ist durch 7 teilbar
38165472 ist durch 8 teilbar
381654729 ist durch 9 teilbar
3816547290 ist durch 10 teilbar

(3)

Jede pandigitale Zahl ist durch 9 teilbar.
Es gibt genau 9 x 9! = 3265920 pandigitale Zahlen.

# 15. Zahlenspiele

## 15.1.

Alle sechsstelligen Zahlen, die sich aus drei gleichen zweistelligen Zifferblöcken zusammensetzen lassen, sind durch 7 teilbar.

Beispiele:

646464 = 7 x 92352
919191 = 7 x 131313 = 7 x 7 x 18759

Quelle: Martin Gardner, Scientific American, September 1962

Alle sechsstelligen Zahlen, die sich aus zwei gleichen dreistelligen Zifferblöcken zusammensetzen lassen, sind durch 7, 11 und 13 teilbar:

Beispiele:          154154 =  7 x 11 x 13 x 154

                    783783 =  7 x 11 x 13 x 783

## 15.2.

Die Zahl 510510 ist das Produkt der ersten sieben Primzahlen und auch das Produkt von vier aufeinander folgenden Fibonaccizahlen:

510510 = 2×3×5×7×11×13×17 =
714×715 = 13×21×34×55

**15.3.**

Die fünfte Mersennesche Zahl lautet 31 (= $2^5$ - 1).   31 ist gleichzeitig Primzahl. Der Kehrwert von 31 besitzt eine 14-stellige Periode:

1 : 31 = 0,03 225 806 451 612 903 225...

Man beachte die Produkte:

| | | | |
|---|---|---|---|
| 032258 x 2= | 64516 | 032258 x 9= | 290322 |
| 032258 x 4= | 129032 | 032258 x 14= | 451612 |
| 032258 x 5= | 161290 | 032258 x 16= | 516128 |
| 032258 x 7= | 225806 | 032258 x 18= | 580644 |
| 032258 x 8= | 258064 | 032258 x 19= | 621902 |

03225+80645+16129=99999

032+258+0645+416+129=900.

**15.4.**

Jede ungerade nicht durch 5 teilbare Zahl n ist Teiler einer Zahl der Form 11111...11 deren Ziffernzahl m kleiner oder gleich n ist.

Beispiel:  73          11111111 : 73 = 152207

## 15.5.

Alle 6-, 12- 18- usw. stelligen, natürlichen Zahlen, die durch 7,11,13,27 und 37 ohne Rest teilbar sind, bleiben auch bei der zyklischen Vertauschung ihrer Ziffern weiterhin durch diese Zahlen teilbar.

| | |
|---|---|
| 104320895679 | 7 x 11 x 13  x 27 x 37 |
| 910432089567 | $3^3$ x 11 x13 x 37 x 71 x 12823 |
| 791043208956 | $2^2$ x $3^3$ x 11 x 13  x 17 x 37 x 11633 |
| 679104320895 | $3^3$ x 5 x $7^2$ x 11 x 13  x37 x 19403 |
| 567910432089 | $3^3$ x 7 x 11 x 13 x 37  x 151 x 3761 |
| 956791043208 | $2^3$ x $3^3$ x 7 x 11 x 13 x 37 x 199 x 601 |
| 895679104320 | $2^6$ x $3^5$ x 5 x 7 x 11 x 13 x 37 x 311 |
| 089567910432 | $2^5$ x $3^5$ x 7 x 11 x 13 x 37 x 311 |
| 208956791043 | $3^3$  x $7^2$ x 11 x 13 x 37 x 29851 |
| 320895679104 | $2^7$ x $3^3$ x 7 x 11 x 13 x 23 x 37 x 109 |
| 432089567910 | 2 x $3^5$ x 5 x 7 x 11 x 13 x 37 x 4801 |
| 043208956791 | $3^5$ x 7 x 11  13 x 37 x 4801 |

## 15.6.

a )
Die natürliche Zahl n hat die gleiche letzte Ziffer wie $n^5$.

b)
Es gibt keine Quadratzahl, die lauter gleiche Ziffern hat.

**15.7.**

Eine Zahl n ist genau dann durch 37 teilbar, wenn die Summe aus den von rechts gebildeten Dreierblöcken ( = $QS_{37}$ ) durch 37 teilbar ist.

(1)   $QS_{37}(357161) = 161+357 = 518 = 14 \times 37$

        d.h.  n = 357161 ist durch 37 teilbar

(2)   $QS_{37}(3695449) = 449+695+003 = 1147 = 31 \times 37$

        d.h.  n = 3695449 ist durch 37 teilbar

**15.8.**      Die erstaunliche Zahl 1089

a) Gegeben ist eine dreistellige Zahl  abc aus nicht gleichen  Ziffern.  Bildet  man  die  Differenz  zur gespiegelten Zahl cba so erhält man eine Zahl xyz. Addiert man zu xyz die Spiegelzahl zyx dann erhält man stets 1089

Beispiele:        583 – 385 = 198
                  714 – 417 = 297
                  198 + 891 = 1089
                  792 = 1089

b)              $33^2 = 1089 = 65^2 - 56$

**15.9.**

Man wähle eine beliebige, ungerade natürliche Zahl, die nicht durch 3 teilbar ist. Dann bilde man das Quadrat dieser Zahl und addiere 11. Das Resultat ist immer ohne Rest durch 12 teilbar!

Beispiel:

$713 \rightarrow 713^2 + 11 = 508369 + 11 = 508380$
$508380 : 12 = 42365$

$8185 \rightarrow 8185^2 + 11 = 66994225 + 11 = 66994236$
$66994236 : 12 = 5582853$

**15.10.** **Die besondere 22**

Wähle eine beliebige dreistellige Zahl, gebildet aus drei verschiedenen Ziffern. Schreibe alle zweistelligen Zahlen auf, die aus diesen drei unterschiedlichen Ziffern erzeugt werden können. Teile die Summe dieser sechs Zahlen durch die Quersumme der gewählten Zahl.

**Das Resultat ergibt in jedem Fall 22 !**

**Beispiel:** 415 **Quersumme = 4+5+1 = 10**

$41 + 45 + 14 + 54 + 15 + 51 = 220$
$220 : 10 = 22$

**Beweis:**

Die gewählte Zahl hat die Form n = 100x + 10y + z. Die Quersumme beträgt x + y + z. Die Summe der sechs zweistelligen Zahlen, die aus den drei Ziffern x, y und z gebildet werden können beträgt:

(10x+y)+(10y+x)+(10x+z)+(10z+x)+(10y+z)+(10z+y)

= 10 (2x+2y+2z)+(2x+2y+2z)

= 11·(2x+2y+2z)=22· (x+y+z)

22(x+y+z) : (x+y+z ) = 22

**15.11.**

Es seien n und m natürliche Zahlen. Dann gilt:

Eine der beiden Zahlen $\sqrt[n]{m}$ oder $\sqrt[m]{n}$ ist kleiner oder gleich $\sqrt[3]{3}$.

n = 8  m = 20

$\sqrt[8]{20}$  = 1,4542...

$\sqrt[20]{8}$  = 1,10956...

$\sqrt[3]{3}$  = 1,4422...

$\sqrt[20]{8}$ < $\sqrt[3]{3}$

290

**15.12.**

Gegeben sind zwei natürliche 3-stellige Zahlen, deren Summe 999 beträgt. Hängt man die zwei Zahlen aneinander, so entsteht eine 6-stellige Zahl, die ohne Rest durch 37 teilbar ist.

Beispiel: 537 + 462 = 999
537462 : 37 = 14526
462537: 37 = 12501

**15.13.** Kaprekar-Konstanten

Man nehme 4 beliebige Ziffern (alle vier Ziffern dürfen nicht gleich sein!) und bilde mit diesen Ziffern die größte und kleinste Zahl. Zieht man von der größeren die kleinere Zahl ab, so erhält man wiederum eine Zahl mit vier Ziffern. Wiederholt man diese Operation so wird man in jedem Fall nach endlich vielen Schritten die Zahl 6174 erhalten.

Die größte Zahl, die man aus den vier Ziffern 6,1,7,4 bilden kann, lautet 7641, die kleinste 1467. Die Differenz 7641 − 1467 ergibt wiederum 6174 und es bildet sich eine Endlosschleife. 6174 heißt Kaprekarkonstante für vierstellige Zahlen.

Beispiel:

5-7-1-2 7521-1257 = 6264
6642-2466 = 4176
7641-1467 = 6174

a)     Für zwei-, fünf- und siebenstellige Zahlen gibt es keine Kaprekar-Konstanten.

b)     Für drei-, sechs-, acht- neun- und zehnstellige Zahlen gibt es mehr als eine Kaprekar-Konstanten, die bei dem geschilderten Verfahren alternativ erreicht werden:

a) dreistellige Zahlen:     495

b) sechsstellige Zahlen:  549945, 631764

c) achtstellige Zahlen: 63317664, 97508421

d)  neunstellige Zahlen: 554999445, 864197532

e)  zehnstellige Zahlen 6333176664, 9753086421, 9975084201

**15.14.**

Genau dann, wenn die Differenz der beiden Summen der alternierenden Ziffern einer Zahl durch 11 teilbar ist, dann ist auch die Ausgangszahl durch 11 teilbar:

Beispiel:     614300906142

(6+4+0+9+6+4)–(1+3+0+0+1+2)=22 Vielfaches von 11

614300906142 : 11 = 55845536922

**15.15.**     **Wo steckt der Fehler?**

**(1)**      $-1 = (-1)^3 = (-1)^{6/2} = \sqrt[2]{(-1)^6} = \sqrt[2]{1} = +1$

     $-1 = +1$ (???)

     $1 = \sqrt{1} = \sqrt{(-1)(-1)} = \sqrt{(-1)}\,\sqrt{(-1)} = i \cdot i = i^2 = -1$

     $1 = -1$ (???)

**(2)**     
| | |
|---|---|
| $y = x$ | Multiplikation mit x ergibt: |
| $yx = x^2$ | Subtraktion von $y^2$: |
| $yx - y^2 = x^2 - y^2$ | |
| $y(x-y) = (x-y)(x+y)$ | Division durch $(x-y)$ |
| $y = x + y$ | |
| $x = y$ | siehe Start |
| $y = 2y$ | Division durch y |

     $1 = 2$  (???)

**(3)**      $(4-5)^2 \quad = (6-5)^2$

     **Wurzelziehen auf beiden Seiten:**

     $(4-5) \quad\quad = (6-5)$

     $-1 = +1$          (???)

**(4)**     
| | | |
|---|---|---|
| $1/4$ | $>$ | $1/8$ |
| $(1/2)^2$ | $>$ | $(1/2)^3$ |
| $\log[(1/2)^2]$ | $>$ | $\log[(1/2)^3]$ |
| $2 \times \log(1/2)$ | $>$ | $3 \times \log(1/2)$ |

     $2 > 3$  (???)

(5)

$(n + 1)^2 = n^2 + 2n + 1$
$(n + 1)^2 - (2n + 1) = n^2$

$(n + 1)^2 - (2n + 1) - n(2n + 1) =$
$n^2 - n(2n + 1)$
$(n + 1)^2 - (n+1)\cdot(2n + 1) = n^2 - n\cdot (2n+ 1)$.

**Addition von $0.25 (2n + 1)^2$ auf beiden Seiten liefert:**

$(n + 1)^2 - (n + 1) \cdot (2n+1) + 0.25 \cdot (2n\ 1)^2$
$= n^2 - n\cdot (2n+1) + 0.25 \cdot (2n + 1)^2$.

**Das kann auch geschrieben werden als:**
$[(n + 1) - 0.5 (2n+1)]^2 = [(n - 0.5 \cdot (2n + 1)]^2$.

**Wurzelziehen auf beiden Seiten ergibt:**
$n + 1 - 0.5 \cdot (2n + 1) = n - 0.5 \cdot (2n + 1)$.

**Also: $n = n + 1$     (???)**

(6)     $0 = \ln(1) = \ln(1^{-i}) = \ln((e^{2\pi i})^{-i}) = \ln (e^{(-i)(2\pi i)}) = \ln(e^{2\pi}) = 2\pi$

$0 = 2\pi$     (???)

(7)

$$25 - 45 = 16 - 36 \leftrightarrow 5^2 - 2 \times 5 \times \frac{9}{2} =$$

$$4^2 - 2 \times 4 \times \frac{9}{2}$$

$$5^2 - 2 \times 5 \times \frac{9}{2} + \frac{81}{4} = 4^2 - 2 \times 4 \times \frac{9}{2} + \frac{81}{4}$$

$$(5 - \frac{9}{2})^2 = (4 - \frac{9}{2})^2 \leftrightarrow 5 - \frac{9}{2} = 4 - \frac{9}{2}$$

$$5 = 4 \qquad (???)$$

(8)

$$a = b$$
$$ab = b^2$$
$$ab - a^2 = b^2 - a^2$$
$$a(b-a) = ((b-a)(b+a)$$
$$a = b+a$$
$$a = a + a$$
$$1 = 1 + 1$$
$$1 = 2 \qquad (???)$$

(9)

$$a + b = c$$

| | |
|---|---|
| $4a - 3a + 4b - 3b$ | $= 4c - 3c$ |
| $4a + 4b - 4c$ | $= 3a + 3b - 3c$ |
| $4(a + b - c)$ | $= 3(a + b - c)$ |
| $4 = 3$ | $(???)$ |

(11)

$$x = \frac{(\pi+3)}{2} \qquad \rightarrow 2x = \pi + 3$$

| | |
|---|---|
| $2x(\pi - 3)$ | $= (\pi + 3)(\pi + 3)$ |
| $2\pi x - 6x$ | $= \pi^2 - 9$ |
| $9 - 6x$ | $= \pi^2 - 2\pi x$ |
| $9 - 6x + x^2$ | $= \pi^2 - 2\pi x + x^2$ |
| $(3 - x)^2$ | $= (\pi - x)^2$ |
| $3 - x$ | $= \pi - x$ |
| $3 = \pi$ | $(???)$ |

**(12)** $\qquad \sin(\pi) = 0 \quad$ und $\sin(2\pi) = 0$

$\qquad\qquad \pi = 2\pi \quad \rightarrow \quad 1 = 2 \ (???)$

**(13)** $\qquad$ z = $e^{i\theta}$ stellt eine komplexe Zahl dar.

$\qquad z^{\frac{2\pi}{\theta}} = \left(e^{i\theta}\right)^{\frac{2\pi}{\theta}} = e^{2\pi i} = 1$

$\qquad$ z = 1 (???)

**(14)** $\qquad$ a und $\dfrac{3a}{2} = $ b

$\qquad \dfrac{12a}{2} = 4b = 6a$

$\qquad$ 6 = 21 − 15 und 4 = 14-10

$\qquad$ (14-10)b = (21-15)a

$\qquad$ 14b − 10b = 21a − 15a

$\qquad$ 21a = 15a + 14b -10b

$\qquad$ 7(3a − 2b) =5(3a-2b) $\qquad$ : (3a-2b)

$\qquad$ 7 = 5

## 15.16.

Die iterierten Quersummen zweiter Ordnung enden für alle Zahlen n > 1 mit 1 oder 89.

| Beispiel: 1723 | Beispiel: 44 |
|---|---|
| $1723 \rightarrow 1^2+7^2+2^2+3^2 = 63$ <br> $63 \rightarrow 6^2+3^2 = 45$ <br> $45 \rightarrow 4^2+5^2 = 41$ <br> $41 \rightarrow 4^2+12 = 17$ <br> $17 \rightarrow 1^2+7^2 = 50$ <br> $50 \rightarrow 5^2+0^2 = 25$ <br> $25 \rightarrow 2^2+5^2 = 29$ <br> $29 \rightarrow 2^2+9^2 = 85$ <br> $85 \rightarrow 8^2+5^2 = 89$ | $44 \rightarrow 4^2+4^2 = 32$ <br> $32 \rightarrow 3^2+2^2 = 13$ <br> $13 \rightarrow 1^2+3^2 = 10$ <br> $10 \rightarrow 1^2+0^2 = 1$ <br><br> **Zahlen unter 100 enden bei 1 !** |

**15. 17.**        Die verblüffende 123:

Man wähle eine beliebige natürliche Zahl (ohne jede Beschränkung):

     z.B.   139483728457

Man bilde eine neue Zahl, die sich aus den Ziffern der Anzahl der geraden Ziffern, der Anzahl der ungeraden Ziffern und der Gesamtzahl der Ziffern zusammensetzt:

Gerade Ziffern: 5    Ungerade Ziffern: 7
Gesamtzahl: 12

        5712

Das Verfahren wird mit dieser so gebildeten Zahl wiederholt:

Gerade Ziffern: 1    Ungerade Ziffern: 3
Gesamtzahl: 4

        134

Gerade Ziffern: 1    Ungerade Ziffern: 2
Gesamtzahl: 3

Endresultat: 123

Unabhängig von der gewählten Anfangszahl wird die Zahl 123 in jedem Fall nach endlich vielen Iterationen erreicht!

**15.18.**

a) Die Zahl 143 besitzt die folgende merkwürdige Eigenschaft:

Das Resultat der Multiplikation von 143 mit einer dreistelligen Zahl lässt sich auf folgende einfache Weise erreichen: Man verkette die 3-stellige Zahl mit sich selbst und teile die sechsziffrige Zahl durch 7. Das Resultat ist gleich dem Ergebnis der Multiplikation der Zahl mit 143.

Beispiele:

| | |
|---|---|
| 143 x 456 = 65208 <br> 456456 : 7 = 65208 | 143 x 712 = 101816 <br> 712712 : 7 = 101816 |

a)

Die Zahl 3367 besitzt eine analoge Eigenschaft:

Das Resultat der Multiplikation von 1367 mit einer zwei stelligen Zahl ergibt sich auch, wenn man die zweistellige Zahl dreimal hintereinander aufschreibt und die so gebildete sechsstellige Zahl durch 3 dividiert. Beispiele:

| | |
|---|---|
| 3367 x 56 = 188552 <br> 565656 : 3 = 188552 | 3367 x 71 = 239057 <br> 717171 : 3 = 239057 |

**15.19.** Der Steinhauszyklus

**Rekursive Rechenvorschrift:**

(1)    Man wähle eine beliebige 4-stellige Zahl
       abcd mit den Ziffern a,b,c,d.

(2)    Man bilde die Summe der Quadrate ihrer
       Ziffern

       $a^2 + b^2 + c^2 + d^2$

(3)    Man setze die Summe als neue Startzahl und
       wiederhole das Verfahren

Die rekursiv ausgeführte Rechnung führt nach endlich
vielen Schritten auf die Zahl 1 oder die zyklische
Folge:

$$145, 42, 20, 4, 16, 37, 58,89$$

**15.20.**

Jede natürliche Zahl ist Teiler einer Zahl von der Form
999...999000...000

Beispiel:    37 ist Teiler von 99900
            99900 : 37 = 2700

**15.21.**

Teilt man eine natürliche Zahl n durch 91 so erhält man immer eine Periode mit 6 Ziffern, die sich elegant berechnen lässt. Verfahren:

(1)     n lässt sich darstellen als n = a x 91 + r.
      r ist der ganzzahlige Rest bei Division von n durch 91.

(2)     Multipliziert man r mit 11 so erhält man eine dreistellige Zahl d. Die Ziffern von d − 1 ergeben die ersten drei Ziffern der Periode von $\frac{n}{91}$.

(3)     Subtrahiert man die dreistellige Zahl d-1 von 999, so erhält man eine dreistellige Zahl, deren drei Ziffern die letzten drei Stellen der Periode von $\frac{n}{91}$ ausmachen.

Beispiel 1:    7493 : 91
                7493 = 82 x 91 + 31
                31 x 11 − 1 = 340
                999 − 340 = 659
                7493 : 91 = 82,340659...

Beispiel 2:    89 : 91
                89 = 0 x 91 + 89
                89 x 11 − 1 = 978
                999 − 978 = 021
                89 : 91 = 0,978021...

**15.22.**

Die Gleichung $1^x = 2$ ist im Zahlenbereich der reellen Zahlen nicht lösbar. Im Komplexen gibt es Lösungen!

$1 = e^{2k\pi i}$ (Eulersche Identität)

$1^x = 2 = e^{\ln 2} = e^{x\,2k\pi i}$ $\qquad x = \dfrac{\ln 2}{2k\,i\,\pi}$ ( k = 1,2,3,... )

Die Gleichung $1^x = 2$ besitzt im Zahlenbereich der komplexen Zahlen unendliche viele Lösungen.

**15.23.**

Man nehme drei aufeinander folgende natürliche Zahlen. Die größte der drei Zahlen soll durch 3 teilbar sein. Man addiere die drei Zahlen und bilde die Quersumme des Ergebnisses. Dies wiederholt man solange, bis die Quersumme einstellig ist. Diese Zahl ist Sechs.

Beispiele:

a)      13+14+15 = 42
        42 → Quersumme 6

b)      289+290+291= 870
        870→ Quersumme =15
        15→ Quersumme = 6

**15.24.**

Für jede reelle Zahl t liegt der Punkt P(x,y) mit den Koordinaten

x= $\frac{2t}{t^2+1}$ und y = $\frac{t^2-1}{t^2+1}$ auf dem Einheitskreis K mit der

Gleichung : $x^2 + y^2 = 1$.

**15.25.**

Für eine beliebige Primzahl p größer als 3 gilt:
Wenn man p quadriert, die Zahl 14 dazu addiert und dann durch 12 teilt, erhält man immer den Rest 3 !

**15.26.**

F(n) = $\frac{71^n}{17^n}$ $\qquad \wedge \qquad$ $\lim\limits_{n \to \infty} F(n) = 4$

G(n) = $\frac{160^n}{17^n}$ $\qquad\qquad$ $\lim\limits_{n \to \infty} G(n) = 9$

**15.27.**

Kneipenmathematik: Für jeden der im Jahr (2018+n) lebt und noch nicht in diesem Jahr Geburtstag hatte gilt die Gleichung:

(77 + n ) Bier – Dein Alter + 40  Euro =

Dein Geburtsjahr (letzten zwei Ziffern).

**15.28.**

Gegeben ist eine natürliche Zahl n mit den folgenden Eigenschaften:

(a)   Die Ziffern von n sind alle unterschiedlich

(b)   Die Reihenfolge der Ziffern ist aufsteigend

Multipliziert man diese Zahl mit 9 so erhält man als Ergebnis immer eine Zahl, deren Quersumme genau 9 beträgt.

Beispiel:  n = 24589     → 9 x 24589 = 221301

Die Quersumme von 221301 ist 9 !

Beispiel:  n = 13 689     → 9 x 13689 = 123201

Die Quersumme von 123201 ist 9 !

**15.29.**

Eine Zahl der Form $n^7 - n$ ist durch 42,84 und 168 teilbar, wenn n ungerade ist.

**15.30.**

Weihnachten und Halloween vereint:
31 Oct = 25 Dec

**15.31.**     Das Ducci Verfahren

(a)     Man wähle vier beliebige natürliche Zahlen und schreibe sie nebeneinander.

(b)     Dann bildet man den Betrag der Differenz jeder Zahl zur nächsten. Für die 4.Zahl ist die Differenz zur 1.Zahl zu berechnen. bei der vierten Zahl zur ersten.

(c)     Mit den vier Ergebniszahlen (Vorzeichen spielen keine Rolle) wird das Verfahren wiederholt.

**Beispiele:**

| 78 | 9  | 21 | 37 |
|----|----|----|----|
| 69 | 12 | 16 | 41 |
| 57 | 4  | 25 | 18 |
| 53 | 21 | 7  | 39 |
| 32 | 14 | 32 | 14 |
| 18 | 18 | 18 | 18 |
| 0  | 0  | 0  | 0  |

| 7 | 11 | 12 | 3 |
|---|----|----|---|
| 4 | 1  | 9  | 4 |
| 3 | 8  | 5  | 0 |
| 5 | 3  | 5  | 3 |
| 2 | 2  | 2  | 2 |
| 0 | 0  | 0  | 0 |

Führt man das Verfahren oft genug, so endet die Iterationsfolge nur mit Nullen.

**15.32.**

Gegeben ist der Bruch: $\dfrac{101010101}{110010011}$

Ersetzt man die zentrale 1 durch eine beliebige ungerade Zahl von Einsen, so bleibt der Wert des Bruches erhalten!

$$\frac{101010101}{110010011} = \frac{10101110101}{11001110011} = \frac{1010111110101}{1100111110011} = \frac{101011111110101}{110011111110011} \cdots$$

**15.33.**

Wenn man zu einer zweistelligen Zahl (die Ziffern sollen unterschiedlich sein) die Spiegelzahl bildet und die kleinere der beiden von der größeren abzieht erhält man wieder eine zweistellige Zahl. Addiert man zu dieser Zahl ihre Spiegelzahl, so ergibt sich immer 99

Beispiele:     72 – 27 = 45     45 + 54 = 99

21 – 12 = 90     09 + 90 = 99

**15.34.**

a)  $n^x - n^{x-4}$ ist für $n > 7$ ohne Rest durch 240 teilbar.

b) $n^8 - 1$ ist ohne Rest durch 480 teilbar wenn n eine Primzahl größer als 5 ist.#

**15.35.**

(a)     Jede ganze Zahl der Form xyzxyz ist ohne Rest
durch 77 teilbar:

$$987987 : 77 = 12831$$
$$124124 : 77 = 1612$$

(b)     Jede ganze Zahl der Form xyz5xyz5 ist ohne
Rest durch 5, 73 und 137  teilbar:

$$93759375 : 137 \quad = 684375$$
$$93759375 : 73 \quad = 1284375$$
$$93759375 : 5 \quad = 18751875$$

(c )   Ein Zahl der Form abcdefghiabcdefghi ist
immer durch 19  teilbar:

$$124758233124758233 : 19 = 6566222796039907$$

(d)     Eine Zahl der Form $n^m - n^{m-4}$ ist für alle $m > 7$
durch 240 teilbar.

( e)   Teilt man die sechsstellige Zahl ababab durch 7
so erhält man das 1443-fache von ab

Beispiel_

$$272727 : 7 = 38961 \quad \text{und} \quad 38961 = 27 \times 1443$$

**15.36.**

Gegeben ist das lineare 2 x 2 Gleichungssystem

88445 x  + 887112 y = 1
887112 x + 885781 y = 0

Eindeutige Lösung:  x = 885781  und y = - 887112

**15.37.**

Die Zahl n! endet auf r Nullen:

$$r = \sum_{i=1}^{j} \left[ \frac{n}{5^i} \right] \text{ und } j = \left[ \frac{\log_{10} n}{\log_{10} 5} \right]$$

**15.37.**

Der kleinste Kugelradius mit ganzahligen Oberflächenpunkte der Kugel ist r = 3. Die Gesamtzahl 30 ergibt sich, wenn man in der einzigen Möglichkeit $3^2$ $= 1^2 + 2^2 + 2^2$ zunächst die Koordinaten vertauscht, was dreimal möglich ist, und dann mit der Zahl acht der Kugeloktanden multipliziert. Dazu kommen die die 6 Lösungen (3,0,0),(-3,0,0), (0,3,0), (0.-3,0), (0,0,3) und (0,0,-3)

**15.38.**

(1)

$12^2$ x 1122334455667789 = 161616161616161616

(2)

17 x 65359477124183 = 1111111111111111

**15.39.**

Man wähle eine beliebige dreistellige Zahl abc und multipliziere sie nacheinander mit 3,3,3,7,11,13 und 17. Addiert man zu dem Resultat abc dann erhält man abc000000.

257 x 3 = 771

771 x 3 = 2313

2313 x 3 = 6939

6939 x 7 = 48573

48573 x 11 = 534303

534303 x 13 = 6945939

6945939 x 37 = 256999743

256999743 + 257 = 257000000

**15.40.**

Der Ausdruck $p^{12} - q^{12}$ ist teilbar durch 13 nur dann, wenn p und q jeweils nicht durch 13 teilbar sind.

Beispiel: $\dfrac{21^{12} - 17^{12}}{13} = 512015790319760$

**15.41.** Die unendliche Schleife 6174

Man wähle eine beliebige vierstellige Zahl mit der Bedingung, dass nicht alle Ziffern gleich sind.

(1) Man bilde aus den vier Ziffern der Zahl durch Umordnung die größte Zahl, die möglich ist.

(2) Man bilde aus den Ziffern der Zahl durch Umordnung die kleinste Zahl, die möglich ist.

(3) Danach ziehe man die kleinere von der größeren Zahl ab.

(4) Das Verfahren wird mit der neuen Zahl so lang wiederholt, bis die Zahl 6174 erscheint

(5) Wendet man das Verfahren auf die Zahl 6174 an, dann ergibt sich eine Endlosschleife.

**Beispiel:**  5381 → 8531 – 1358   = 7173

7171 → 7711 – 1177   = 6534

6534 → 6543 – 3456   = 3087

3087 → 8730 – 0378   = 8352

8352 → 8532 – 2358   = 5994

5994 → 9954 – 4599   = 5355

5355 → 5553 – 3555   = 1998

1998 → 9981 – 1899   = 8082

8082 → 8820 – 0288   = 8532

8532 → 8532 – 2358   = 6174

6174 → 7641 – 1467   = 6174

**15.42.**

**48988659276962496 ist die kleinste Zahl, die sich auf fünf verschiedene Arten als Summe von zwei Kubiken darstellen lässt:**

$231518^3 + 331954^3 = 221424^3 + 336588^3 =$
$205292^3 + 342952^3 = 107839^3 + 362753^3 = 38787^3 + 365757^3$

**15.43.**

$1222222222^2$ = 1493827159950617284
$2222222221^2$ = 4938271599506172841

**15.44.**

a) $540^3$ = $\sum_{n=34}^{n=158} n$     b)     $29880^3$ = $\sum_{n=1134}^{n=2133} n$

c) $2856^3$ = $\sum_{n=213}^{n=555} n$

**15.45.**

Die Jacobi-Madden Gleichung $a^4+b^4+c^4+d^4$ = $(a+b+c+d)^4$ besitzt unendlich viele Lösungen:

**Beispiel:**

$(-31764)^4 + 27385^4 + 48150^4 + 7590^4$ = $(31764+27385+48150)^4$

**Quelle:** https://en.wikipedia.org/wiki/Jacobi%E2%80%93Madden_equation

**15.46.**

$$15501 \quad = \quad \frac{1^9 + 5^9 + 5^9 + 0^9 + 1^9}{1^3 + 5^3 + 5^3 + 0^3 + 1^3}$$

$$231591 \quad = \quad \frac{2^7 + 3^7 + 1^7 + 5^7 + 9^7 + 1^7}{2 + 3 + 1 + 5 + 9 + 1}$$

**15.47.**

## Eine alternative Multiplikationsmethode:

97 x 96 =9312
100-97=3      100-96=4
4+3=7 und 100 – 7 = <u>93</u>                    4 x 3 = <u>12</u>

9312

--------------------------------------------------------------------------

67 x 82 = 5   494
100-67 = 33          100- 82=18
33+18= 51 und 100-51 = <u>49</u>               33 x 18= <u>594</u>

49—
+594
-------
5494

**15.48.**

121          $= \dfrac{22 \times 22}{1+2+1}$

12321        $= \dfrac{333 \times 333}{1+2+3+2+1}$

123421       $= \dfrac{4444 \times 4444}{1+2+3+4+3+2+1}$

1234521      $= \dfrac{55555 \times 55555}{1+2+3+4+5+4+3+2+1}$

**15.49.**

Die Gleichung $x^3 + y^3 + z^3 = (x \cdot y \cdot z)^2$ hat als einzige Lösung:

$$x = 1 \quad y = 2 \quad \text{und} \quad z = 3$$

**15.50.**

Bisher sind von der Kongruenz $2^n \equiv 3 \ (\bmod \ n)$ nur zwei Lösungen bekannt.

$$n = 4700063497$$

n=631307074511344359893801400598661388306233614474842747744099906755

**15.51.**

Man wähle eine beliebige Zahl zwischen 10 und 33. Verkettet man diese Zahl mit ihrem Doppelten und ihrem Dreifachen, so erhält man eine sechsstellige Zahl. Dividiert man diese Zahl durch 57 und danach durch die Ausgangszahl, dann ergibt sich als Ergebnis 179

Beispiele:

| 12 | 27 |
|---|---|
| 122448 : 57 = 2148 | 275481: 57= 4833 |
| 2148: 12 = 179 | 4833:27 = 179 |

**15.52.**

a) Man wähle eine Ziffer a. Wenn man die neunstellige Zahl aaa000aaa nacheinander durch 37,101 und durch das Dreifache von a teilt, ergibt sich die Zahl 9901.

Beispiel:    777000777 : 37 = 21000021
            21000021 : 101 = 207921
            207921 : (3 x 7 ) = 9901

b) Man wähle eine Ziffer a. Wenn man die sechsstellige Zahl aaaaaa nacheinander durch 37, 39 und a teilt, erhält man als Ergebnis die Zahl 77.

Beispiel:    555555: 37 = 15015
            150125:39  = 385
            385 : 5     = 77

c) Man wähle eine beliebige vierziffrige Zahl abcd und verkette sie mit sich selbst zu der achtziffrigen Zahl abcdabcd. Dann gilt:

$$\frac{abcdabcd}{137 \; x \; abcd} = 73$$

### 15.53. Der Multipleier-Teilbarkeitstest

Gegeben ist eine natürliche Zahl n = 10 x k + d. Dabei bezeichnet d die letzte Ziffer der Zahl n und k die Zahl, die entsteht, wenn man die letzte Ziffer weglässt:  k = $\frac{n-d}{10}$.

Wenn es für einen Teiler p eine Zahl m gibt, so dass n und k + md beide teilbar durch p oder beide nicht teilbar durch p sind für alle k und d, dann nennt man m einen Multipleier für den Multipleier-Teilbarkeitstest für den Teiler p.

Tabelle für die Werte von m des Multipleier-Teilbarkeitstes:

| Teiler | m |
|--------|-----|
| 7 | -2 |
| 9 | +1 |
| 11 | -1 |
| 13 | +4 |
| 17 | -5 |
| 19 | +2 |
| 21 | -2 |
| 23 | +7 |
| 27 | -8 |
| 29 | +3 |

**Beispiele:**

a) Untersuchung von 9854 auf Teilbarkeit durch 13

Multipleier m = +4

9854 = 9850 + 4
985 + 4 x 4  = 1001 = 1000 + 1
100 + 4 x 1 = 104   = 100 + 4
10 + 4 x 4 = 26

26 ist teilbar durch 13, daher  ist 9854 ebenfalls teilbar durch 13.


b) Untersuchung von 22765 auf Teilbarkeit durch 29

Multipleier m = +3

22765 = 22760 + 5
2276 + 3 x 5 = 2291 = 2290 + 1
229  + 3 x 1 =  232  = 230 + 2
23 + 3 x 2 = 29

29 ist durch 29 teilbar, daher auch die Zahl 22765.

Quelle:   Clayton Dodge, Divisibility Tests, PI MU Epsilo Jouirnal , Vol.10. Spring 1999

**15.54.**

Man wähle eine beliebige Zahl zwischen 10 und 1000. Subtrahiert man von dieser Zahl ihre Quersumme und bildet von dieser neuen Zahl die Quersumme, dann ergibt sich immer 9 oder 18.

Beispiel: 756

756 -18 = 733

Quersumme von 738 = 18

**15.55.**

Die Summe der ersten n Kubikzahlen ist gleich dem Quadrat der Summe der ersten n Zahlen:

$$\sum_{i=1}^{n} i^3 = \left(\sum_{i=1}^{n} i\right)^2$$

**15.56**

$$\lim_{n\to\infty} \left(1+\frac{1}{n}\right)^{\left(1+\frac{1}{n-1}\right)^{\left(1+\frac{1}{n-2}\right)^{\left(1+\frac{1}{n-3}\right)\dots^{\left(1+\frac{1}{1}\right)}}}} = 1$$

**15.57.**

Es gibt genau 12 Möglichkeiten alle Zahlen zwischen 1 und 9 zu verwenden, um einen Bruch zu bilden, dessen Wert 0,5 ist.

Dabei hat $\frac{6729}{13458}$ den kleinsten Zähler und Nenner und $\frac{9327}{18654}$ die größten.

**15.58.**

GM = Geometrisches Mittel

AM = Arithmetisches Mittel

Die GM-AM-Ungleichung lautet:

$$\frac{a_1 + a_2 + a_3 + \cdots + a_n}{n} \geq \sqrt[3]{a_1 a_2 a_3 \ldots a_n}$$

Das Gleichheitszeichen gilt nur, wenn

$$a_1 = a_2 = a_3 = a_4 = \ldots = a_n$$

**15.59.**

Das Produkt aller echten Teiler von 48 ergibt $48^4$.

**15.60.**

Jede Zahl >77 lässt sich als Summe von natürlichen Zahlen darstellen, deren Kehrwerte sich zu eins aufaddieren.

**15.61.**

Das Manipulieren einer Zahl zu ihrer Reproduktion funktioniert wie folgt:

1. Man teilt die Zahl in 3 vierstellige Zahlen auf und dreht diese um 90°

2. Danach schreibt man diese neuen 4 dreistelligen Zahlen untereinander auf (die Summe ist nicht relevant)

3. Bildet man drei neue Zahlen mit jeweils einer Ziffer aus jeder Reihe, ergibt die Summe immer die ursprüngliche Zahl !

Beispiel:

1.    11359 = 1847 + 5913 + 3599

2.    351

      598

      914

      937

3.    1947 + 5899 + 3513 = 11359

**15.62.**

Ein interessante Multiplikationstabelle:

|   | 1 | 2 | 3 | 4 | 5 | 6 | 7 | 8 | 9 |
|---|---|---|---|---|---|---|---|---|---|
| 1 | 1 | 2 | 3 | 4 | 5 | 6 | 7 | 8 | 9 |
| 2 | 2 | 4 | 6 | 8 | 1 | 3 | 5 | 7 | 9 |
| 3 | 3 | 6 | 9 | 3 | 6 | 9 | 3 | 6 | 9 |
| 4 | 4 | 8 | 3 | 7 | 2 | 6 | 1 | 5 | 9 |
| 5 | 5 | 1 | 6 | 2 | 7 | 3 | 8 | 4 | 9 |
| 6 | 6 | 3 | 9 | 6 | 3 | 9 | 6 | 3 | 9 |
| 7 | 7 | 5 | 3 | 1 | 8 | 6 | 4 | 2 | 9 |
| 8 | 8 | 7 | 6 | 5 | 4 | 3 | 2 | 1 | 9 |
| 9 | 9 | 9 | 9 | 9 | 9 | 9 | 9 | 9 | 9 |

In den Ergebnisfeldern stehen die iterierten Quersummen der Resultate der Multiplikation.

Beispiel: $7 \times 7 = 49 \rightarrow 13 \rightarrow 4$

$5 \times 6 = 30 \rightarrow 3$

**15.63.**

Es gibt eine spezielle Methode das Quadrat einer Zahl schnell zu berechnen:

Beispiele: $54^2 = 50 \times 58 + 4^2 = \frac{5800}{2} + 16 = 2916$

$$37^2 = 40 \times 34 + 3^2 = 1360 + 9 = 1369$$

$$116^2 = 100 \times 132 + 16^2 = 1320 + 256 = 13456$$

Begründung: $a^2 = (a-b)(a-b) + b^2$

**15.64.**

73 ist eine besondere Zahl:

73 ist die 21. Primzahl. Ihre Spiegelzahl ist die Primzahl 37.

37 ist die 12.Primzahl und ihre Spiegelzahl 21 ist gleich 7 x 3.

Die Binärdarstellung von 73 ist die palindromische Zahl 1001001.

Die Eigenschaften der Zahl 73 wurden in der 73. Folge der Fernsehserie Big Bang Theory von Sheldon Cooper (Geburtsjahr 1973) mitgeteilt.

**15.65.**

Man nehme eine dreistellige Zahl mit identischen Ziffern. Dann bilde man die Quersumme. Teilt man die Zahl durch ihre Quersumme, dann erhält man immer als Ergebnis 37:

Beispiele:

444 → 4+4+4= 12

444 : 12 = 37

777 → 7+7+7=21

777 : 21 = 37

**15.66.**

Die Multiplikation einer Zahl mit gleichen Ziffern mit 9 ist einfach:

Die Ziffer sei x. Man multipliziere x mit 9. Das Ergebnis ist eine zweistellige Zahl ab. Die erste Ziffer a setze man an den Anfang, gefolgt von x-1 Neunen. Die letzte Stelle ist dann b.

Beispiel:    44444 x 9  → 4 x 9 = 36

4444 x 9 = 39996

**15.67**

Man wähle eine dreistellige Zahl mit jeweils drei
verschiedenen Ziffern. Danach schreibe man alle
zweistelligen Zahlen auf, die sich aus den Ziffern der
gewählten Zahl bilden lassen. Teilt man die Summe
dieser zweistelligen Zahlen durch die Summe der
Ziffern der ursprünglich gewählten Zahl, so erhält man
immer 22.

Beispiel:

348   → 34, 38, 48,43,83, 84

34+38+48+43+83+84 = 330

330 : (3+4+8) = 22

# 16. Primzahlkuriositäen

## 16.1.

Die Summe der Primzahlen, die kleiner als die Primzahl 369119 sind, beträgt 537154119. Diese Zahl ist ohne Rest durch 369119 teilbar!

5537154119 : 369119 = 15001

## 16.2. Primzahlmuster

(1)    193939, 939391, 393919, 939193, 391939, 919393

(2)    13,139,1399,13999,139991,1399913,13999133

(3)    7272727272727272727272727272727272727272
       7272727272727272727272727272727272727272
       72727272727272727272727
       (99 Ziffern) .

(4)
       12345678912345678912345678912345678912345
       6789123456789123456789123 4567
       (70 Ziffern) .

(5)    9090909090909090909090909090909090909090909
       09090909091
       (52 Ziffern)

(6)     $10^{506} - 10^{253} - 1 =$

99999999999999999999999999999999999999
99999999999999999999999999999999999999
99999999999999999999999999999999999999
99999999999999999999999999999999999999
99999999999999999999999999999999999999
99999999999999999999999999999999999999
99999999999998999999999999999999999999999
99999999999999999999999999999999999999
99999999999999999999999999999999999999
99999999999999999999999999999999999999
99999999999999999999999999999999999999
99999999999999999999999999999999999999
9999999999999999999999999999

(506 Ziffern)

(7)     347182965 : (3+4+7+1+8+2+9+6+5) = 7715177

(8)     Verkettung der drei Primzahlen 167, 457 und
        60961 ist ebenfalls eine Primzahl.

                    16745760961

(9)     3 x 103 - 2,
        3 x $2^{103}$-1
        103 x $2^3$-1

326

(10)    Eine zirkuläre Folge von Primzahlen:

19937,99371,93719,37199,71993

(11)    Primzahlreihe:

9901,99990001, 999999000001,
9999999900000001

(12)    $2^{12} + 2^{12} + 3^{12}$ ist eine Primzahl und es gilt

2 x 2 x 3 = 12

(13)    Primzahlreihe:

6089, 60899, 608999, 6089999, 60899999,
608999999.

(14)    Primzahlreihe:

2,29,293,2939,29399,293999,2939999,29399999

(15)    -1+234 x $5^6$  und -+1+234 x $5^6$
sind Primzahlzwillinge

16.3.

Die unendliche Reihe der Kehrwerte der Primzahlen
ist divergent!

$$\sum_p \frac{1}{p} = \frac{1}{2} + \frac{1}{3} + \frac{1}{5} + \frac{1}{7} + \frac{1}{11} + \frac{1}{13} + \frac{1}{17} + \dots = \infty$$

**16.4.**     e-Primzahl

2 718 281 828 459 045 235 360 287 471 352 662 497 757 247 093 699 959 574 966 967 627 724 076 630 353 547 594 571

Die Ziffernfolge dieser Primzahl ist identisch mit den ersten 81 Stellen der Eulerschen Zahl e.

**16.5.**

Die größte bisher berechnete Primzahl lautet (Stand Januar 2018):

$2^{82589933}-1$                    (24862048 Ziffern)

**16.6.**

Die Zahlen 1487, 4817, 8147 bestehen aus denselben Ziffern, sie sind prim und bilden außerdem eine arithmetische Progression.

|  |  |  |
|---|---|---|
| 1487 | +3330 | = 4817 |
| 4817 | + 3330 | = 8147 |

**16.7.**

Die kleinste Primzahl mit tausend Stellen lautet:

$10^{999} + 7$

**16.8.**

Palindromische Primzahlen sind Primzahlen, deren Ziffernfolge ein Palindrom darstellt:

2, 3, 5, 7, 11, 101, 131, 151, 181, 191, 313, 353, 373, 383, 727, 757, 787, 797, 919, 929, 10301, 10501, 10601, 11311, 11411, 12421, 12721, 12821, 13331, 13831, 13931, 14341, 14741, 15451, 15551, 16061, 16361, 16561, 16661, 17471, 17971, 18181, ...

(1) Die größte bisher (2014) berechnete Palindromprimzahl lautet:

$$10^{474500} + 999 \cdot 10^{237249} + 1 \quad (474501 \text{ Stellen})$$

Quelle: http://primes.utm.edu/top20/home.php

(2) 8114128 ist ein Palindrom. Die 8114128te Primzahl ist ebenfalls ein Palindrom und lautet: 1437867341

(3) Verkettet man alle Palindrome zwischen 1 und 101 zu einer ganzen Zahl, so ergibt sich eine Primzahl:

1234567891122334455667788991 01

(4) Es gibt keine vierstelligen Primzahlpalindrome - alle 4-stelligen Palindromzahlen sind durch 11 teilbar!

## 16.9. Primzahlpyramiden:

Eine palindromische Primzahlpyramide:

```
                    2
                  30203
                133020331
              1713302033171
            12171330203317121
          151217133020331712151
        18151217133020331712151 81
      1618151217133020331712151 81 61
    331618151217133020331712151 81 6133
  9333161815121713302033171215181613339
11933316181512171330203317121518161333911
```

Quelle: Chris Caldwell and G. L. Honaker, Jr.'s
http://primes.utm.edu/glossary/page.php/PalindromicPrime.html

## 16.10.

Der große Mathematiker Carl Friedrich Gauß wurde am 30.04.1777 geboren. Die Zahl 30041777 ist eine Primzahl!

## 16.11.

Das Produkt der ersten acht Primzahlen dividiert durch 10 ergibt eine palindromische Zahl:

2× 3 × 5 × 7 × 11 × 13 × 17 × 19 : 10 = 969969

## 16.12.

2010 wurde eine Folge von 10 aufeinander folgenden Primzahlen gefunden, die alle umkehrbar sind, d.h. dreht man die Reihenfolge der Ziffern der Zahl um, so entsteht wieder eine Primzahl.

| | |
|---|---|
| 91528739 | 93782519 |
| 91528777 | → 77782519 |
| 91528807 | → 70882519 |
| 91528817 | → 71882519 |
| 91528819 | → 91882519 |
| 91528823 | → 32882519 |
| 91528837 | → 73882519 |
| 91528841 | → 14882519 |
| 91528903 | → 30982519 |
| 91528939 | → 93982519 |

Quelle: Felice Russo

## 16.13.

Zwischen $10^{44}$ + 4444 und $10^{44}$ gibt es 44 Primzahlen. Die stärkere Form des Primzahlsatzes besagt, dass der Integrallogarithmus Li(x) eine gute Näherung für die Anzahl der Primzahlen bis zur Zahl x ist.

$$\lim_{x \to \infty} \frac{Li(x)}{\pi(x)} = 1$$

mit $\pi(x)$ = Anzahl der Primzahlen bis zur Zahl x

$Li(10^{44} + 4444) - Li(10^{44}) \approx 44$

Quelle: Wolfram Alpha

**16.14.**

Ein Magisches Primzahlquadrat mit 9 aufeinander folgenden Primzahlen:

| 1480028201 | 1480028129 | 1480028183 |
|------------|------------|------------|
| 1480028153 | 1480028171 | 1480028189 |
| 1480028159 | 1480028213 | 1480028141 |

Quelle: Harry L. Nelson, A consecutive-Prime 3 x 3 Magic Square, Journal of Recreational Mathematics, 20:3, 1988, 214-216.

**16.15.**

Die größte bisher (2013) berechnete Primzahl der Form $m^n + n^m$ lautet:   $70^{5041} + 5041^{70}$

**16.16.**

Gegeben sind die folgenden komplexen Zahlen

$$x = 1 + i\sqrt{3} \qquad y = 1 + i\sqrt{3} \qquad z = 2$$

Dann gilt für alle Primzahlen $p > 3$ die folgende Relation:

$$x^p + y^p = z^p$$

**16.17.**

Jede Primzahl, die bei der Division durch 4 den Rest 1 besitzt, lässt sich als Summe von zwei Quadratzahlen darstellen.

**16.18.**

Es gibt eine Zahl A > 1 so, dass $\lfloor A^{3^n} \rfloor$ für jedes n eine Primzahl darstellt. Dabei bedeutet $\lfloor x \rfloor$ die größte ganze Zahl, die kleiner oder gleich x ist.

Quelle: Ribenboim, Welt der Primzahlen, S.141

**16.19 .**

Fib(81839) ist die bisher (April 2001) größte bekannte Fibonaccizahl, die auch Primzahl ist. Diese Zahl hat die Form 97724940760...46561 und besitzt 17103 Stellen.

Quelle:http://www.maths.surrey.ac.uk/hostedsites/R.Knott/Fibonacci/fib maths.html

**16.20.**

Die Summe aller Primzahlen von 7 bis 53 ist gleich

7 x 53 =7+11+13+17+19+23+29+31+37+41+43+47+53
= 371

**16.21.**

Die größte Primzahl, die in der Bibel erwähnt wird, ist 22273 (Numeri, 3:43).

**16.22.**

Die Zahlen 1006301,1006303,1006307,10006309 bilden einen Primzahlvierling. Die Quersummen dieser vier Zahlen ergeben den ersten Primzahlvierling:

11,13,17,19.

**16.23.**

Die Summe der ersten 37 Primzahlen ist eine Fibonaccizahl !

**16.24.**

Das 65537-Eck ist das größte bisher bekannte Vieleck, das mit Zirkle und Lineal konstruiert werden kann und das eine prime Anzahl von Kanten besitzt.

**16.25.**

(1) Die Primzahl 35768631264621656767629137 ist linksstutzbar. D.h. nach dem sukzessiven Wegstreichen der jeweils linken Ziffer sind die Restzahlen ebenfalls Primzahlen.

35768631264621656767629137
5768631264621656767629137
768631264621656767629137
68631264621656767629137
8631264621656767629137
631264621656767629137
31264621656767629137
1264621656767629137
264621656767629137
64621656767629137
4621656767629137
621656767629137
21656767629137
1656767629137
656767629137
56767629137
6767629137
767629137
629137
29137
9137
137
37
7

(2)      73939133 ist größte bisher bekannte
         rechtstutzbare Primzahl:

(3)      29399999 ist die kleinste rechtsstutzbare
         Primzahl.

**16.26.**

Das Produkt der vier aufeinander folgenden
Fibonaccizahlen Fib(6)=13, Fib(7)=21 , Fib(8) = 34 und
Fib(9)= 55 ist gleich dem Produkt der ersten sieben
Primzahlen

Fib(6) x Fib(7) x Fib(8) x Fib(9)  = 13 x 21 x 34 x 55 =
13 x 3 x 7 x 2 x 17 x 5 x 11

**16.27.**

$10^{23} - 23$ = 99999999999999999999977 ist die größte 23-
stellige Primzahl.

**16.28.**      Primzahlerzeugenden Polynome

(1)    Das Polynom 1.Ordnung (lineare Funktion)
       f(x) = 44546738095860 $x$ + 56211383760397
       erzeugt für n = 1,2,3,... 23 Primzahlen!

(2)    Die Funktion f(x) = $x^2$ - $x$ + 41 (Euler, 1772) liefert
       Primzahlen für die ganzzahligen Argumente von
       0 bis 40. Für x = 0 ... 40 ergeben sich die
       Primzahlen:

41,43,47,53,61,71,83,97,113,131,151,173,197,223,
251,281,313347,383,421,461,503,547,593,641,691
,743,797,853,911,971,1033,1097,1163,1231,1301,
1373,1447,1523,1601

(3)   Das Polynom f(x) = 36$x^2$ - 810$x$ + 2753 liefert
Primzahlen für die ganzzahligen Argumente von
0 bis 44.

Für x = 0,... ,44 ergeben sich die Primzahlen:

2754,34487,32237,30059,27953,25919,23957,
22067,20249,18503,16829,15227,13697,12239,
10853,9539,8297,7127,6029,5003,4049,3167,
2357,1619,953,359,-163,-613,-991,-1297,-1531,-
1693,-1783,-1801,-1747,-1621,-1423,-1153,-811,  -
397,89,647,1277,1979,2753

(4)   Das Polynom p(x) = $x^2$- 79x + 1601  liefert
Primzahlen für die ganzzahligen Argumente von
0 bis 79. Für x = 0, ... ,79 ergeben sich die
Primzahlen:

1601,1523,1447,1373,1301,1231,1163,1097,1033,
971,911,853,797,743,691,641,593,547,503,461,42
1,383,347,313,281,251,223,197.173,151,131,113,9
7,83,71,61,53,47,43,41,41,43,47,53,61,71,83,97,11
3,131,151,173,197,223,251,281,313,347,383,421,4
61,503,547,593,641,691,743,797,853,911,971,103
3,1097,1163,1231,1301,1373,1447,1523,1601

**(5)** Das Polynom $p(x) = \frac{1}{36} [ x^6 - 126x^5 + 6217x^4 -$
$153066x^3 + 1987786x^2 - 13055316x + 34747236$
liefert für $x = 0,...,55$ Primzahlen
(Wrobleksi, Meyrignac))

**16.28.**

Eine Primzahl heißt permutierbare Primzahl, wenn die Zahlen, die bei der eine beliebige Neuanordnung ihrer Ziffern entstehen, ebenfalls Primzahlen sind. Permutierbare Primzahlen sind:

2, 3, 5, 7, 11, 13, 17, 31, 37, 71, 73, 79, 97, 113, 131, 199, 311, 337, 373, 733, 919, 991

991 ist die größte bisher bekannte permutierbare Primzahl, die nicht aus gleichen Ziffern zusammengesetzt ist. Alle weiteren bekannten permutierbaren Primzahlen sind Repunits, d.h. ihre Ziffern bestehen nur aus Einsen.

Vermutung:

2, 3, 5, 7, 13, 17, 37, 79, 113, 199, 337 und ihre Permutationen sind die einzigen permutierbaren Primzahlen, die keine Repunits sind.

## 16.29.

Für jede Primzahl p > 3 ist $p^2-1$ ohne Rest durch 12 teilbar.

## 16.30. Das Pascaldreieck und Primzahlen:

|   | 0 | 1 | 2 | 3 | 4 | 5 | 6 | 7 | 8 | 9 | 10 | 11 | 12 | 13 | 14 | 15 | 16 | 17 | 18 |
|---|---|---|---|---|---|---|---|---|---|---|----|----|----|----|----|----|----|----|----|
| 0 | 1 |   |   |   |   |   |   |   |   |   |    |    |    |    |    |    |    |    |    |
| 1 |   |   | 1 | 1 |   |   |   |   |   |   |    |    |    |    |    |    |    |    |    |
| 2 |   |   |   | 1 | 2 | 1 |   |   |   |   |    |    |    |    |    |    |    |    |    |
| 3 |   |   |   |   |   |   | 1 | 3 | 3 | 1 |    |    |    |    |    |    |    |    |    |
| 4 |   |   |   |   |   |   |   | 1 | 4 | 6 | 4  | 1  |    |    |    |    |    |    |    |
| 5 |   |   |   |   |   |   |   |   |   |   | 1  | 5  | 10 | 10 | 5  | 1  |    |    |    |
| 6 |   |   |   |   |   |   |   |   |   |   |    |    | 1  | 6  | 15 | 20 | 15 | 6  | 1  |
| 7 |   |   |   |   |   |   |   |   |   |   |    |    |    |    | 1  | 7  | 21 | 35 | 35 |

Eine Spaltennummer in der oben gezeigten Anordnung der Zahlen des Pascaldreiecks ist genau dann eine Primzahl, wenn die Zahlen in dieser Spalte alle durch die ihre zugehörige Zeilennummer teilbar sind.

<u>Beispiele:</u> Die Spalte 13 hat zwei Einträge – 10 und 6. 10 erscheint in Zeile 5 und 5 ist Teiler von 10. 6 erscheint in Zeile 6 und 6 ist Teiler von 6. Die Zahlen in Spalte 12 sind nicht alle ohne Rest durch ihre zugehörige Zeilennummer teilbar, daher ist 12 keine Primzahl.

Quelle: Henry B. Mann and Daniel Shanks, "A Necessary and Sufficient Condition for Primality, and Its Source," *Journal of Combinatorial Theory, Series A* 13:1,1972

**16.31.**

Verknüpft man die Zahlen von 1 bis 82 in absteigender Reihenfolge zu einer 155-stelligen Zahl, so ergibt sich eine Primzahl:

82818079787776757473727170696867666564636261605958575655545352515049484746454443424140393837363534333231302928272625242322212019181716151413121110987654321

**16.32.**

Die Zahlen 31, 331, 3331, 33331, 333331, 3333331, 33333331 sind alle Primzahlen. Die Zahlen mit jeweils n = 8,9,... 38 Dreien und einer Eins sind zusammengesetzt! Für n= 39 ist die Zahl 3 333 333 333 333 333 333 333 333 333 333 333 331 ebenfalls eine Primzahl

**16.33.**

Die größte bisher bekannte Primzahl, deren Ziffern nur aus Einsen und Nullen besteht lautet:

$10^{78942}$ + 10111100100111101 x $10^{39463}$ +1
(78943 Stellen!)

Quelle: Die Welt der Primzahlen, Paulo Ribenboim

**16.34.**

Eine (nicht sehr effektive ) Primzahlfunktion ist

$$F(j) = [ \cos^2 \pi \frac{(j-1)!+1}{j} ]$$

Die Gauß-Klammer [ ] (Abrundungsfunktion) bestimmt zu einer reellen Zahl *x* die größte ganze Zahl, die kleiner oder gleich *x* ist. Wenn F(j) = 1 , dann ist j eine Primzahl. Wenn F(j) = 0 , dann ist j zusammengesetzt

$$F(5) = [\cos^2 \pi \frac{(4)!+1}{5}] = [\cos^2 \pi\, 5] = [(-1)^2] = 1$$
$$F(4) = [\cos^2 \pi \frac{(3)!+1}{4}] = [\cos^2 \pi \frac{7}{4}] = [0.995^2] = 0$$

## 16.35. Fortune's Behauptung

q sei die kleinste Primzahl größer als P+1, wobei P das Produkt der ersten n Primzahlen darstellt. Dann ist q - P eine Primzahl. Diese Behauptung ist bis heute unbewiesen, wird aber sehr wahrscheinlich als richtig anerkannt. Die ersten Fortunezahlen lauten:

3, 5, 7, 13, 23, 17, 19, 23, 37, 61, 67, 61, 71, 47, 107, 59, 61, 109, 89, 103, 79, 151, 197, 101, 103, 233, 223, 127, 223, 191, 163, 229, 643, ...

## 16.36.

a)
In der autorisierten King James Bibel gibt es genau 783137 Wörter: 783137 ist ein Primzahl.

b)
In der autorisierten King James Bibel erscheint das Wort „Lord" genau 6781 mal. 6781 ist ebenfalls eine Primzahl

**16.37.**

Es gibt zwei Temperaturen bei denen die Celsius- und Fahrenheitskala gleichzeitig Primzahlen als Zahlenwerte besitzen:

- 5 °Celsius    =    23 ° Fahrenheit
  5 °         =    41 ° Fahrenheit

**16.38.**

a)    Jede Primzahl p größer als 5 hat die Form

$$p = 6n +/- 1 .$$

b)    Jede Zahl der Form 6n -1 besitzt zwei Faktoren, deren Summe durch 6 teilbar ist.

**16.39.**

1990 wurde eine Formel gefunden, die eine Progression von 21 aufeinander folgende Primzahlen liefert:

142072321123 + 1419763024680 x t   ( $0 \le t \le 20$ )

Quelle:
R.A.Pritchard, Long Arithmetic Progressions of Primes, some old some new, Math.Comp., 45, 1985, 263-267

**16.40.**

Eine verallgemeinerte Primzahlzwillingsreihe der Länge i ist definiert als eine Folge von Primzahlen der Form: $n \times 2^i$ +/- 1. Die längste bisher gefunden Primzahlzwillingsreihe dieser Art ist:

$3371907119854678690 \times 2^i \pm 1$  mit i=0,1,2,3,4,5,6

**16.41.**

Eine Primzahl heißt ausbalanciert, wenn sie das arithmetische Mittel der vorgehenden und nachfolgenden Primzahl ist. Die größte bisher gefundene ausbalancierte Primzahl lautet:

$1213266377 \times 2^{35000} + 2429$

Quelle: Wikipedia  Jens Kruse Anderson

**16.42.**          Belphegors Primzahl:

1 000 000 000 000 066 600 000 000 000 001 =

$10^{30} + 666 \times 10^{14} + 1$

### 16.43. Eulers 6n-1 - Theorem

Jede Primzahl der Form 6n + 1 kann lässt in der Form $x^2 + 3y^2$ darstellen. Beispiele:

$6 \times 1 + 1 \quad = 7 \quad = 2^2 + 3 \times 1^2$
$6 \times 52 + 1 \quad = 313 = 11^2 + 3 \times 8^2$
$6 \times 81 + 1 \quad = 487 = 22^2 + 3 \times 1^2$

### 16.44.

Das regelmäßige 65537- Eck ist das größte bisher bekannte regelmäßige Polygon, dessen Anzahl der Kanten eine Primzahl ist und das mit Zirkel und Lineal konstruiert werden kann.

### 16.45.

Unter einer PI-Primzahl versteht man eine Primzahl, die aus den ersten n Ziffern der Dezimaldarstellung von PI gebildet wird.

| n=1 | n=2 | n=6 | n=37 |
|---|---|---|---|
| 3 | 31 | 314159 | 31415926535897923846264338327950 28841 |

Für n < 79718 wurden keine weiteren PI-Primzahlen gefunden.

Gegeben ist eine Primzahl größer als 3. Man multipliziere diese Zahl mit sich selbst und addiere 14. Teilt man das Ergebnis durch 12 ergibt sich immer der Rest 3.

71 x 71 = 5041          5041+14 = 5055

5055 : 12 = 421 Rest  3

**16.47.**

Wenn n eine Primzahl ist, dann ist n Teiler von $2^n - 2$

Beispiel: n = 5 und 5 ist Teiler von $2^5 - 2 = 30$

**16.48.**

Wenn man die Primzahl  379009 in einen Taschenrechner eingibt und den Rechner dann umdreht, so kann man das Wort „google" erkennen.

**16.49.**

Wählt man eine Primzahl zufällig aus, dann beträgt die Wahrscheinlichkeit, dass sie mit der Ziffer d beginnt
$$\log_{10} ( 1 + 1/d).$$

## 16.50. Besondere Primzahlen

(1)    3!-2!+1!                                 = 5
        4!-3!+2!-1!                          = 19
        5!-4!+3!-2!+1!                   = 101
        6!-5!+4!-3!+2!-1!              = 619
        7! - 6! + 5! - 4! + 3! - 2! + 1!    = 4421
        8! - 7! +6! -5! +4! -3! +2! -1!   = 35899

(2)    7! + 1919 = 6959

(3)    1! x 2! x 3! x 4! x 5! x 6! x 7! + 1 = 125411328001

(4)    1! x 2! x 3! x 4! x 5! x 6! x 7! - 1 = 125411327999

(5)    6 x 66 x 666 x 6666 x 66666 x 666666 + 1
      = 78135326102739761857

(6)    - 1 + $2^3$ * 45678 = 365423

(7)    $1^1+2^2+3^3+4^4+5^5+6^6+7^7+8^8+9^9+10^{10}=10405071317$

(8)    10+98765432123456789+10
    = 98765432123456809

(9)    $10^{10}+9^{10}+8^{10}+7^{10}+6^{10}+5^{10}+4^{10}+3^{10}+2^{10}+1^{10}+2^{10}+3^{10}+$
    $4^{10}+5^{10}+6^{10}+7^{10}+8^{10}+9^{10}+10^{10}$ = 29828683849

(10) 12 ! + 34567 = 479036167

(11)  $1! + 2!^2 + 3!^3 + 4!^4 = 331997$

(12)  $13333333333333 : 13 = 1025641025641$

(13)  $1^1+2^2+3^3+4^4+5^5+6^6+7^7+8^8+9^9+10^{10}=10405071317$

(14)  $10!-9!+8!-7!+6!-5!+4!-3!+2!-1! = 33031819$

(15)  $1234567891$

(16)  $12345678901234567891$

(17)  $1^1+2^2+3^3+4^4+5^5+6^6+7^7+8^8+9^9+10^{10} = 10405071317$

(18)  $123456789123456789123456789$

(19)  $13121110987654321234567891 0111213$

(20)  $10^{13}+10^{11}+10^7+10^5+10^3+10+1=10100010101101$

(21)  $1^7 + 4^7 + 4^7 + 5^7 + 9^7+9^7 + 2^7 + 9^7 = 14459929$

(22)  $2^4+3^4+5^4+7^4+11^4+13^4+17^4+19^4+23^4+29^4+31^4+37^4+41^4+1^4 = 6885139$

(23)  $588^2 + 2353^2 = 5882353$   $\dfrac{1}{17} = 0.0588235941$

(24)    $222222222222227, 555555555555557$
        $777777777777773, 888888888888883$

348

(25) $\qquad$ 208003! − 1 $\qquad$ (1015842 Stellen! )

(26) $\qquad$ $33^{33} / 33^3 = 1531578985264449$

(27) $384 \times 2^{384} − 1 =$
1513037037941548001751515139845514770115061987985873152049214466723035716025492887478307824187580760606974514827781 7343

(28) $\qquad$ $2^{100} \times 100^2 − 1$

(29) $\qquad$ $12 \times 3456^7 + 89$

(30) 8281807978777675747372717069686766656463626166059585756555453525150494847464544434241403938373635343332313029282726 2524232221201918171615141312111098765 4321

(31)
$\qquad$ $203^2 + 203^0 + 203^1 = 41413$

(32) $\qquad$ 314159 $\qquad$ ($\pi = 3.14159\ldots$)

(33) $\qquad$ 123456789123456789123456789

(34) $\qquad$ $248 \times 2^{248} - 248 + 1$

(35) $\qquad$ $284 \times 2^{284} - 284 + 1$

(36) $\qquad$ $10^{313} + 313$

**16.51.**

Die Summe aller Primzahlen im Intervall [101,151] ist eine Primzahl.

101 + 103 + 107 + 109 + 113 + ... + 149 + 151 = 1367

Die Summe aller zusammengesetzten Zahlen im Intervall [101,151] ist ebenfalls eine Primzahl.

102 + 104 + 105 + .... 147 + 148 + 150 = 5059

**16.52.**

383 ist eine palindromische Primzahl und sie ist die Summe der drei ersten dreiziffrigen palin-dromischen Primzahlen

$$101 + 131 + 151 = 383$$

**16.53.** Abschätzungen

$$p_n < p_{n+1} < 2^n$$

$$p_n > n \ln(n)$$

$$p_n < 2^n$$

**16.54.**

a) Die vier Zahlen 1487, 4817, 8147 sind
Primzahlen und Permutationen ihrer
Ziffernfolge:

$$1487 + 3330 = 4817,$$
$$4817 + 3330 = 8147$$

b) Die vier Zahlen 83987, 88937, 93887, 98837 sind
Primzahlen und Permutationen ihrer Ziffernfolge.

$$83987 + 4950 = 88937$$
$$88937 + 4950 = 93887$$
$$93887 + 4950 = 98837.$$

Quelle:https://proofwiki.org/wiki/Titanic_Prime_whose_Digits_are_all_Pr
ime

**16.55.**

Die Anzahl der Ziffern der Primzahl $2 \times 10^{3020} - 1$
beträgt 3021. Davon sind 3020 Ziffern gleich 9 und
eine Ziffer ist gleich 1.

**16.56.**

$$\frac{\pi^2}{4} = \frac{3}{3+1} \times \frac{5}{5-1} \times \frac{7}{7+1} \times \frac{11}{11+1} \times \frac{13}{13-1} \times \frac{17}{17-1} \times \ldots$$

## 16.57 Conway's Primzahlmaschine

$$\frac{17}{91}\ \frac{78}{85}\ \frac{19}{51}\ \frac{23}{38}\ \frac{29}{33}\ \frac{77}{29}\ \frac{95}{23}\ \frac{77}{19}\ \frac{1}{17}\ \frac{11}{13}\ \frac{13}{11}\ \frac{15}{14}\ \frac{15}{2}\ \frac{55}{1}$$

ALGORITHMUS:

Wir beginnen den Algorithmus mit der Zahl 2 als Input. Diese Zahl wird der Reihe nach mit den oben gezeigten Brüchen multipliziert, bis als Ergebnis eine ganze Zahl auftaucht. Mit dieser neuen Zahl geht man die Reihe der Brüche wiederum durch bis sich eine wiederum eine ganze Zahl ergibt. Das Verfahren wird fortgesetzt bis einen Potenz von 2 entsteht. Nach 19 Schritten erhält man $4 = 2^{2\cdot}$. Der Exponent 2 ist die erste Primzahl. Nach weiteren 55 Schritten ergibt sich $8 = 2^{3,}$ also die nächste Primzahl 3. Nach weiteren 211 Schritten bekommt $2^5$, also die auf 3 folgenden Primzahl, usw

Quelle: https://de.wikipedia.org/wiki/John_Horton_Conway

## 16.58.

$3+5+7+11+13+17+19+23+29+31+37+41+43+47+53+59+61+63+67+71+73+79+83+89= 31^2$

## 16.59.

Die Periodenlänge eines Primzahlkehrwerts kann höchstens p-1 sein.

**16.60.**

Die Zahl $A = 1 + 7532 \times \dfrac{10^{1104-1}}{10^4-1}$ ist eine Primzahl und enthält nur Ziffern, die Primzahlen sind. Ziffern: 275 mal die Ziffernfolge 7532 verkettet und 7533

<u>7532</u>753275327532......753275327533

Quelle: https://primes.utm.edu/curios/page.php/9.html

**16.61.**

Die Zahl $A = 1 + 7532 \times \dfrac{10^{1104}-1}{10^4-1}$ ist eine Primzahl und enthält nur Ziffern, die Primzahlen sind.

<u>7532</u>753275327532......753275327533

**16.62.**

Folgerung aus dem Primzahlsatz: $\lim\limits_{n \to 1} \dfrac{p_{n+1}}{p_n} = 1$

**16.63.**

Alle Primzahlen, die mit der Ziffernfolge 1 - 3 enden, lassen sich als Summe von zwei Quadratzahle darstellen, die mit 2 und 3 oder 7 und 8 enden:

$13 = 2^2 + 3^2$         $313 = 12^2 + 13^2$
$113 = 7^2 + 8^2$         $613 = 17^2 + 18^2$

## 16.64.

Vermutung:

Eine Zahl der Form 100...001 ist genau dann Primzahl, wenn die Anzahl der Ziffern dieser Zahl eine Primzahl ist:

| Zahl | Anzahl Z | Primzahl |
|---|---|---|
| 101 | 3 | Ja |
| 1001 | 4 | Nein |
| 10001 | 5 | Ja |
| 100001 | 6 | Nein |
| 1000001 | 7 | Ja |
| 10000001 | 8 | Nein |
| 100000001 | 9 | Nein |
| 1000000001 | 10 | Nein |
| 10000000001 | 11 | Ja |
| 100000000001 | 12 | Nein |
| 1000000000001 | 13 | Ja |
| 10000000000001 | 14 | Nein |
| 100000000000001 | 15 | Nein |
| 1000000000000001 | 16 | Nein |
| 10000000000000001 | 17 | Ja |
| 100000000000000001 | 18 | Nein |
| 1000000000000000001 | 19 | Ja |
| 10000000000000000001 | 20 | Nein |
| 100000000000000000001 | 21 | Nein |
| 1000000000000000000001 | 22 | Nein |
| 10000000000000000000001 | 23 | Ja |

## 16.65.

$29 + x^2$ ist eine Primzahl für x= 1,2,3,...28

**16.66.**

Primzahlen, die sich als Summe von 7 Primzahlen darstellen lassen:

$$197 = 17+19+23+29+31+37+41$$
$$223 = 19+23+29+31+37+41+43$$
$$251 = 23+29+31+37+41+43+47$$
$$281 = 29+31+37+41+43+47+53$$
$$311 = 31+37+41+43+47+53+59$$

**16.67.**

Zikaden kennen Primzahlen: In Nordamerika gibt es Zikaden, die sich genau alle 13 oder 17 Jahre zahlreich vermehren. Die Vermehrung im Primzahlintervall ist eine Überlebensstrategie. Wenn die Zyklenlänge z.B. 12 Jahre wäre, dann könnten sie von Fressfeinden angegriffen werden, die alle 1,2,3,4,6 und 12 Jahre erscheinen. Wenn sie sich zum Beispiel in einem Intervall von 13 Jahren vermehren, dann müssen sie nur Fressfeinde fürchten, die jedes Jahr oder alle 13 Jahre vermehrt auftreten.

**16.68.**

Die iterierten Quersummen von Primzahlen zur 6.Potenz enden alle mit der Zahl 1 (Ausnahme p=3):

Beispiele:  $5^6 = 15625 \rightarrow 19 \rightarrow 10 \rightarrow 1$
$13^6 = 4826809 \rightarrow 37 \rightarrow 10 \rightarrow 1$
$109^6 = 16771001108411 \rightarrow 37 \rightarrow 10 \rightarrow 1$

**16.69.**

5040 ist die Summe von 42 aufeinander folgenden Primzahlen:

23+29+31+41+43+47+53+59+61+67+71+73+79+83+97+
101+103+107+109+113+127+131+137+139+149+151
+157+163+167+173+179+181+191+193+197+199+211
+223+227+29

**16.70.**

Für Primzahlzwillinge p und q mit p < q gilt:

q-1 ist durch 6 teilbar

**16.71.**

Ein Repunitzahl $R_p$ kann nur prim sein, wenn p prim ist.

**16.72.**

Ist p eine ungerade Primzahl, so dass auch 2p-1 prim ist, dann hat die Gleichung $x^p + y^p + z^p$ = höchstens Lösungen, für die p eine Teiler von x*y*z ist.

Solche Zahlen heißen Sophie-Germain-Primzahlen.

Alle Sophie-Germain-Primzahlen ab 11 besitzen die Form 30a + r wobei r eine der Zahlen 11,23 oder 29 ist.

**16.72.**

Es gibt Primzahlen, die mit ihren Spiegelzahlen übereinstimmen:

12421,18481,123424321,123484321 und

30a03  (a kann 1,2,4 oder 7 sein).

**16.73.**

Die Primzahl $2 \times 10^{3020} - 1$ besitzt 3021 Stellen:

3020 mal die Ziffer 9 und einmal die Ziffer 1

**16.74.**

$10 \times ( 2^{2^n} + 1) + 9$ ergibt Primzahlen für n = 1,..7.

**16.75.**

n= 30

7   + 30 = 37      Primzahl
37  + 30 = 67      Primzahl
67  + 30 =97       Primzahl
97  + 30 =127      Primzahl
127 + 30 =157      Primzahl

**16.76.**      Primzahlrekorde (Stand 2016):

$2^{57885161} - 1$        ∧        $2^{74207281} - 1$

# 17. Zahlenmuster

## 17.1.

| | |
|---|---|
| 11111 x 111111 | = 12345654321 |
| 1111111 x 1111111 | = 1234567654321 |
| 11111111 x 11111111 | = 123456787654321 |
| 111111111 x 111111111 | = 12345678987654321 |

## 17.2.

| | | |
|---|---|---|
| 1  x 142857 = | 142857 | (: 37 =   3861) |
| 2  x 142857 = | 285714 | (: 37 =   7722) |
| 3  x 142857 = | 428571 | (: 37 = 11583) |
| 4  x 142857 = | 571428 | (: 37 = 15444) |
| 5  x 142857 = | 714285 | (: 37 = 19305) |
| 6  x 142857 = | 857142 | (: 37 = 23166) |
| 7  x 142857 = | 999999 | (: 37 = 27027) |
| 8  x 142857 = | 1142856 | (: 37 = 30888) |
| 9  x 142857 = | 1285713 | (: 37 = 34749) |
| 10 x 142857 = | 1428570 | (: 37 = 38610) |
| 11 x 142857 = | 1444442 | (: 37 = 42471) |
| 12 x 142857 = | 1714284 | (: 37 = 46332) |

| | |
|---|---|
|  7 x 142857 = 0999999 | 14 x 132857 = 1999998 |
| 21 x 132857 = 2999997 | 28 x 132857 = 3999996 |
| 35 x 132857 = 4999995 | 42 x 132857 = 5999994 |
| 49 x 142857 = 6999993 | 56 x 142857 = 7999992 |
| 63 x 142857 = 8999991 | 70 x 142857 = 1999998 |
| 77 x 142857 = 10999989 | |

**17.3.**

| | |
|---|---|
| 8 x 1 | =8 |
| 88 x 11 | =968 |
| 888 x 111 | =98568 |
| 8888 x 1111 | =9874568 |
| 88888 x 11111 | =987634568 |
| 888888 x 111111 | = 98765234568 |
| 8888888 x 1111111 | =9876541234568 |
| 88888888 x 11111111 | =987654301234568 |
| 888888888 x 111111111 | =98765431901234568 |
| 8888888888 x 1111111111 | =987654321791234568 |

**17.4.**

| | | | |
|---|---|---|---|
| 37 x 0 | = 000 | und | 0+0+0 = 0 |
| 37 x 3 | = 111 | und | 1+1+1 = 3 |
| 37 x 6 | = 222 | und | 2+2+2 = 6 |
| 37 x 9 | = 333 | und | 3+3+3 = 9 |
| 37 x 12 | = 444 | und | 4+4+4 = 12 |
| 37 x 15 | = 555 | und | 5+5+5 = 15 |
| 37 x 18 | = 666 | und | 6+6+6 = 18 |
| 37 x 21 | = 777 | und | 7+7+7 = 21 |
| 37 x 24 | = 888 | und | 8+8+8 = 24 |
| 37 x 27 | = 999 | und | 9+9+9 = 27 |

## 17.5.

| | |
|---|---|
| 0 x 9 + 1 | = 1 |
| 1 x 9 + 2 | = 11 |
| 12 x 9 + 3 | = 111 |
| 123 x 9 + 4 | = 1111 |
| 1234 x 9 + 5 | = 11111 |
| 12345 x 9 + 6 | = 111111 |
| 123456 x 9 + 7 | = 1111111 |
| 1234567 x 9 + 8 | = 11111111 |
| 12345678 x 9 + 9 | = 111111111 |
| 123456789 x 9 + 10 | = 1111111111 |
| 1234567900 × 9 + 11 | = 11111111111 |

| | |
|---|---|
| 1 x 8 + 1 | = 9 |
| 12 x 8 + 2 | = 98 |
| 123 x 8 +3 | = 987 |
| 1234 x 8 + 4 | = 9876 |
| 12345 x 8 + 5 | = 98765 |
| 123456 x 8 + 6 | = 987654 |
| 1234567 x 8 + 7 | = 9876543 |
| 12345678 x 8 + 8 | = 98765432 |
| 123456789 x 8 + 9 | = 987654321 |
| 1234567890x8 + 10 | = 9876543210 |

| | |
|---|---|
| 1×7 + 3 | = 10 |
| 14×7 + 2 | = 100 |
| 142×7 + 6 | = 1000 |
| 1428×7 + 4 | = 10000 |
| 14285×7 + 5 | = 100000 |
| 142857×7 + 1 | = 1000000 |
| 1428571×7 + 3 | = 10000000 |
| 14285714×7 + 2 | = 100000000 |

```
142857142 x 7 + 6     = 1000000000
1428571428 x 7 + 4    = 10000000000
14285714285 x 7 + 5   = 100000000000
142857142857 x 7 + 1  = 1000000000000
1428571428571 x 7 + 3 = 10000000000000
```

```
9 x 9 + 7               =      88
98 x 9 + 6              =      888
987   9 + 5             =      8888
9876x 9 + 4             =      88888
98765 x 9 + 3           =      888888
987654 x 9 + 2          =      8888888
9876543 x 9 + 1         =      88888888
98765432 x 9 + 0        =      888888888
987654321 x 9 - 1       =      8888888888
9876543210 x 9 - 2      =      88888888888
98765432100 x 9 - 12    =      888888888888
987654321000 x 9 - 112  =      8888888888888
9876543210000 x 9- 1112 =      88888888888888
```

**17.6.**

```
987654321 x 09  = 08888888889
987654321 x 18  = 17777777778
987654321 x 27  = 26666666667
987654321 x 36  = 35555555556
987654321 x 45  = 44444444445
987654321 x 54  = 53333333334
987654321 x 63  = 62222222223
987654321 x 72  = 71111111182
987654321 x 81  = 80000000001
987654321 x 90  = 88888888890
```

## 17.7.

333667 x 296         = 987765432
33336667 x 2996      = 99876654332
3333366667 x 29996   = 99987666543332

...

## 17.8.

$33^2$          = 1089
$66^2$          = 4356
$99^2$          = 9801
$333^2$        = 110889
$666^2$        = 443556
$999^2$        = 998001
$3333^2$      = 11108889
$6666^2$      = 44435556
$9999^2$      = 99980001

...

## 17.9.

$625^1$ = 0625
$625^2$ = 390625
$625^3$ = 244140625
$625^4$ = 152587890625
$625^5$ = 95307431640625
$625^6$ = 59604644775390625
$625^7$ = 37252902984619140625
$625^8$ = 23283064365386962890625
$625^9$ = 1455191522836685180664 0625

## 17.10.

| | |
|---|---|
| 76923 x 1 | = 076923 |
| 76923 x 2 | = 153846 |
| 76923 x 10 | = 769230 |
| 76923 x 7 | = 538461 |
| 76923 x 9 | = 692307 |
| 76923 x 5 | = 384615 |
| 76923 x 12 | = 923076 |
| 76923 x 11 | = 846153 |
| 76923 x 3 | = 230769 |
| 76923 x 6 | = 461538 |
| 76923 x 4 | = 769230 |
| 76923 x 8 | = 615384 |

## 17.11.

| | |
|---|---|
| 8 x 1 + 1 | $= 3^2$ |
| 8 x 3 + 1 | $= 5^2$ |
| 8 x 6 +1 | $= 7^2$ |
| 8 x 10 + 1 | $= 9^2$ |
| 8 x 15 + 1 | $= 11^2$ |
| 8 x 21 + 1 | $= 13^2$ |
| 8 x 28 + 1 | $= 15^2$ |
| 8 x 36 + 1 | $= 17^2$ |
| 8 x 45 + 1 | $= 19^2$ |
| 8 x 55 + 1 | $= 21^2$ |
| 8 x 66 + 1 | $= 23^2$ |
| 8 x 78 + 1 | $= 25^2$ |
| 8 x 91 + 1 | $= 27^2$ |
| 8 x 105 +1 | $= 29^2$ |

## 17.12.

| | | |
|---|---|---|
| 12345679 x 1 = 12345679 | (es fehlt die Ziffer 8) |
| 12345679 x 2 = 24691358 | (es fehlt die Ziffer 7) |
| 12345679 x 3 = 37037037 | |
| 12345679 x 4 = 49382716 | (es fehlt die Ziffer 5) |
| 12345679 x 5 = 61728395 | (es fehlt die Ziffer 4) |
| 12345679 x 6 = 74074074 | |
| 12345679 x 7 = 86419753 | (es fehlt die Ziffer 2) |
| 12345679 x 8 = 98765432 | (es fehlt die Ziffer 1) |
| 12345679 x 9 = 111111111 | |

## 17.13.

1089 x 1 = 1089
1089 x 9 = 9801
1089 x 2 = 2187
1089 x 8 = 8712
1089 x 3 = 3267
1089 x 7 = 7623
1089 x 4 = 4356
1089 x 6 = 6534
1089 x 5 = 5445

## 17.14.

$$\frac{1}{3162} = 0.00031625553447\ldots$$

$$\frac{1}{316227766} = 0.0000000031622776603367$$

$$\frac{1}{3162277660} = 0.00000000031622776603336$$

**17.15.**

| | |
|---|---|
| 1 x (1) | $=1^2$ |
| 121 x (1+2+1) | $=22^2$ |
| 12321 x (1+2+3+2+1) | $=333^2$ |
| 1234321 x (1+2+3+4+3+2+1) | $=4444^2$ |
| 123454321 x (1+2+3+4+5+4+3+2+1) | $=55555^2$ |
| 12345654321 x(1+2+3+4+5+6+5+4+3+2+1) | $=666666^2$ |

1234567654321 x (1+2+3+4+5+6+7+6+5+4+3+2+1)
= $7777777^2$

123456787654321 x
(1+2+3+4+5+6+7+8+7+6+5+4+3+2+1)
= $88888888^2$

12345678987654321 x
(1+2+3+4+5+6+7+8+9+8+7+6+5+4+3+2+1)
= $999999999^2$

**17.16.**

Jedes Glied der Folge 49, 4489, 444889, 44448889, 4444488889,... ist eine Quadratzahl!

| | |
|---|---|
| 49 | $= 7^2$ |
| 4489 | $= 67^2$ |
| 444889 | $= 667^2$ |
| 44448889 | $= 6667^2$ |
| 4444488889 | $= 66667^2$ |

**17.17.**

$1+2+1=2^2$
$1+2+3+2+1=3^2$
$1+2+3+4+3+2+1=4^2$
$1+2+3+4+5+4+3+2+1=5^2$
$1+2+3+4+5+6+5+4+3+2+1=6^2$
$1+2+3+4+5+6+7+6+5+4+3+2+1=7^2$
$1+2+3+4+5+6+7+8+7+6+5+4+3+2+1=8^2$
$1+2+3+4+5+6+7+8+9+8+7+6+5+4+3+2+1=9^2$
$1+2+3+4+5+6+7+8+9+10+9+8+7+6+5+4+3+2+1=10^2$
$1+2+3+4+5+6+7+8+9+10+11+10+9+8+7+6+5+4+3+2+1=11^2$

**17.18.**

| | |
|---|---|
| 1089 x 9 | = 9801 |
| 10989 x 9 | = 98901 |
| 109989 x 9 | = 989901 |
| 1099989 x 9 | = 9899901 |
| ... | |
| 99 x 99 | = 9801 |
| 999 x 999 | = 998001 |
| 9999 x 9999 | = 99980001 |
| 99999 x 99999 | = 9999800001 |
| ... | |
| 7 x 9 | = 63 |
| 77 x 99 | = 7623 |
| 777 x 999 | = 776223 |
| 7777 x 9999 | = 77762223 |
| .... | |

**17.19.**

| | |
|---|---|
| 1 + 2 + 34 - 5 + 67 - 8 + 9 | = 100 |
| 12 + 3 - 4 + 5 + 67 + 8 + 9 | = 100 |
| 123 - 4 - 5 - 6 - 7 + 8 - 9 | = 100 |
| 123 + 4 - 5 + 67 - 89 | = 100 |
| 123 + 45 - 67 + 8 - 9 | = 100 |
| 123 - 45 - 67 + 89 | = 100 |
| 12 - 3 - 4 + 5 - 6 + 7 + 89 | = 100 |
| 12 + 3 + 4 + 5 - 6 - 7 + 89 | = 100 |
| 1 + 23 - 4 + 5 + 6 + 78 - 9 | = 100 |
| 1 + 23 - 4 + 56 + 7 + 8 + 9 | = 100 |
| 1 + 2 + 3 - 4 + 5 + 6 + 78 + 9 | = 100 |

**17.20.**

| | |
|---|---|
| 333667 x 1113 | = 371371371 |
| 333667 x 2223 | = 741741741 |
| 333667 x 3333 | = 1112112111 |
| 333667 x 4443 | = 1482482481 |
| 333667 x 5553 | = 1852852851 |
| 333667 x 6663 | = 2223223221 |
| 333667 x 7773 | = 2593593591 |
| 333667 x 8883 | = 2963963961 |
| 333667 x 9993 | = 3334334331 |

**17.21.**

| | |
|---|---|
| 11 | $= 6^2 - 5^2$ |
| 1111 | $= 56^2 - 45^2$ |
| 111111 | $= 556^2 - 445^2$ |
| ... | |

**17.22.**

Gleichungen mit genau neun verschiedenen Ziffern:

243 + 675 = 918          341 + 586 = 927
154 + 782 = 936          317 + 628 = 945
216 + 748 = 963          318 + 654 = 972
235 + 746 = 981

Die Zahlen 918,927,936,945,963,972,981 sind alle durch 9 teilbar!

**17.23.**

a)     4 x 1738 = 6952 und 4 x 1963 = 7852

b)     $\dfrac{18534}{9267} \times \dfrac{17469}{5823} = \dfrac{34182}{5697}$

c)     81274365 x 9 = 731469285

d)     Gemischter Bruch mit allen 9 Ziffern:
$$91\,\frac{5412}{638} = 100$$

e)     $\dfrac{65821}{9404} = 7 = \dfrac{28651}{4093}$

f)     $\dfrac{6729}{13458} = \dfrac{1}{2} = \dfrac{9327}{18654}$

**17.24.**

$642^2 = 264609288$
$641^2 = 263374721$          $642^2 - 641^2 = 1234567$

**17.25.**

| | |
|---|---|
| 144 x 441 | = 252 x 252 |
| 1224 x 4221 | = 2142 x 2412 |
| 156 x 651 | = 273 x 372 |
| 168 x 862 | = 294 x 492 |
| 276 x 672 | = 384 x 483 |
| 13356 x 65331 | = 23373 x 37332 |

**17.26.**

$10989 \times 9 = 98901 \times 1$
$21978 \times 8 = 87912 \times 2$
$32967 \times 7 = 76923 \times 3$
$43956 \times 6 = 65934 \times 4$
$54945 \times 5 = 54945 \times 5$

**17.27.**

| | |
|---|---|
| (9 - 1) : 8 | = 1 |
| (98 - 2) : 8 | = 12 |
| (98 - 3) : 8 | = 123 |
| (9876 - 4): 8 | = 1234 |
| (98765 - 5) : 8 | = 12345 |
| (987654 - 6) :8 | = 123456 |
| (9876543 - 7) :8 | = 1234567 |
| (98765432 - 8) :8 | = 12345678 |
| (987654321 - 9) :8 | = 123456789 |

## 17.28.

76923 x 1     = 076923
76923 x 2     = 153846
76923 x 10   = 769230
76923 x 7     = 538461
76923 x 9     = 692307
76923 x 5     = 384615
76923 x 12   = 923076
76923 x 11   = 153846
76923 x 3     = 230769
76923 x 6     = 461538
76923 x 4     = 307692
76923 x 8     = 615384

## 17.29.

$857^2$                 = 734449
$142^2$                 = 20164

-------------------------------------------

734449 – 20164   = 714285
76 x 77 x 78      = 456456
77 x 78 x 79      = 474474

## 17.30.

$166500333 = 166^3 + 500^3 + 333^3$

$333667000 = 333^3 + 667^3 + 000^3$

$333667001 = 333^3 + 667^3 + 001^3$

**17.31.**

Bildet man in der Folge der Zweierpotenzen zu jeder
Zweierpotenz die iterierte Quersumme, dann zeigt sich
ein konstantes, sich wiederholendes
Das Muster besteht aus den Zahlen 1,2,4,8,7,5

| Potenz von 2 | Quersumme | | Potenz von 2 | Quersumme |
|---|---|---|---|---|
| 1 | 1 | | 8192 | 2 |
| 2 | 2 | | 16383 | 4 |
| 4 | 4 | | 32768 | 8 |
| 8 | 8 | | 65536 | 7 |
| 16 | 7 | | 131072 | 5 |
| 32 | 5 | | 262144 | 1 |
| 64 | 1 | | 524288 | 2 |
| 128 | 2 | | 1048576 | 4 |
| 256 | 4 | | 2097152 | 8 |
| 512 | 8 | | 4194304 | 7 |
| 1024 | 7 | | 83880608 | 5 |
| 2048 | 5 | | 167761216 | 1 |
| 4096 | 1 | | usw. | 2 |

371

**17.32.**

Der Kehrwert der Primzahl 13  beträgt:

0,079623079623 ...

Betrachtet man die Ziffernfolge der Periode 079623 als Zahl und multipliziert diese Zahl sukzessive mit Vielfachen der Zahl 13 so erhält man:

76923 x 13   = 0999999
76923 x 26   = 1999998
76923 x 39   = 2999997
76923 x52    = 3999996
76923 x 65   = 4999995
76923 x 78   = 5999994
76923 x 91   = 6999993
76923 x 104  = 7999992
76923 x 117  = 8999991
76923 x 130  = 9999990

**17.33.**

$$\frac{9}{77} = 0,116883... \qquad \frac{13}{77} = 0.168831...$$

$$\frac{53}{77} = 0,688311... \qquad \frac{68}{77} = 0.883116...$$

$$\frac{64}{77} = 0,83116 \qquad \frac{24}{77} = 0.311688...$$

**17.34.**

$2002 \times 4 \quad = 8008$
$2002 \times 37 \quad = 74074$
$2002 \times 98 \quad = 196196$
$2002 \times 123 \quad = 246246$
$2002 \times 444 \quad = 888888$
$2002 \times 555 \quad = 1111110$

**17.35.**

(1)
$8^3 = 512$     $5+1+2 = 8$
$17^3 = 4913$     $4+9+1+3 = 17$
$22^4 = 234256$     $2+3+4+2+5+6 = 22$
$25^4 = 390625$     $3+9+0+6+2+5 = 25$
$26^3 = 17576$     $1+7+5+7+6 = 26$
$27^3 = 19683$     $1+9+6+8+3 = 27$
$28^4 = 614656$     $6+1+4+6+5+6 = 28$

(2)
$18^3 = 5832$     $5+8+3+2 = 18$
$18^6 = 34012224$     $3+4+0+1+2+2+2+4 = 18$
$18^7 = 612220032$     $6+1+2+2+2+0+0+3+2 = 18$

**17.36.**

$10^{31} + 1 = 11 \times 909090909090909090909090909091$

## 17.37. Die Ziffernfolge 142857

| | | | | | |
|---|---|---|---|---|---|
| 142 857 x 1 | = | 142857 | : | 1287 | = | 111 |
| 142 857 x 2 | = | 285714 | : | 1287 | = | 222 |
| 142 857 x 3 | = | 428571 | : | 1287 | = | 333 |
| 142 857 x 4 | = | 571428 | : | 1287 | = | 444 |
| 142 857 x 5 | = | 714285 | : | 1287 | = | 555 |
| 142 857 x 6 | = | 857142 | : | 1287 | = | 666 |
| 142 857 x 7 | = | 999999 | : | 1287 | | 777 |
| 142 857 x 8 | = | 1142856 | : | 1287 | | 888 |

| | | | |
|---|---|---|---|
| 142 857 x 1 | : | $\dfrac{9}{7}$ | = | 111 111 |
| 142 857 x 2 | : | $\dfrac{9}{7}$ | = | 222 222 |
| 142 857 x 3 | : | $\dfrac{9}{7}$ | = | 333 333 |
| 142 857 x 4 | : | $\dfrac{9}{7}$ | = | 444 444 |
| 142 857 x 5 | : | $\dfrac{9}{7}$ | = | 555 555 |
| 142 857 x 6 | : | $\dfrac{9}{7}$ | = | 666 666 |
| 142 857 x 7 | : | $\dfrac{9}{7}$ | | 777 777 |
| 142 857 x 8 | : | $\dfrac{9}{7}$ | | 888 888 |
| 142 857 x 9 | : | $\dfrac{9}{7}$ | | 999 999 |

| | | |
|---|---|---|
| 1 x 7 + 3 | = | 10 |
| 14 x 7 + 2 | = | 100 |
| 142 x 7 + 6 | = | 1000 |
| 1428 x 7 + 4 | = | 10000 |
| 14285 x 7 + 5 | = | 100000 |
| 142857 x 7 + 1 | = | 1000000 |
| 1428571 x 7 + 3 | = | 10000000 |
| 142 85714 x 7 +2 | = | 100000000 |
| 142 857142 x 7 + 6 | = | 1000000000 |
| 142 8571428 x 7 + 4 | = | 10000000000 |
| 142 85714285 x 7 + 5 | = | 100000000000 |
| 142 857142 857x 7 + 1 | = | 1000000000000 |

**17.38.**

999999 x 1  = 0999999
999999 x 2  = 1999998
999999 x 3  = 2999997
999999 x 4  = 3999996
999999 x 5  = 4999995
999999 x 6  = 5999994
999999 x 7  = 6999993
999999 x 8  = 7999992
999999 x 9  = 8999991

999999 x 10 = 9999990

**17.39.**

Der Bruch $\dfrac{1}{998001}$ hat eine Periode mit 2997 Ziffern.

$$\frac{1}{998001} = \frac{1}{999^2} =$$

0.00000100200300400500600700800901001101201301401501601701
80190200210220230240250260270280290300310320330340350360
37038039040041042043044045046047048049050051052053054055
05605705805906006106206306406506606706806907007107207307
40750760770780790800810820830840850860870880890900910920
93094095096097098099100101102103104105106107108109110111
11211311411511611711811912012112212312412512612712812913
01311321331341351361371381391401411421431441451461471481
49150151152153154155156157158159160161162163164165166167
16816917017117217317417517617717817918018118218318418518
61871881891901911921931941951961971981992002012022032042
05206207208209210211212213214215216217218219220221222232
24225226227228229230231232233234235236237238239240241242
24324424524624724824925025125225325425525625725825926026
12622632642652662672682692702712722732742752762772782792
80281282283284285286287288289290291292293294295296297298
29930030130230330430530630730830931031131231331431531631
73183193203213223233243253263273283293303313323333343353
36337338339340341342343344345346347348349350351352353354
35535635735835936036136236336436536636736836937037137237
33743753763773783793803813823833843853863873883893903913
92393394395396397398399400401402403404405406407408409410
41141241341441541641741841942042142242342442542642742842
94304314324334344354364374384394404414424434444454464474
84494504514524534544554564574584594604614624634644654664
74684694704714724734744754764774784794804814824834844854
86487488489490491492493494495496497498499500501502503504
50550650750850951051151251351451551651751851952052152252
32452552652752852953053153253353453553653753853954054154
25435445455465475485495505515525535545555565575585595605
61562563564565566567568569570571572573574575576577578579
58058158258358458558658758858959059159259359459559659759
85996006016026036046056066076086096106116126136146

156166176186196206216226236246256266276286296306316326336
346356366376386396406416426436446456466476486496506516526
536546556566576586596606616626636646656666676686696706716
726736746756766776786796806816826836846856866876886896906
916926936946956966976986997007017027037047057067077087097
107117127137147157167177187197207217227237247257267277287
297307317327337347357367377387397407417427437447457467477
487497507517527537547557567577587597607617627637647657667
677687697707717727737747757767777787797807817827837847857
867877887897907917927937947957967977987998008018028038048
058068078088098108118128138148158168178188198208218228238
248258268278288298308318328338348358368378388398408418428
438448458468478488498508518528538548558568578588598608618
628638648658668678688698708718728738748758768778887798808
818828838848588688788888988908918928938948958968978988998
009019029039049059069079089099109119129139149159169179189
199209219229239249259269279289299309319293393493593693793
893994094194294394494594694794894995095195295395495595695
795895996096196296396496596696796896997097197297397497597
697797897998098198298398498598698798898999909919929939949
9599699799900001002003...

Quelle: http://www.wolframalpha.com/input/?i=1%2F998001

## 17.40.

$$2^2 + 3^2 + 6^2 = 7^2$$
$$3^2 + 4^2 + 12^2 = 13^2$$
$$4^2 + 5^2 + 20^2 = 21^2$$
$$5^2 + 6^2 + 30^2 = 31^2$$
$$6^2 + 7^2 + 42^2 = 43^2$$
$$7^2 + 8^2 + 56^2 = 57^2$$

...

**17.41.**

Die maximale Faktorisierung eines Polynoms der Form $P(x) = x^n\text{-}1$ liefert für n = 1,2,3, ... 104 nur Faktoren mit den Koeffizienten -1, 0, +1 . Erst für n = 105 taucht ein Koeffizient ungleich -1, 0,+1 auf.

$x^1\text{-}1 = x\text{-}1$
$x^2\text{-}1 = (x\text{-}1)(x+1)$
$x^3\text{-}1 = (x\text{-}1)(x^2+x+1)$
$x^4\text{-}1 = (x\text{-}1)(x+1)(x^2 +1)$
$x^5\text{-}1 = (x\text{-}1)(x^4+x^3+x^2+1)$
...

$X^{105} - 1 = (x - 1)(x^2 + x + 1)(x^4 + x^3 + x^2 + x + 1)(x^6 + x^5 + x^4 + x^3 + x^2 + x + 1)(x^8 - x^7 + x^5 - x^4 + x^3 - x + 1)(x^{12} - x^{11} + x^9 - x^8 + x^6 - x^4 + x^3 - x + 1)(x^{24} - x^{23} + x^{19} - x^{18} + x^{17} - x^{16} + x^{14} - x^{13} + x^{12} - x^{11} + x^{10} - x^8 + x^7 - x^6 + x^5 - x + 1)(x^{48} + x^{47} + x^{46} - x^{43} - x^{42} - 2 x^{41} - x^{40} - x^{39} + x^{36} + x^{35} + x^{34} + x^{33} + x^{32} + x^{31} - x^{28} - x^{26} - x^{24} - x^{22} - x^{20} + x^{17} + x^{16} + x^{15} + x^{14} + x^{13} + x^{12} - x^9 - x^8 - 2 x^7 - x^6 - x^5 + x^2 + x + 1)$

**17.42.**

| | |
|---|---|
| $1^3 = 1$ | $= 1^2$ |
| $1^3 + 2^3 = 9$ | $= 3^2$ |
| $1^3 + 2^3 + 3^3 = 36$ | $= 6^2$ |
| $1^3 + 2^3 + 3^3 + 4^3 = 100$ | $= 10^2$ |
| $1^3 + 2^3 + 3^3 + 4^3 + 5^3 = 225$ | $= 15^2$ |
| ... | |

1,3,6,10,15,... sind Dreieckszahlen.

Eine Dreieckszahl ist eine Zahl, die der Summe aller Zahlen von 1 bis zu einer Obergrenze entspricht. Beispielsweise ist die 10 eine Dreieckszahl:

10 = 1+2+3+4

Die ersten Dreieckszahlen sind:

0, 1, 3, 6, 10, 15, 21, 28, 36, 45, 55, ...

## 17.43.

81274365 x 9 = 731469285
72645831 x 9 = 653812479
58132764 x 9 = 523194876
76125483 x 9 = 685129347

## 17.44.

| 11 x 91 | = 1001 |
| 11 x 9091 | = 10001 |
| 11 x 909091 | = 10000001 |
| 11 x 90909091 | = 1000000001 |
| 11 x 909090909 | = 100000000001 |

## 17.45.

123456789 x 10 = 1234567890
123456789 x 11 = 1358024679
123456789 x 13 = 1604938257
123456789 x 14 = 1728395046
123456789 x 16 = 1975308624
123456789 x 17 = 2098765413

**17.46.**

37 x 123123123123123123 = 4555555555555555551

37 x 234234234234234234 = 8666666666666666658

37 x 345345345345345345 = 12777777777777777765

**17.47.**

**19 ist die kleinste Zahl, die sich nicht durch 4 Vieren darstellen lässt, wenn man nur die Operationen Addition, Subtraktion, Multiplikation, Division und Wurzelziehen zulässt:**

$$1 = \frac{44}{44} \quad 2 = \frac{4}{4} + \frac{4}{4} \quad 3 = \frac{4+4+4}{4} \quad 4 = \frac{4-4}{4} + 4 \quad 5 = \frac{4 \times 4 + 4}{4}$$

$$6 = \frac{4+4}{4} + 4 \quad 7 = \frac{44}{4} - 4 \quad 8 = 4+4+4+-4 \quad 9 = \frac{4}{4} + 4 + 4$$

$$10 = \frac{44-4}{4} \quad 11 = \frac{44}{\sqrt{4}+\sqrt{4}} \quad 12 = \frac{44+4}{4} \quad 13 = \frac{44}{4} + \sqrt{4}$$

$$14 = 4 + 4 + 4 + \sqrt{4} \quad 15 = \frac{44}{4} + 4 \quad 16 = 4 + 4 + 4 + 4$$

$$17 = \frac{4}{4} + 4 \times 4 \quad 18 = 4 \times 4 + \sqrt{4}$$

**17.48.**

**123456789 x 999999999 = 12345678987654321**

**17.49.**

783 = 29 x 27
837 = 31 x 27
378 = 14 x 27

**17.50**

(a)     123
            123 x 7 = 861
            861 x 11 = 9471
            9471 x 13 = 121123

(b)     238
            238 x 7 = 1666
            238 x 11 = 18326
            18326 x 13 = 238238

**17.51**

a= 3 b= 4 c= 5

$a^2 + b^2 + c^2 = (a^3 \times b^3 \times c^3) : 1000$

**17.52.**

$48 = 8^2 - 4^2$
$3468^2 = 68^2 - 34^2$
$334668^2 = 668^2 - 334^2$
$333468^2 = 6668^2 - 3334^2$
...

## 17.53

```
76923 x 13   = 0999999
76923 x 26   = 1999998
76923 x 39   = 2999997
76923 x 52   = 3999996
76923 x 65   = 4999995
76923 x 78   = 5999994
76923 x 91    = 6999993
76923 x 104  = 7999992
76923 x 117  = 8999991
76923 x 130  = 9999990
```

## 17.54.

```
37 x 3 x 11 = 1221
37 x 3 x 12 = 1332
37 x 3 x 13 = 1423
37 x 3 x 14 = 1554
37 x 3 x 15 = 1665
37 x 3 x 16 = 1776
37 x 3 x 17 = 1887
37 x 3 x 18 = 1998
```

## 17.55.

$$4^2 = 16$$
$$34^2 = 1156$$
$$334^2 = 111556$$
$$3334^2 = 11115556$$
$$33334^2 = 1111155556$$
$$333334^2 = 11111155556$$
$$\vdots$$

## 17.56.    Die Ziffern 1-2-4-8-7-5-1

$$1 = 1$$

$$2 \times 1 = 2$$

$$2 \times 2 = 4$$

$$2 \times 4 = 8$$

$$2 \times 8 = 16 \rightarrow 1+6 = 7$$

$$2 \times 16 = 32 \rightarrow 3+2 = 5$$

$$2 \times 32 = 64 \rightarrow 6+4 = 10 \rightarrow 1+0 = 1$$

$$2 \times 64 = 128 \rightarrow 1+2+8 = 11 \rightarrow 1+1 = 2$$

$$2 \times 128 = 256 \rightarrow 2+5+6 = 13 \rightarrow 1+3 = 4$$

$$2 \times 256 = 512 \rightarrow 5+1+2 = 8$$

$$2 \times 512 = 1024 \rightarrow 1+2+0+4 = 7$$

$$2 \times 1024 = 2048 \rightarrow 2+0+4+8 = 14 \rightarrow 1+4 = 5$$

$$2 \times 2048 = 4096 \rightarrow 4+0+9+6 = 19 \rightarrow 1+9 = 10 \rightarrow 1+0 = 1$$

$$2 \times 4096 = 8192 \rightarrow 8+1+9+2 = 20 \rightarrow 2+0 = 2$$

$$2 \times 8192 = 16384 \rightarrow 1+6+3+8+4 = 22 \rightarrow 2+2 = 4$$

$$2 \times 16384 = 32768 \rightarrow 3+2+7+6+8 = 26 \rightarrow 2+6 = 8$$

Usw.

$$1 : 7 = 0.1428571 \ldots$$

**17.57**

76923 x 1 = 076923                    76923 x 2 = 158463

76923 x 10 = 769230                  76923 x 7 = 538461

76923 x 9 = 692307                   76923 x 5 = 384615

76923 x 12 = 923076                  76923 x 11 = 846153

76923 x 3 = 230769                   76923 x 6 = 461538

76923 x 4 = 307692                   76923 x 8 = 615384

**17.58**

$$12321 = \frac{333333}{1+2+3+2+1} \qquad 123421 = \frac{44444444}{1+2+3+4+2+1}$$

$$12345421 = \frac{5555555555}{1+2+3+4+5+42+1} \qquad \text{usw.}$$

**17.59.**

$111^3 = 1367631$                    $10101^3 = 10306070301$

$1001001^3 = 100300600700300p1$              usw.,

**17.60.**

$16^3 + 50^3 + 33^3 = 165033$

$166^3 + 500^3 + 333^3 = 166500333$

$1666^3 + 5000^3 + 3333^3 = 166650003333$

$16^3 + 500^3 + 33^3 = 165033$

384

**17.61.**

0588235294117647 x 2  = 1176470588235294

0588235294117647 x 3  = 1764705882352941

0588235294117647 x 4  = 2352941176470588

0588235294117647 x 5  = 2941176470588235

0588235294117647 x 6  = 3529411764705882

0588235294117647 x 7  = 4117647058823529

0588235294117647 x 8  = 4705882352941176

0588235294117647 x 9  = 5294117647058823

0588235294117647 x 10 = 5882352941176470

0588235294117647 x 11 = 6470588235294117

0588235294117647 x 12 = 7058823529411764

0588235294117647 x 13 = 7647058823529411

0588235294117647 x 14 = 8235294117647058

0588235294117647 x 15 = 8823529411764705

0588235294117647 x 16 = 9411764705882352

0588235294117647 x 17 = 9999999999999999

# 18. Magie der Quadrate

<u>Definition:</u>

Ein magisches Quadrat der Kantenlänge n ist eine quadratische Anordnung von wiederholungsfreien $n^2$ Zahlen mit der Eigenschaft, dass die Summen der Zeilen, Spalten und der beiden Diagonalen gleich ist. Den Summenwert heißt magische Konstante des magischen Quadrats. Es gibt Varianten die nicht alle Bedingungen erfüllen oder die zusätzlichen Einschränkungen unterworfen sind.

## 18.1. Das magisches Dürer – Quadrat

Das magische Quadrat im Kupferstich *Melencholia I* von Albrecht Dürer:

Die Summe der Zahlen in den senkrechten oder waagerechten Reihen ergibt immer 34.Summe der beiden mittleren Diagonalen ergibt 34.Die Summe der Elemente der vier Quadranten ist jeweils die magische Zahl 34.

| 16 | 3 | 2 | 13 |
|---|---|---|---|
| 5 | 10 | 11 | 8 |
| 9 | 6 | 7 | 12 |
| 4 | 15 | 14 | 1 |

Die beiden Zahlen in der Mitte der letzten Zeile sind 15 und 14:  Der Kupferstich wurde 1514  angefertigt

Die beiden Zahlen links und rechts in der letzten Zeile des Dürerquadrats  lauten 1 und 4. Der erste Buchstabe des Alphabets ist A, während D der Nummer vier entspricht.

**AD = Albrecht Dürer          3+2 = 5 und 10+7=17**

Das Datum des Todestags von Dürers Mutter lautet:

**17.5.1514**

**18.2.**

Ein magisches Quadrat aus
palindromischen Zahlen:

| 232 | 313 | 121 |
|-----|-----|-----|
| 111 | 222 | 333 |
| 323 | 131 | 212 |

Die Summe der Zeilen- und
Spaltenpalindrome ist 666.

**18.3.**

Ein besonderes
magisches 5 x 5
Quadrat:

Summe der Zahlen in
einer Zeile/einer
Spalte = 65

Summe der
Diagonalzahlen = 65

| 17 | 24 | 1  | 8  | 15 |
|----|----|----|----|----|
| 23 | 5  | 7  | 14 | 16 |
| 4  | 6  | 13 | 20 | 22 |
| 10 | 12 | 19 | 21 | 3  |
| 11 | 18 | 25 | 2  | 9  |

Ersetzt man in dem magischen 5 x 5 - Quadrat, jede
Zahl k des Quadrats durch jene Ziffer, die auf dem k-ten
Platz der Darstellung von $\pi$ = 3,141 ... steht, so erhält
man ein Quadrat, das merkwürdige Symmetrien zeigt:

388

3 1 4 1 5 9 2 6 5 3 5 8 9 7 9 3 2 3 8 4 6 2 6 4 3
1 2 3 4 5 6 7 8 9 10 11 12 13 14 15 16 17 18 19 20 21 22 23 24 25

| $2_{17}$ | $4_{24}$ | $3_1$ | $6_8$ | $9_{15}$ |
|---|---|---|---|---|
| $6_{23}$ | $5_5$ | $2_7$ | $7_{14}$ | $3_{16}$ |
| $1_4$ | $9_6$ | $9_{13}$ | $4_{20}$ | $2_{22}$ |
| $3_{10}$ | $8_{12}$ | $8_{19}$ | $6_{21}$ | $4_3$ |
| $5_{11}$ | $3_{18}$ | $3_{25}$ | $1_2$ | $5_9$ |

Summe 1.Zeile = 24          Summe 5.Spalte = 24
Summe 2.Zeile = 23          Summe 4.Spalte = 23
Summe 3.Zeile = 25          Summe 3.Spalte = 25
Summe 4.Zeile = 29          Summe 2.Spalte = 29
Summe 5.Zeile = 17          Summe 1.Spalte = 17

Quelle: Kranzer, Walter, So interessant ist Mathematik, Aulis, 1989

## 18.4.

Stifelsche Magische Quadrate (Michael Stifel, 1487-1567) haben die Eigenschaft, dass innere Quadrate ebenfalls magisch sind.

Beispiel:

| 2 | 3 | 20 | 21 | 24 |
|---|---|---|---|---|
| 23 | 13 | 18 | 11 | 5 |
| 22 | 12 | 14 | 16 | 6 |
| 19 | 17 | 10 | 15 | 9 |
| 4 | 25 | 8 | 7 | 26 |

Das Quadrat der Ordnung 5 besitzt die magische
Konstante 70. Das innere Teilquadrat der Ordnung 3
hat die magische Zahl 42.

**18.5.**

Ein magisches 3 x 3 - Quadrat und zugeordnete
Planeten:

| 4 Merkur | 9 Uranus | 2 Mars |
|---|---|---|
| ☿ | ☉ | ♂ |
| 3 Mond | 5 Neptun | 7 Saturn |
| ☽ | ♆ | ♄ |
| 8 Venus | 1 Sonne | 6 Jupiter |
| ♀ | ☉ | ♃ |

**18.6.**

(1)
Das Saturnsiegel (Heinrich
Cornelius Agrippa
von Nettersheim ca. 1510)

| 4 | 9 | 2 |
|---|---|---|
| 3 | 5 | 7 |
| 8 | 1 | 6 |

Chinesische Darstellung des Saturn-Siegels ist als Lo-Shu-Quadrat bekannt. Es ist mehr als 6000 Jahre alt. Das Lo-Shu-Quadrat ist das einzige magische 3x3-Quadrat.

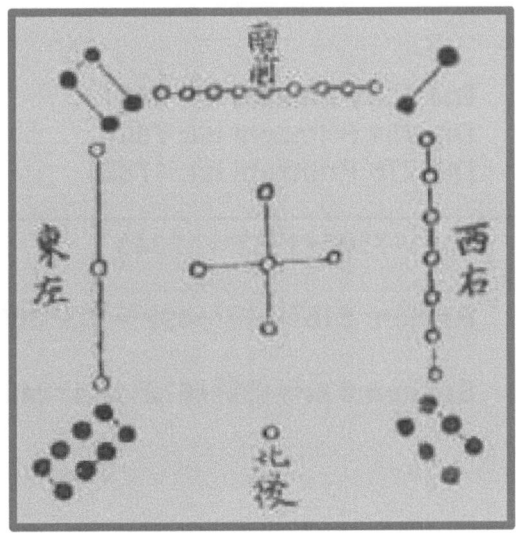

Liest man die Folge der Ziffern in den Spalten des Lo-Shu-Quadrats von unten nach oben, so erhält man die Zahlen 834, 159 und 672.

Die 834.Primzahl ist:     6397
Die 159.Primzahl ist:     937
Die 672.Primzahl ist:     5011

6397 + 937 + 5011 = 12345

| 4 | 9 | 2 |
|---|---|---|
| 3 | 5 | 7 |
| 8 | 1 | 6 |

Liest man die Folge der Ziffern in den Spalten des Lo-Shu-Quadrats von oben nach unten, so erhält man die Zahlen 438, 951 und 276.

Die 438.Primzahl ist: 3061
Die 951.Primzahl ist: 7507
Die 276.Primzahl ist: 1783

3061+7507+1783 = 12345

Reihen: $816^2+357^2+492^2=1035369 =618^2+753^2+294^2$

Spalten: $834^2+159^2+672^2 =1172421 =438^2+951^2+276^2$

**18.7.**

Ein magisches Quadrat aus Quadratzahlen (von Leonhard Euler):

| | | | |
|---|---|---|---|
| $68^2$ | $29^2$ | $41^2$ | $37^2$ |
| $17^2$ | $31^2$ | $79^2$ | $32^2$ |
| $59^2$ | $28^2$ | $23^2$ | $61^2$ |
| $11^2$ | $77^2$ | $8^2$ | $49^2$ |

Spaltensumme: 8515

Zeilensumme: 8515

**18.8.**

Das magische Quadrat der Sonne

(Sigillum Solis):

| | | | | | |
|---|---|---|---|---|---|
| 1 | 35 | 34 | 3 | 32 | 6 |
| 30 | 8 | 28 | 27 | 11 | 7 |
| 24 | 23 | 15 | 16 | 14 | 19 |
| 13 | 17 | 21 | 22 | 20 | 18 |
| 12 | 26 | 9 | 10 | 29 | 25 |
| 31 | 2 | 4 | 33 | 5 | 36 |

Die Zeilen- und Spaltensummen betragen jeweils 111 ,.(6 x 111 = 666).

Die Zuordnung der Sonne zu diesem Quadrat wurde durch den Esoteriker Heinrich Cornelius Agrippa von Nettesheim (1486) bekannt.

## 18.9.

### Das Satorquadrat:

Der lateinische Satz  *Sator arepo tenet opera rotas* ist palindromisch, d.h. man kann ihn vorwärts und rückwärts lesen. Im magischen *Satorquadrat* erhält man den Satz auch vertikal und horizontal.

S A T O R  – Sähmann
A R E P O  – ?
T E N E T  – hält          (von *tenere*)
O P E R A  – Werke       (Plural von *opus*)
R O T A S  – Räder       (Plural von *rota*)

| S | A | T | O | R |
|---|---|---|---|---|
| A | R | E | P | O |
| T | E | N | E | T |
| O | P | E | R | A |
| R | O | T | A | S |

Die Eigenschaft ein vierfaches Palindrom zu sein, wurde im Mittelalter mit magischen Fähigkeiten in Verbindung gebracht. Das Satorquadrat  wurde als Schutzamulett getragen, um sich vor Unheil zu schützen.

# 18.10

| 52 | 61 | 4  | 13 | 20 | 29 | 36 | 45 |
|----|----|----|----|----|----|----|----|
| 14 | 3  | 62 | 51 | 46 | 35 | 30 | 19 |
| 53 | 60 | 5  | 12 | 21 | 28 | 37 | 44 |
| 11 | 6  | 59 | 54 | 43 | 38 | 27 | 22 |
| 55 | 58 | 7  | 10 | 23 | 26 | 39 | 42 |
| 9  | 8  | 57 | 56 | 41 | 40 | 25 | 24 |
| 50 | 63 | 2  | 15 | 18 | 31 | 34 | 47 |
| 16 | 1  | 64 | 89 | 48 | 33 | 32 | 17 |

Benjamin Franklin (17.01.1706 bis 17.04.1790) gilt als einer der Gründerväter der amerikanischen Union. Neben seinen Aufgaben als Revolutionär und Diplomat, hat er sich auch mit mathematischen Problemen befasst. Seine berühmtesten mathematischen Resultate sind magische Quadrate, von denen nur zwei überliefert sind.

**18.11.**

Ein magisches Quadrat, das ein magisches Quadrat bleibt, wenn alle Zahlen durch ihre Quadrate ersetzt werden, nennt man bi-quadratisch.

Beispiel (G. Pfeffermann, 1890): Die magische Konstante des 8x8 Quadrats beträgt 260, nach der Quadrierung 11180.

| 56 | 34 | 8 | 57 | 18 | 47 | 9 | 31 |
|------|------|------|------|------|------|------|------|
| 3136 | 1156 | 64 | 3249 | 324 | 2209 | 81 | 961 |
| 33 | 20 | 54 | 48 | 7 | 29 | 59 | 10 |
| 1089 | 400 | 2916 | 2304 | 49 | 841 | 3481 | 100 |
| 26 | 43 | 13 | 23 | 64 | 38 | 4 | 49 |
| 676 | 1849 | 169 | 529 | 4096 | 1444 | 16 | 2401 |
| 19 | 5 | 35 | 30 | 53 | 12 | 46 | 60 |
| 361 | 25 | 1225 | 900 | 2809 | 144 | 2116 | 3600 |
| 15 | 25 | 63 | 2 | 41 | 24 | 50 | 40 |
| 225 | 625 | 3969 | 4 | 1681 | 576 | 2500 | 1600 |
| 6 | 55 | 17 | 11 | 36 | 58 | 32 | 45 |
| 36 | 3025 | 289 | 121 | 1296 | 3364 | 1024 | 2025 |
| 61 | 16 | 42 | 52 | 27 | 1 | 39 | 22 |
| 3721 | 256 | 1764 | 2704 | 729 | 1 | 1521 | 484 |
| 44 | 62 | 28 | 37 | 14 | 51 | 21 | 3 |
| 1936 | 3844 | 784 | 1369 | 196 | 2601 | 441 | 9 |

Quelle: http://www.michael-holzapfel.de/themen/mag_quadrat/mq-allg/mq-allg.htm

## 18.12. Magische Primzahlquadrate

(1)  Das folgende magische Quadrat besteht nur aus Primzahlen. Zusätzliche Eigenschaft: Die 9 Primzahlen bilden eine arithmetische Progression!

$a_1$ = 199
$a_2$ = 199+210 = 409
$a_3$ = 409+210 = 619
$a_4$ = 619+210 = 829
$a_5$ = 829+210 = 1039
$a_6$ = 1039+210 = 1249
$a_7$ = 1249+210 = 1459
$a_8$ = 1459+210 = 1669
$a_9$ = 1669+210 = 1879

| 1669 | 199 | 1249 |
|------|------|------|
| 619 | 1039 | 1459 |
| 829 | 1879 | 409 |

Die magische Konstante beträgt 3117.

## 18.13.

Die minimale magische Konstante für ein magisches 3x3 Primzahlquadrat lautet 111.

| 67 | 1 | 43 |
|----|----|----|
| 13 | 37 | 61 |
| 31 | 73 | 7 |

**18.14.**

Bei magischen Primzahlquadraten wird die 1 zugelassen, obwohl 1 keine Primzahl ist. Die gerade Primzahl 2 darf nicht vorkommen, da es sonst ungerade und gerade Summen von Spalten oder Zeilen ergibt. Die minimale magische Konstante für ein magisches 4x4 Primzahlquadrat lautet 102.

| 3 | 71 | 5 | 23 |
|---|----|----|----|
| 53 | 11 | 37 | 1 |
| 17 | 13 | 41 | 31 |
| 29 | 7 | 19 | 47 |

**18.15.**

Ein Primzahlquadrat von 9 aufeinander folgenden Primzahlen. Das Beispiel stammt von b Harry Nelson (1987).

| 1480028201 | 1480028129 | 1480028183 |
|------------|------------|------------|
| 1480028153 | 1480028171 | 1480028189 |
| 1480028159 | 1480028213 | 1480028141 |

**18.16.**

Allan Johnson hat ein schönes magisches 7x7-Stifel-Quadrat aus Primzahlen entdeckt. Es besitzt die zusätzliche Eigenschaft, dass sowohl das eingebettete 5x5-Quadrat als auch das innere 3x3-Quadrat ebenfalls magische Quadrate sind.

| 2777 | 1409 | 2339 | 1481 | 1061 | 2699 | 2087 |
|------|------|------|------|------|------|------|
| 2531 | 1889 | 2237 | 2459 | 1229 | 2081 | 1427 |
| 1367 | 2357 | 2399 | 1511 | 2027 | 1601 | 2591 |
| 2909 | 1031 | 1607 | 1979 | 2351 | 2927 | 1049 |
| 1301 | 2741 | 1931 | 2447 | 1559 | 1217 | 2657 |
| 1097 | 1877 | 1721 | 1499 | 2729 | 2069 | 2861 |
| 1871 | 2549 | 1619 | 2477 | 2897 | 1259 | 1181 |

Die magische Konstante des 7x7-Quadrats beträgt: 13853
Die magische Konstante des 5x5-Quadrats beträgt: 9895
Die magische Konstante des 3-x3-Quadrats beträgt: 5937

Quelle: Ian Stewart, Professor Stewarts mathematische Schätze, 2013

**18.17**

Das folgende magische 12 x 12 Quadrat geht auf J.N. Muncey (1913) zurück. Es besteht aus den 143 ersten *ungeraden* Primzahlen plus die 1.

Die magische Konstante beträgt 4514.

| 1 | 823 | 821 | 809 | 811 | 797 | 19 | 29 | 313 | 31 | 23 | 37 |
|---|-----|-----|-----|-----|-----|-----|-----|-----|-----|-----|-----|
| 89 | 83 | 211 | 79 | 641 | 631 | 619 | 709 | 617 | 53 | 43 | 739 |
| 97 | 227 | 103 | 107 | 193 | 557 | 719 | 727 | 607 | 139 | 757 | 281 |
| 223 | 653 | 499 | 197 | 109 | 113 | 563 | 479 | 173 | 761 | 587 | 157 |
| 367 | 379 | 521 | 383 | 241 | 467 | 257 | 263 | 269 | 167 | 601 | 599 |
| 349 | 359 | 353 | 647 | 389 | 331 | 317 | 311 | 409 | 307 | 293 | 449 |
| 503 | 523 | 233 | 337 | 547 | 397 | 421 | 17 | 401 | 271 | 431 | 433 |
| 229 | 491 | 373 | 487 | 461 | 251 | 443 | 463 | 137 | 439 | 457 | 283 |
| 509 | 299 | 73 | 541 | 347 | 191 | 181 | 569 | 577 | 571 | 163 | 593 |
| 661 | 101 | 643 | 239 | 691 | 701 | 127 | 131 | 179 | 613 | 277 | 151 |
| 659 | 673 | 677 | 683 | 71 | 67 | 61 | 47 | 59 | 743 | 733 | 41 |
| 827 | 3 | 7 | 5 | 13 | 11 | 787 | 769 | 773 | 419 | 149 | 751 |

Quelle: Martin Gardner, Mathematisches Labyrinth, 197

**18.18.**

Five = 5 Buchstaben, Twenty Two = 9 Buchstaben,
Eighteen = 8 Buchstaben usw.

| Five (5) | Twenty two (9) | Eighteen (8) |
|---|---|---|
| Twenty eight (11) | Fifteen (7) | Two (3) |
| Twelve ( 6) | Eight (5) | Twenty five (10) |

**18.19.**

Zwei spezielle magische Quadrate mit palindromischen
Zahlen:

a)                                    b)

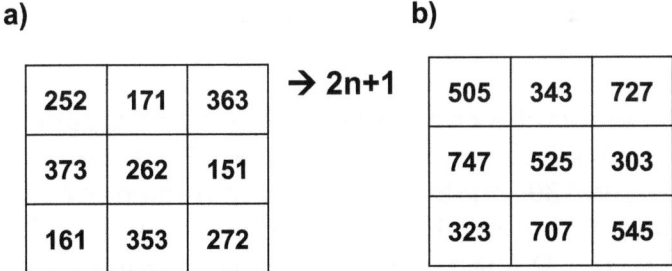

Die magische Konstante des Quadrats von a) beträgt
786, die von b) ergibt 2 x 786 + 1:

## 8.20.

**Ramanujans Magisches Quadrat:**

| 22 | 12 | 18 | 87 |
|----|----|----|----|
| 88 | 17 | 9 | 25 |
| 10 | 24 | 89 | 16 |
| 19 | 86 | 23 | 11 |

| 22 | 12 | 18 | 87 |
|----|----|----|----|
| 88 | 17 | 9 | 25 |
| 10 | 24 | 89 | 16 |
| 19 | 86 | 23 | 11 |

| 22 | 12 | 18 | 87 |
|----|----|----|----|
| 88 | 17 | 9 | 25 |
| 10 | 24 | 89 | 16 |
| 19 | 86 | 23 | 11 |

| 22 | 12 | 18 | 87 |
|----|----|----|----|
| 88 | 17 | 9 | 25 |
| 10 | 24 | 89 | 16 |
| 19 | 86 | 23 | 11 |

**Die magische Zahl dieses besonderen Quadrats ist 139, d.h. die Zeilensummen und Spaltensummen ergeben jeweils 139. Zusätzlich ist die Summe der Zahlen in den gleichfarbigen Boxen ebenfalls 139. Die Ziffern der ersten Reihen ergeben aneinandergereiht das Geburtsdatum des berühmten indischen Mathematikers**

**Ramajunan: 22.12.1887**

**18.21.**

| | | |
|:---:|:---:|:---:|
| $3^8$ | $3^1$ | $3^6$ |
| $3^3$ | $3^5$ | $3^7$ |
| $3^4$ | $3^9$ | $3^2$ |

Das Produkt der drei Dreierpotenzen in jeder Reihe, Spalte und Diagonalen ergibt die magische Konstante 14348907. Die Exponenten bilden ebenfalls ein „normales" magisches Quadrat, d.h. die Summe der Exponenten ist in jeder Reihe, Spalte und in den Diagonalen gleich 15.

**18.22.**

Ein magisches Quadrat mit palindromischen Zahlen. Zeilensumme = Spaltensumme = Diagonalsumme = 666.

| | | |
|:---:|:---:|:---:|
| 232 | 313 | 121 |
| 111 | 222 | 333 |
| 323 | 131 | 212 |

**18.23.**

| | | |
|:---:|:---:|:---:|
| 6 | 1 | 8 |
| 7 | 5 | 3 |
| 2 | 9 | 4 |

$618^2 + 753^2 + 294^2 = 816^2 + 357^2 + 492^2$ (Reihen ← →)
$672^2 + 159^2 + 834^2 = 276^2 + 951^2 + 438^2$ (Spalten ↑ ↓)
$654^2 + 132^2 + 879^2 = 456^2 + 231^2 + 978^2$ (Diagonalen)
$639^2 + 174^2 + 852^2 = 936^2 + 471^2 + 258^2$ (Diagonalen)
$654^2 + 798^2 + 213^2 = 456^2 + 897^2 + 312^2$ (Diagonalen)
$693^2 + 714^2 + 258^2 = 396^2 + 417^2 + 852^2$ (Diagonalen)

$(6×1×8)+(7×5×3)+(2×9×4)=(6×7×2)+(1×5×9)+(8×3×4)$

Quelle: R. Holmes, "The Magic Magic Square," The Mathematical
Gazette, Dezember 1970

**18.24.**

| 2 | 7 | 6 |
|---|---|---|
| 9 | 5 | 1 |
| 4 | 3 | 8 |

Magische Konstante 15

| $2^2$ | $2^7$ | $2^6$ |
|---|---|---|
| $2^9$ | $2^5$ | $2^1$ |
| $2^4$ | $2^3$ | $2^8$ |

Nicht die Summen sondern die Produkte aus den Zahlen der Spalten und Reihen sind konstant!

| 4 | 128 | 64 |
|---|---|---|
| 512 | 32 | 2 |
| 16 | 8 | 256 |

Magische Konstante  32768

**18.25.**     Magischer Pythagoras

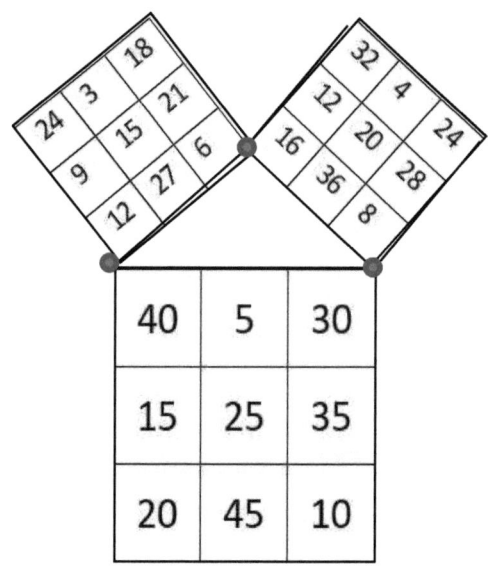

| 40 | 5 | 30 |
|----|----|----|
| 15 | 25 | 35 |
| 20 | 45 | 10 |

**Für alle entsprechende Zellen der Quadrate gilt der Satz des Pythagoras:**

$$24^2 + 32^2 \quad = 40^2$$
$$6^2 + 8^2 \quad = 10^2$$

**Der Satz des Pythagoras gilt auch für die Summen von Zellen – für Diagonalen, Spalten und Zeilen:**

$$(12 + 27)^2 + (36+8)^2 \qquad = (20 + 45)^2$$
$$(9+15+21)^2 + (12+20+28)^2 \qquad = (15+25+35)^2$$
$$(12+15+18)^2 + (16+20+28)^2 \qquad = (20+25+30)^2$$

**18.26.**     Magische Spiegelquadrate:

| 96 | 64 | 37 | 45 |
|----|----|----|----|
| 39 | 43 | 98 | 62 |
| 84 | 76 | 25 | 52 |
| 23 | 59 | 82 | 78 |

| 69 | 46 | 73 | 54 |
|----|----|----|----|
| 93 | 34 | 89 | 26 |
| 48 | 67 | 52 | 25 |
| 32 | 95 | 28 | 87 |

**In beiden Magischen Quadraten ist die Summe der Reihen, Spalten und Diagonalen 242!**

# 19. Numerisch-physikalische Kuriositäten

## 19.1.

$m_p$ = Masse Proton $\approx 1.6726 \times 10^{-27}$ kg
$m_e$ = Masse Elektron $\approx 9.10938188 \times 10^{-31}$ kg
$m_n$ = Masse Neutron $\approx 1.674927351 \times 10^{-27}$ kg
$c$ = Lichtgeschwindigkeit $\approx 2.99792458 \times 10^8$ m/s
$\pi$ $\approx 3{,}141592$
$k$ = Boltzmannkonstante $\approx 1.380648 \times 10^{-23}$ J/K
$e$ = Elementarladung $\approx 1.60217662 \times 10^{-19}$ As
$h$ = Plancksche Konstante $\approx 6.62607 \times 10^{-34}$ Js
$G$ = Gravitationskonstante $\approx 6.67408 \times 10^{-11}$ m$^3$/kg s$^2$

a) $\qquad (e \cdot c \cdot k) : h = 1{,}00825$ mA/sK

b) $\qquad 2e \approx \dfrac{18\pi^7}{10^4} = 3\pi^2 \cdot \dfrac{6\pi^5}{10^4}$

c) $m_p / m_e$ $\qquad \approx 6\pi^5$ $\qquad \Delta\ 9.9 \times 10^{-6}$
$m_p\,c$ $\qquad \approx \pi\,e$ $\qquad \Delta\ 3.8 \times 10^{-3}$
$m_n\,c$ $\qquad \approx \pi\,e$ $\qquad \Delta\ 2.4 \times 10^{-3}$
$m_e{}^{1/2}$ $\qquad = 2.9990\ldots \times 10^{-14}$
$3Gc/2$ $\qquad = 2.9967\ldots \times 10^3$
$(e/m_e)^{1/2}$ $\qquad = 2.9995\ldots \times 10^1$
$2\pi e$ $\qquad = 2.9971\ldots \times 10^{-9}$
$m_0/2\pi e$ $\qquad = 3.0009\ldots \times 10^9$

**19.2.**

Eine Kugel mit dem Radius n Kilometer hat fast exakt das gleiche Volumen wie ein Würfel mit der Seitenlänge n Meilen.

$V(\text{Kugel}) = \frac{4}{3} \pi \, x \, n^3 = 4.18879 \times n^3$

$V(\text{Würfel}) = (n \times 1.609344...)^3 = n^3 \times 4.1681818...$

**19.3.**

Die Feinstrukturkonstante (Sommerfeldkonstante) $\alpha$ ist eine wichtige dimensionslose Konstante in der Atomphysik. Sie gibt die Stärke der elektromagnetischen Wechselwirkung an und ihr Wert beträgt: $\dfrac{1}{137.036} \approx \alpha$

(1)     Es gilt: $10^{0.1370} \approx 1,370$ !

(2)     $\dfrac{1}{\alpha} \approx 4\pi^3 + \pi^2 + \pi$

$\Delta \approx 2,4 \cdot 10^{-5}$

(3)     $\dfrac{1}{\alpha} \approx 256 \, / \, (\pi^2 - 8) = 136.927\,363$

$\Delta \approx 7,9 \cdot 10^{-4}$

(4)     $\alpha \approx 1 \, / \cos(\pi/137)/137)$

(5)     $\dfrac{1}{\alpha} \approx 3^2 + 1^2 + 4^2 + 1^2 + 5^2 + 9^2 + 2^2 \quad (= 137)$

**(6)** $\quad \frac{1}{\alpha} \approx 1842.1527(\pi^2 - 8)/8\pi = 137.036255 \ldots$

Die Zahl 1842.1526 ist gleich dem Massenverhältnis $m_p / m_e$ von Proton und Elektron mit dem exakten Wert 1836.152 672 45 vermehrt um 6 Elektronen-massen.

**(7)** $\quad \pi \approx 16 \sqrt{(\alpha + 1/32)}$

**(8)** $\quad \frac{9}{16\pi^3} \left( \frac{\pi}{5!} \right)^{0.25} = 1/137.036 \approx \alpha$

**(9)** $\quad \frac{1}{\alpha} \approx \sqrt{137^2 + \pi^2} = 137.03601 \ldots$

**(10)** $\quad m_p/m_e \approx \alpha^{-1.5}$

**(12)** $\quad G \times \left[ \frac{e}{m_e} \right]^2 \approx \frac{1}{\alpha} \qquad\qquad \Delta = 4.2 \cdot 10^{-3}$

**(13)** $\qquad\qquad \frac{1}{\alpha} \approx \frac{2^4 3^3}{\pi}$

**19.4.**

Der Schmelzpunkt von Eis ($0^0 = 32$ F) ist im Binärsystem gleich  1000000 .

**19.4.**

**Längendimension:**

Planet $\approx \sqrt{Universum \; x \; Atom}$
Mensch $\approx \sqrt{Planet \; x \; Atom}$

**Masse:**

Mensch $\approx \sqrt{Planet \; x \; Proton}$

**19.5.**

**Palindromische Temperaturen:**

16 ° Celsius = 61 ° Fahrenheit
28 ° Celsius = 82° Fahrenheit

**19.6.**

Wenn man 136 Elemente paarweise anordnen möchte, z.B. eines zu den Protonen, eines zu den Elektronen, so stehen 18360 Wege offen, um diese 136 Elemente zu ordnen. Teilt man diese Verteilungen in 10 Teile (10 Dimensionen der Krümmung der Raumzeit) so erhält man 1836, was dem Massenverhältnis Proton-Elektron sehr nahe kommt.

**19.7.**

$F_c$ = Coloumbsche Anziehungskraft,
$F_g$ = Gravitationskraft
$F_c / Fg \approx 4.2 \cdot x \, 10^{40}$
r = Radius Elektron = $3 \cdot x \, 10^{-15}$ m
R = Radius Weltall = $10^{26}$ m
$R / r \approx 3 \times 10^{40}$
$m_p$ = Proton = $1.67 \times 10^{-27}$ kg
$M_u$ = Masse des Universums = $2 \, x \cdot 10^{52}$ kg
$M_U / mp \approx 1.2 \times 10^{79}$
$T_U$ = Alter des Universums $\approx 6.2 \, x \cdot 10^{17}$ s
te = Elementarzeit $\approx 10^{-23}$ s
$T_U / te \approx 6 \cdot x \, 10^{40}$

$$M_U / m_p \approx (Fc / Fg)^2 \approx (R / r)^2 \approx (T_U / te)^2$$

**19.8. Die Ziffernfolge 136**

a) Die Energie des Grundzustands eines Elektrons
beträgt im Wasserstoffatom
<u>13.6</u> eV.

b) Wasser gefriert bei 273.15 Kelvin und kocht bei
373.15 Kelvin. 373.15 : 273.15 = <u>1.36</u> ... .

c) Das Verhältnis der maximalen Anzahl von
Elektronen auf der sechsten und siebten
Elektronenschale eines Atoms beträgt 98 : 72 =
<u>1.361</u>... .

**d)** Die Rydbergkonstante hat den Zahlenwert **1.3605...**

**e)** Der Kehrwert des siderischen Jahres (365.256..Tage) beträgt 0.00**136**... .

## 19.9.

Die Länge eines Lichtjahrs in beträgt:

9460730472580800 m. Der Wert Erdbeschleunigung g ist ortsabhängig und liegt zwischen 9.82 (Pole) m/s$^2$ und 9.78 (Äquator) m/s$^2$.

$$g \approx \frac{1.03 \; x \; Lichtjahr}{(Jahr \; in \; Sekunden)^2} = \frac{1.03 \; x \; 9460730472580800}{(365 \; x \; 24 \; x \; 60 \; x60)^2} \; m/s^2$$

$$\approx 9.798 \; m/s^2$$

## 19.10.

1949 stellte der englische Physiker und Naturphilosoph Sir Arthur Eddington die folgende merkwürdige Vermutung an:

*„Ich glaube, es gibt 15 747 724 136 275 002 577 605 653 961 181 555 468 044 717 914 527 116 709 366 231 425 076 185 631 031 296 Protonen im Universum und dieselbe Anzahl von Elektronen."*

Er erläutert diese Behauptung mit den folgenden Worten:

*„Die theoretische Berechnung der kosmischen Zahl N hängt von der Tatsache ab, dass eine Messung vier Wesenheiten in sich schließt und daher mit einem vierfachen Existenzsymbol verbunden ist. Daraus geht hervor, dass die kosmische Zahl gleich der gesamten Anzahl unabhängiger vierfachen Wellenfunktionen sein muss, deren Größe mit 2 x 136 x $2^{256}$ festgestellt wurde. Dies ist die Anzahl der Protonen und Elektronen. Die Anzahl der Protonen beträgt 136 x $2^{256}$; das ist die Zahl, die am Anfang des Kapitels angegeben wurde."*

Quelle: Sir Arthur Eddington, Philosophie der Naturwissenschaften, Francke AG Verlag, 1949, Seiten 213-221

## 19.11.

Gegeben ist ein Quader von kosmischem Ausmaß. Die Länge A ist so gewählt, dass das Licht $10^{17}$ Sekunden benötigt, um die Strecke A zurückzulegen. Für die Seite B benötigt das Licht ebenfalls $10^{17}$ Sekunden und für die dritte Seite C $10^{15}$ Sekunden.

Daten der kosmischen Hintergrundstrahlung lassen vermuten, dass das Alter des Universums ca. $10^{17}$ Sekunden beträgt.

Für das Volumen des Quaders ABC gilt:

$V_A = (29979245 \times 10^{17})^2 \times (29979245 \times 10^{15}) = 2.69 \times 10^{71}$

Dieses Volumen ist ungefähr gleich dem Volumen eines sehr speziellen Torus!

$$V_{Torus} = 2\pi^2 R r^2$$

$R = N_A = 6.002214 \times 10^{23}$ m und $r = \frac{R}{4}$

Die Länge $N_a$ bezieht sich auf die Avogardokonstante. Dann ergibt sich für das spezielle Torusvolumen :

$$V_{Torus} = \frac{1}{8} \pi^2 R^3$$

$V_{Torus} = 3.14159^2 \times ( 6.002214 \times 10^{23})^3 \times 0.125$ m$^3$

$= 2.66 \times 10^{71}$ m$^3$

**19.12.**

In der Reihe der Elemente mit den Ordnungszahlen 1 – 83 sind zwei Elemente enthalten, die nicht stabil sind. Die Elemente mit den Ordnungszahlen 43 (Technetium) und 61 (Promethium) sind radioaktiv. Es gibt daher in der Natur keine stabilen Elemente mit 43 oder 61 Protonen. 43 und 61 sind Primzahlen.

Das Periodensystem der Elemente besteht aus 18 Gruppen.

**19.13.**

$m_{Proton}$ x c $\approx \pi$ x e     Abweichung $\Delta = 3.8$ x $10^{-6}$.

$m_{Neutron}$ x c $\approx \pi$ x e     Abweichung $\Delta = 2.4$ x $10^{-6}$

**19.14.**

$$\ln(\pi) = 1836.348197739...$$

**19.15.**

$$\frac{m_{Neutron} - m_{proton}}{m_{Elektron}} \approx \frac{\sqrt{e}}{\sqrt{e}-1} \approx 1.5819...$$

**19.16.**

Hypothese der Großen Zahlen

In der Natur wurde eine seltsame Häufung von Verhältnissen in der Größenordnung von N = $10^{40}$ beobachtet (Paul Dirac):

a)    Das Verhältnis der elektromagnetischen Kraft zur Gravitationskraft eines Teilchens $\approx$ N : 1
b)    Der Durchmesser des sichtbaren Universum zum Durchmesser Protons$\approx$ N : 1
c)    Die Anzahl der :Teilchen im beobachteten Universum ist von der Größenordnung $\approx N^2$ :1

**19.17.**

10! Sek = 60480 Min = 1008 Std = 42 Tage

# 20. Simple Beweise

## 20.1.

Behauptung:

Es gibt irrationale Zahlen a und b für die gilt: $a^b$ ist rational:

Beweis:

Wenn $\sqrt{2}^{\sqrt{2}}$ rational ist, dann gilt die Behauptung.
Falls $\sqrt{2}^{\sqrt{2}}$ irrational ist, dann ist

$$\sqrt{2}^{\sqrt{2}^{\sqrt{2}}} = 2 \text{ rational.}$$

## 20.2.

Behauptung:

Die Zahl $n^4 + 4$ kann niemals Primzahl sein.

Beweis:

Für alle natürlichen n gilt:

$$n^4 + 4 = (n^2 - 2n + 2) \times (n^2 + 2n + 2)$$

## 20.3.

### Behauptung:

**Die Reihe der umgekehrten Zweierpotenzen ist konvergent:**

$$\sum_{n=1}^{\infty} \frac{1}{2^n} = 1$$

### Beweis:

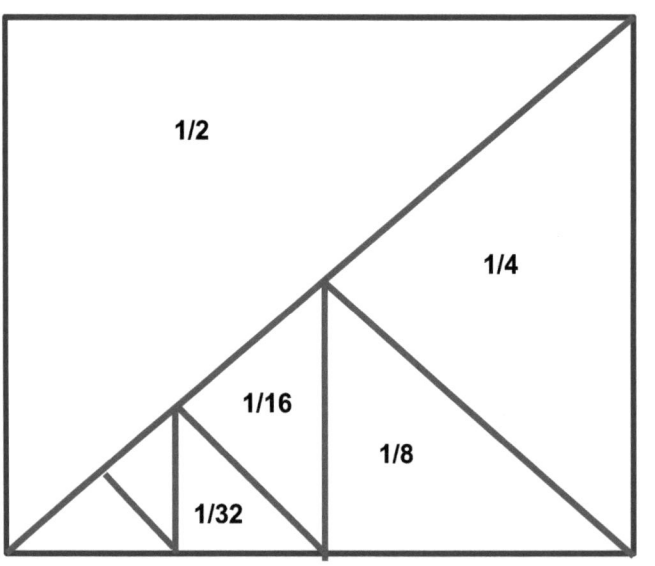

**20.4.**

<u>Behauptung</u> (Summe von infinitesimalen Größen):

$$\lim_{n \to 0} \sqrt{n + \sqrt{n + \sqrt{n + \sqrt{n + \cdots}}}} = 1$$

<u>Beweis:</u>

$$L = \sqrt{n + \sqrt{n + \sqrt{n + \sqrt{n + \cdots}}}}$$

$$L + n = n + \sqrt{n + \sqrt{n + \sqrt{n + \sqrt{n + \cdots}}}}$$

$$\sqrt{L + n} = \sqrt{n + \sqrt{n + \sqrt{n + \sqrt{n + \cdots}}}} = L$$

$$\sqrt{L + n} = L \quad \rightarrow$$

$$\boxed{L^2 - L = n}$$

419

**Beispiele:**

**L =2 → n =2**

$$2 = \sqrt{2 + \sqrt{2 + \sqrt{2 + \sqrt{2 + \cdots}}}}$$

**L = 7 → n=42**

$$7 = \sqrt{42 + \sqrt{42 + \sqrt{42 + \sqrt{42 + \cdots}}}}$$

**L = 1 → n=0**

$$1 = \sqrt{0 + \sqrt{0 + \sqrt{0 + \sqrt{0 + \cdots}}}}$$

## 20.6

### Behauptung:

**Jede sechsstellige Zahl der Form ABABAB ist immer ohne Rest durch 7 teilbar.**

### Beweis:

**Die ABABAB entsteht aus der Zahl AB durch Multiplikation mit 10101, d.h. ABABAB = 10101 x AB .Die Faktorisierung der Zahl 10101 ergibt:**

**7 x1443 = 7 x 3 x 13 x 37**

420

**20.9.**

<u>Behauptung:</u> $\sqrt{2}$ ist irrational

<u>Beweis:</u>

Annahme: $\sqrt{2}$ ist rational
Dann existieren natürliche, teilerfremde Zahlen a und
b , so dass gilt:
$$\sqrt{2} = \frac{a}{b}$$
Quadrieren der beiden Seiten der Gleichung liefert:   2
$$= \frac{a^2}{b^2}$$
Dann gilt: $2b^2 = a^2$

Daraus folgt:

(1)   a ist gerade
(2)   $a^2$ enthält den Faktor 4 , also $a^2$ = 4x
(2)    $2b^2 = a^2 = 4x$
(3)    $b^2 = 2x$
(4)    b ist gerade

Wenn a und b gerade sind, dann sind sie nicht
teilerfremd, was im Widerspruch zur Annahme steht.
Daher  muss $\sqrt{2}$ irrational sein.

**20.10.**

Behauptung:

Die Summe aller Ziffern, die in den Zahlen von 1 bis 10000 vorkommmen beträgt 180001

Beweis:

| | |
|---|---|
| (0 - 9999) | Ziffernsumme = 36 |
| (1 - 9998) | Ziffernsumme = 36 |
| (2 - 9997) | Ziffernsumme = 36 |
| ... | |
| (4998 - 5001) | Ziffernsumme = 36 |
| (4999 - 5000) | Ziffernsumme = 36 |
| 10000 | Ziffernsumme = 1 |

Gesamtsumme aller Ziffern beträgt daher:

$5000 \times 36 + 1 = 180001$

**20.8-**

Behauptung:   $1 = 0.9999999999...$

Beweis:   $x = 0.999...$ und $10x = 9.999...$
$10x - x = 9x = 9.999... - 0.999... = 9$
$x = 1$

**20.7-**

**Behauptung:**

$i^i$ ist eine reelle Zahl.

**Beweis:**

$e^{ix} = \cos x + i \sin x$        Man setze $x = \pi/2$

Dann gilt: $e^{i\,\pi/2} = \cos(\pi/2) + i \sin(\pi/2) = 0 + i = i$

$i^i = (e^{i\,\pi/2})^i = e^{-\pi/2} = 0.2078795763507\ldots$

**20.11**

**Behauptung:**

Die Summe der Quadrate von drei aufeinander folgenden ungeraden Zahlen vermehrt um 1 ist immer durch 12 teilbar

**Beweis:**

$(2n-1)^2 + (2n+1)^2 + (2n+3)^2 + 1 = 12n^2 + 12n + 12 =$

$= 12(n^2+n+1) = 12x$

**20.13.**

<u>Behauptung:</u>

Zerlegt man einen gerade Zahl beliebig in drei
Summanden, dann ist das Produkt der Summanden
immer durch 2 teilbar

<u>Beweis:</u>

Von den drei Summanden einer geraden Zahl müssen
entweder einer gerade und zwei ungerade sein oder
alle drei gerade sein.

1.Fall

a =2n-1      b= 2m-1      c= 2k

a x b x c = (2n-1) x (2m-1) x (2k) = (4nm-2n-2m +1)2k =
4nmk-4nk-4mk + 2k

2.Fall:

a = 2n      b=2m      c= 2k

a x b x c = 8nkm

## 20.12.

### Behauptung:

$$\sqrt{n \, x \, (n+1) x \, (n+2) x \, (n+3) + 1} = n^2 + n - 1$$

### Beweis:

n x (n+1) x(n+2)x(n+3)+1 = $n^4 + 2n^3 - n^2 - 2n + 1 =$
$n^4 + n^3 - n^2 + n^3 - n^2 + n - n^2 - n + 1 = (n^2 + n - 1)^2$

## 20.13.

### Behauptung:

Wenn n = $x^{x^{x^{x^{x^{x^{x}}}}}\cdots}$ , dann x = $\sqrt[n]{n}$

### Beweis:

$x^n = x^{x^{x^{x^{x^{x^{x}}}}}\cdots} = n$

$x = x^{x^{x^{x^{x^{x^{x}}}}}\cdots}$

# 21. Mathematische Enigmata

## 21.1.

Die schönste mathematische Gleichung überhaupt, wenn man Mathematiker befragt, lautet:

Eulersche Identität: $e^{\pi i} = -1$

$i^2 = -1$ $\qquad \pi = 3.141592654\ldots$ $\qquad e = 2.7182818$

## 21.2. Das Benfordsche Gesetz

Das *Benfordsche Gesetz* beschreibt eine Gesetzmäßigkeit in der Verteilung der Ziffernstrukturen von Zahlen in empirischen Datensätzen. Gegeben ist eine beliebige Datenmenge, die aus Dezimalzahlen besteht (zum Beispiel Logarithmentafeln, Naturkonstanten, Bilanzen, Steuertabellen, demographische Datenmengen, …). Dann tritt die Ziffer m (m = 1, 2, 3, 4, 5, 6, 7, 8, 9) mit der Wahrscheinlichkeit w(m) auf:

$$w(m) = \log_{10} ( d + 1) \ \log_{10}(d)$$

| Ziffer | 1 | 2 | 3 | 4 | 5 | 6 | 7 | 8 | 9 |
|---|---|---|---|---|---|---|---|---|---|
| W(m) | 30,1% | 17,7% | 12,5% | 9,7% | 7,9%, | 6,7% | 5,8% | 5,1% | 4,6% |

Quelle:F. Benford: *The Law of Anomalous Numbers.* In: *Proceedings of the American Philosophical Society* (Proc. Amer. Phil. Soc.). Philadelphia, 78, 1938, S. 551–572.

## 21.3.    Satz von Mills

Es gibt eine Zahl $\theta$ (Millsche Konstante) für die gilt:

$G(n) = [\,\theta^{3^n}\,]$ ist Primzahl für alle Zahlen n > 1 !

$\theta \approx 1.3063778838630806904686144926026026057 1\dots$

Bisher konnte die Millsche Konstante nur empirisch (d.h. näherungsweise) berechnet werden. Da der Ausdruck sehr schnell wächst, hat diese Formel für die Berechnung von Primzahlen keinen großen Wert. G(1) = 3, G(2)= 13, G(3) = 1361 und die Zahl G(9) besitzt schon mehr 9000 Ziffern.

Quelle:
Mills, W.H., A prime-representing function, Amer. Math Monthly, 58, 1951, 616-618

## 21.4. Banach-Tarski-Paradoxon

Ein mathematischer *Satz von Banach und Tarski* liefert eine für den gesunden Menschenverstand äußerst paradoxe Aussage:

Eine Kugel kann so in endlich viele Teile zerlegt werden, dass sich aus diesen Teilen zwei Kugeln zusammensetzen lassen, die jeweils die gleiche Größe wie die Originalkugel besitzen.

Quelle: Stefan Banach, Alfred Tarski: *Sur la décomposition des ensembles de points en parties respectivement congruentes.* In: *Fundamenta Mathematica.* 6, 1924, S. 244-277

## 21.5. Sophomore's Dream

*Sophomore's Dream* ist die von Mathematikern verwendete Umschreibung für eine außergewöhnliche mathematische Beziehung, die auf Johann Bernoulli zurückgeht (1697) :

$$\int_0^1 x^{-x}\, dx = \sum_1^\infty n^{-n} = 1{,}2912859970626635\ldots$$

Quelle: https://en.wikipedia.org/wiki/Sophomore%27s_dream

Mit Sophomores bezeichnet man in den USA Collegestudenten des zweiten Jahrs (3. und 4.Semester). Der Wortursprung ist griechisch und ist mit den Wortstämmen weise und närrisch assoziiert, also Sophomore = Weiser Narr.

## 21.6. Das Zipfsche Gesetz

Die Kernaussage des Zipfschen Gesetzes lautet:

Wenn die Elemente einer Menge – beispielsweise die Wörter eines Textes – nach ihrer Häufigkeit geordnet werden, ist die Wahrscheinlichkeit p ihres Auftretens umgekehrt proportional zur Position n innerhalb der Reihenfolge. Für ein Text mit N Elementen gilt:

$$p(n) \sim 1/n \qquad H_n = \sum \frac{1}{n}$$

$$p(n) = \frac{1}{H_n} \cdot \frac{1}{n} \approx \frac{1}{n \cdot ln(1{,}78 \cdot N)}$$

Quelle:Zipf, G. K. , Selected studies of the principle of relative frequency in language, Boston: Houghton-Mifflin, 1932

## 21.7. Die Zahl $\Omega$-

Ungeheures Wissen versteckt in einer Zahl!

Die Chaitinsche Konstante (auch Omegazahl genannt) gibt die Wahrscheinlichkeit an, mit der eine universelle Turingmaschine für eine beliebige Eingabe anhält. Da das Halteproblem nicht berechenbar ist, muss Omega eine transzendente, reelle Zahl sein. Die Omegazahl hat, wie der Mathematiker *Gregory Chaitin* zeigen konnte, einige außergewöhnliche Eigenschaften.

$$\Omega = \sum_{p \text{ hält}} 2^{-|p|}$$

(Summe über alle haltenden Programme)

Wenn man die ersten Bits der Omegazahl kennen würde, dann ließe sich das Halteproblem für bis zu n Bits lange Programme entscheiden. Im Prinzip könnte man so viele ungeklärte Fragen der Mathematik beantworten, wenn man die ersten tausend Stellen der Zahl kennen würde. Insbesondere würde man dann Gewissheit über fast alle mathematischen Vermutungen (und im Universum gibt es eine unermessliche Zahl von mathematischen Thesen!) erlangen können, die sich mit einer endlichen Zahl von Schritten widerlegen lassen.

Quelle: Gregory Chaitin: *A theory of program size formally identical to information theory*, Journal of the ACM 22, Juli 1975, S. 329–340

## 21.8.  Primzahlformel

Den Mathematikern J.P. Jones, Hideo Wada, Daihachiro Sato und Douglas Wiens gelang es 1976 eine diophantische Gleichung anzugeben, deren positive Lösungsmenge gleich der Menge aller Primzahlen ist.

$(k+1) \cdot \{ 1 - [wz+h+j-q]^2 - [(gk+2g+k+1)(h+j)+h-z]^2$

- $[2n+p+q+z-e]^2 - [16(k+1)^3(k+2)(n-1)^2 +1 -f^2]^2$
- $[e^3(e+2)(a+1)^2+1-o^2]^2 - [a^2-1)y^2 +1-x^2]^2$
- $[16r^2y^4(a^2-1)+1-u^2]^2-[((a+u^2(u^2-a))^2-1)$
- $(n+4dy)^2+1-(x-cu)^2]^2$
- $[n+g+v-y]^2 - [(a^2-1)g^2+1-m^2]^2 - [ai+k+1-g-i]^2$
- $[p+g(a-n-1)+b(2an+2a-n^2-2n-2)-m]^2$
- $[q+y(a-p-1)+s(2ap+2a-p^2-2p-2)-x]^2$
- $[z+pg(a-p)+t(2ap-p^2-1)-pm]^2 \}$

**Dieser Ausdruck ist ein Polynom 25ten Grades mit 26 Variablen (a bis z). Wenn man die 26 Variablen der Reihe nach alle möglichen natürlichen Zahlen (inclusive Null) durchlaufen lässt, so ergeben die positiven Werte dieses Polynoms alle Primzahlen!**

Quelle:

Jones,James P., Sato,Daihachiro; Wada,Hideo; Wiens,Douglas (1976), "Diophantine representation of the set of prime numbers", *American Mathematical Monthly*, 83 (6): 449–464

**21.9.**

Für eine beliebige natürliche Zahl n existiert eine natürliche Zahl T, so dass jede natürliche Zahl durch nicht mehr als T Summanden dargestellt werden kann, die n-te Potenzen von natürlichen Zahlen sind:

**21.10.**    Zwei Fixpunkte in der Unendlichkeit

2007 erfand der Mathematiker John Conway eine Methode mit Zahlen zu „spielen", die er Powertrain nannte. Eine beliebige Zahl abcdef... wird nach folgender Vorschrift „umgeformt":

Ungerade Anzahl von Stellen:  abcde        $\rightarrow a^b c^d e$
Gerade Anzahl von Stellen:    abcdef       $\rightarrow a^b c^d e^f$

Dieses Verfahren wird wiederholt angewendet, bis eine einstellige Zahl erreicht ist ($0^0$ wird im Powertrain als 1 interpretiert!).

Beispiele:

$7654 \rightarrow 7^6 x \cdot 5^4 = 73530625 \rightarrow 7^3 \times 5^3 \times 0^6 \times 2^5 = 0$

$5431 \rightarrow 5^4 \times 3^1 = 1875 \rightarrow 1^8 \times 7^5 = 16807 \rightarrow 1^6 \times 8^0 \times 7 = 7$

$2000 \rightarrow 2^0 \cdot 0^0 = 1 \cdot 1 = 1$

$333 \rightarrow 3^3 \cdot 3 = 81 \rightarrow 8^1 = 8$

Die Mathematiker wollten herausfinden, ob es „unzerstörbare„ Zahlen gibt, d.h. heißt Zahlen, die sich bei der iterierten Anwendung des Powertrains nicht auf eine einstellige Zahl reduzieren lassen. Bisher konnten nur zwei solche Zahlen gefunden werden:

(a)      2592

$$2^5 \times 9^2 = 2592$$

(b)      2454728428486656000000000000

2454728428486656000000000000 →

$$2^4 \cdot 5^4 \cdot 7^2 \cdot 8^4 \cdot 2^8 \cdot 4^8 \cdot 6^6 \cdot 5^6 \cdot 0^0 \cdot 0^0 \cdot 0^0 \cdot 0^0 \cdot 0^0 =$$

$$2^4 \cdot 5^4 \cdot 7^2 \cdot 8^4 \cdot 2^8 \cdot 4^8 \cdot 6^6 \cdot 5^6 = 8^{12} \cdot 30^6 \cdot 700^2$$

$$= 2454728428486656000000000000$$

Der Mathematiker N.J.N.Sloane ist davon überzeugt, dass es unter den unendlich vielen natürlichen Zahlen keine weiteren Zahlen dieser Art gibt.

## 21.11.      Andricas Vermutung

Es sei $p_n$ die n-te Primzahl. Der rumänische Mathematiker Dorin Andrica hat 1986 die Vermutung aufgestellt, dass die folgende Ungleichung für alle natürlichen Zahlen n erfüllt ist:

$$\sqrt{p_{n+1}} - \sqrt{p_n} < 1$$

$G_n$ bezeichne die n-te Primzahllücke, dann lässt sich die Andrica-Vermutung umformulieren in:

$$G_n < \sqrt{p_{n+1}} + \sqrt{p_n}$$

Die Vermutung wurde bisher für alle Zahlen $n < 10^{16}$ bestätigt (Stand: 2005).

## 21.12.

Es gibt Ereignisse, die auftreten können, bei denen aber die Wahrscheinlichkeit für ihr Auftreten Null beträgt.

Man wähle im Intervall [0,1] irgendeine reelle Zahl zufällig aus. Da es unendliche viele reelle Zahlen in diesem Intervall gibt, beträgt die Wahrscheinlichkeit, dass eine bestimmte Zahl zufällig gewählt werden kann gleich $\frac{1}{\infty} = 0$.

**21.13.**        Das Collatz Problem

(1)    Man nehme als Startzahl eine beliebige natürliche Zahl n

(2)    Ist n gerade, so lautet die nächste Zahl der Folge n/2

(3)    Ist n ungerade, dann ist die nächste Zahl 3n+1

(4)    Man wiederhole die Vorgehensweise mit der erhaltenen Zahl.

Beispiel:

23→70→35→106 →54→27→82→ 41→124→68,
→3→17→52→26→13→40→20→10→5→16→8→4→2→1

Collatz-Vermutung (bisher nicht widerlegt):

*Jede so konstruierte Zahlenfolge endet nach endlich vielen Schritten mit dem Zyklus 4,2,1 !*

Die Zahl mit der bisher größten Schrittfolge lautet:

931386509544713451

2283 Schritte bis zum Resultat 1

Kommentar des Mathematikers Paul Erdös:

*„Die Mathematik ist für solche Probleme noch nicht bereit."*

434

## 21.14.

Ist die ins Unendliche projizierte Anschauung
zuverlässig?

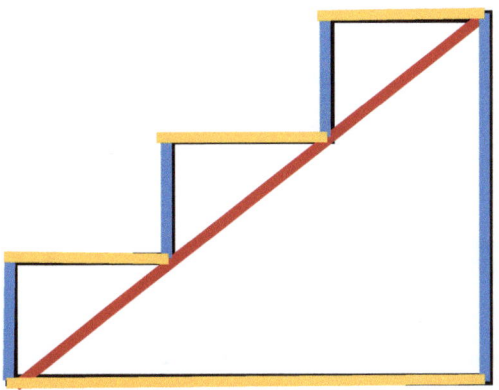

Wenn man eine dreistufige Treppe über der
Hypothenuse eines rechtwinkligen Dreiecks errichtet
(siehe Bild), dann ist die Treppenlänge gleich der
Summe der Längen der Katheten. Die vertikalen Stücke
der Treppenlinie sind insgesamt so lang wie die
vertikale Kathete. Ebenso entspricht die Summe der
horizontalen Stücke  der Länge der horizontalen
Kathete.

**Das gleiche gilt für eine Treppe aus 8 Teilen.**

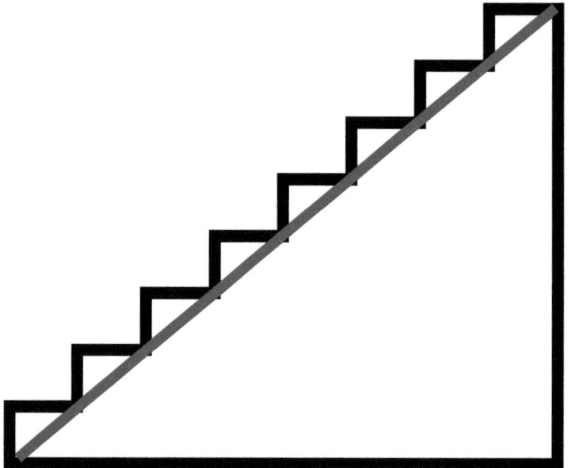

Wenn man die Anzahl der Treppenstufen erhöht, so unterscheidet sich die Treppe immer weniger von der Hypothenuse. Wenn man die Teilung grenzenlos fortsetzt, so wird die Treppe schließlich mit der Hypothenuse verschmelzen. Der Sachverhalt, dass die Treppenlänge immer gleich der Summe der Längen der Katheten ist kann sich dabei nicht ändern.

Demnach wäre die

**Summe der Hypothenusenlänge gleich der Summe der Kathetenlängen!**

+

**21.15.** Gabriels Horn (Torricellis Trompete)

<u>Die Theorie erlaubt unendlich ausgedehnte Körper
mit einem endlichen Volumen!</u>

a) Die Fläche A zwischen dem Graphen der Funktion
$f(x) = x^{-1}$ und der x-Achse in den Grenzen x = 1 bis $\infty$
ist unendlich ausgedehnt und besitzt einen
unendlichen Flächeninhalt.

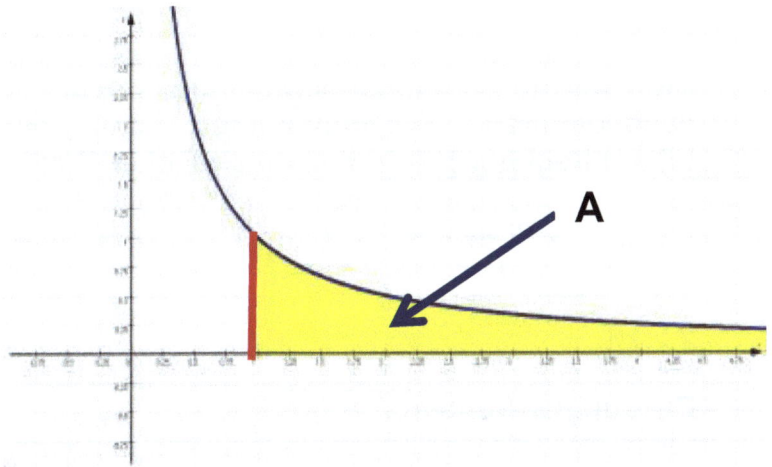

Berechnung des Flächeninhalts von A mit Hilfe der
Integralrechnung ergibt den Wert $\infty$ :

Inhalt von A = $\int_1^\infty x^{-1}\, dx = [\ln(\infty)] - [\ln 1] = \infty$

b) Rotiert man die Fläche A um die x-Achse, so
entsteht ein Rotationskörper, der unendlich
ausgedehnt ist, aber einen endlichen Rauminhalt
besitzt! 33333666667 x 1111333 =37113711137111

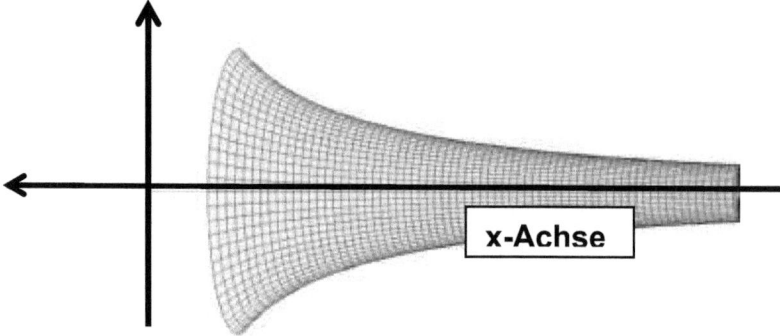

x-Achse

Die exakte Volumenberechnung des unendlich ausgedehnten Rotationskörpers mit Hilfe der Integralrechnung liefert einen endlichen Wert:

$$V = \pi \int_1^\infty x^{-2} \; dx = \pi \; ([-1/\infty] - [-1/1]) = \pi(0 + 1) = \pi$$

## 21.16.

Die Juggler-Sequenz

Eine Juggler-Folge ist eine Folge von natürlichen Zahlen, die mit einer positiven Zahl $a_0$ startet und durch folgende Rekursionsformel definiert ist:

$$a_{k+1} = \begin{cases} \text{Floor}(\; a_k^{\;0.5}) & \text{wenn k gerade ist} \\ \text{Floor}(a_k^{\;1.5}) & \text{wenn k ungerade ist} \end{cases}$$

Die Gauß-Klammer oder Abrundungsfunktion floor(x) bestimmt zu einer reellen Zahl x die größte ganze Zahl, die kleiner als x ist.

Vermutung:

Alle Jugglerfolgen enden nach endlich vielen Rekursionsschritten mit der Zahl 1.

Beispiele:  $a_0 = 5$
$a_1 = $ floor$(\ 5^{1.5}) = $ floor$(\ 11.180...\ ) = 11$
$a_2 = $ floor$(11^{1.5}) = $ floor$(\ 36.482...) = 36$
$a_3 = $ floor$(36^{0.5}) = $ floor$(\ 6.\ ) = 6$
$a_4 = $ floor$(\ 6^{0.5}) = $ floor$(2.449..)) = 2$
$a_5 = $ floor$(\ 2^{0.5}) = $ floor$(\ 1.414..)) = 1$

$a_0 = 11$
$a_1 = $ floor$(\ 11^{1.5}) = $ floor$(\ 36.4828..\ ) =36$
$a_2 = $ floor$(36^{0.5}) = $ floor$(\ 6\ ) = 6$
$a_3 = $ floor$(\ 6^{0.5}) = $ floor$(\ 2\text{-}4494...\ ) = 2$
$a_4 = $ floor$(\ 2^{0.5}) = $ floor$(1.4142..)) = 1$

Quelle:  Clifford Pickover, The Mathematics of Oz

## 21.17.

$a_n$ bezeichne die Folge der Potenzzahlen:

1,4,8,9,16,25, 27,32,36,49, ...

Dann gilt:  $\sum_{n=2}^{\infty} \dfrac{1}{a_n - 1} = 1$   $\sum_{n=2}^{\infty} \dfrac{1}{a_n + 1} = \dfrac{\pi^2}{3} - \dfrac{5}{2}$

**21.18.** Satz von Zeckendorf:

Satz: $F_n$ bezeichne die n-te Fibonaccizahl. Dann gilt:

Jede natürliche Zahl n lässt sich <u>eindeutig</u> schreiben als $n = Fn_1 + Fn_2 + Fn_3 \ldots + Fn_k$  mit $2 \leq n_1 \leq n_2 - 2$, $n_2 \leq n_3 - 2$, $\ldots$ , $n_{k-1} \leq n_k - 2$

In der Summe dürfen weder $F_0$, noch $F_1$, noch zwei aufeinander folgende Fibonacci-Zahlen vorkommen.

Beispiele:

$40 = F_9 + F_5 + F_2 = 34 + 5 + 1$

$100 = F_{11} + F_6 + F_4 = 89 + 8 + 3$

$200 = F_{12} + F_{10} + F_2 = 144 + 55 + 1$

$300 = F_{13} + F_{10} + F_8 \, F_4 + F_2 = 233 + 55 + 8 + 3 + 1$

Beweis: https://proofwiki.org/wiki/Zeckendorf's_Theor

**21.19.**

Die Summe der harmonischen Reihe $\sum_{n=1}^{\infty} \frac{1}{n}$ konvergiert extrem langsam gegen unendlich. Um über 100 zu kommen braucht man $1.5 \times 10^{43}$ Glieder.

## 21.20. Die Wurstvermutung

Die Theorie der endlichen Kugelpackungen befasst sich mit der Frage, wie eine endliche Anzahl m gleich großer Kugeln möglichst platzsparend umhüllt werden kann (geringstes Volumen der Verpackung).

Im dreidimensionalen Raum gibt es für alle m > 56 außer m = 57,58,63 und 64 Clusterpackungen, die dichter als die Wurstpackung sind.

Die kleinste Zahl, bei der die Wurstpackung nicht mehr optimal ist entspricht der Zahl, bei der die Wurstkatastrophe eintritt. Die Bezeichnung Wurstkatastrophe soll darauf hinweisen, dass die Mathematiker nicht erklären können, warum ab einer Zahl die optimale Packung von der geordneten Wurstpackung in die relativ ungeordnete Clusterpackung übergeht.

Die Wurstvermutung von Fejes Thoth betrifft die optimale Verpackung von n-dimensionalen Kugeln durch konvexe Hüllen in einem n-dimensionalen euklidischen Raum.. Sie besagt, dass für n > 5 die Anordnung von n-dimensionalen Kugeln entlang einer Geraden (Wurstpackung) immer die Optimale ist. D.h. die Wurstkatastrophe könnte ab der 5.Dimension nicht mehr auftreten.

## 21. 21. Die besondere neunte Dimension

Ein Quadrat füllt ca. 63,7% der Fläche seines Umkreises aus, der zugehörige Inkreis aber ca. 78,5% von der Fläche eines Quadrats. Ein Quadrat schmiegt sich also stärker an seinen Inkreis als an seinen Umkreis. Ein runder Stift passt besser in ein quadratisches Loch! In der dritten Dimension beträgt das Volumen eines Würfels ca. 36,67 % vom Volumen seiner Umkugel. Die zugehörige Inkugel füllt den Würfel mit nur ca. 52,35 % aus. Das Verhältnis hat sich verändert.

*Ab Dimension 9 schmiegt sich ein Hyperwürfel stärker an seine Umhyperkugel als an seine Inhyperkugel !*

| n | Volumen $V_i$ der Inkugel $r_i = \sqrt{\frac{1}{2}}$ | Volumen $V_w$ des Würfels Kantenlänge: $2\sqrt{\frac{1}{2}}$ | Volumen $V_u$ der Umkugel $r_u = 1$ | $\dfrac{(Vw : Vu)}{(Vi : Vw)}$ |
|---|---|---|---|---|
| 2 | 1.570 | 2.0 | 3.14 | 0.810 |
| 3 | 0.806 | 1.539 | 4.18 | 0.702 |
| 4 | 0.308 | 1.0 | 4.93 | 0.657 |
| 5 | 0.094 | 0.572 | 5.26 | 0.661 |
| 6 | 0.0239 | 0.296 | 5.16 | 0.710 |
| 7 | 0.0052 | 0.41 | 4.72 | 0.808 |
| 8 | 0.0009 | 0.062 | 4.05 | 0.971 |
| 9 | 0.0001 | 0.026 | 3.29 | 1.224>1 ! |
| 10 | 0.000025 | 0.0102 | 2.55 | 1.612 |
| 11 | 0.000003527 | 0.003834 | 1.88 | 2.212 |

Quelle:
http://www.brefeld.homepage.t-online.de/hyperwuerfel.html

443

### 21.22. Das Kanonenkugelproblem

Gibt es natürliche Zahlen n, so dass sich n Kanonenkugeln sowohl in einem Quadrat als auch in einer Pyramide mit quadratischer Grundfläche anordnen lassen? Das Problem ist gleichwertig zur der Frage nach ganzzahligen Lösungen der diophantischen Gleichung:

$$1^2 + 2^2 + 3^2 + \ldots m^2 = n^2$$

$$\frac{m\,(m+1)(2m+1)}{6} = n^2$$

Tatsächlich sind m = 24 und n = 70 die einzigen Zahlen, die diese Gleichung erfüllen.

$$1^2 + 2^2 + 3^2 + \ldots 24^2 = 70^2 = 4900$$

Daher ist 4900 die einzige quadratische Kanonenkugelzahl!

Quelle:
*W.S. Anglin, The square pyramid puzzle, The American Monthly, 97,2, 1990, Seiten 120-124,

## 21.23.

### Behauptung:

Jede Primzahl der Form 4k+1 ist Hypotenuse eines rechtwinkligen Dreiecks mit ganzzahligen Seiten

### Beweis:

Es sei $p = 4k + 1$

Aus dem Fermatschen Satz folgt, dass es ganze Zahlen a und b gibt, so dass

$p = a^2 + b^2$.

Es sei $a > b$, dann gilt $p^2 = (a^2 - b^2)^2 + (2ab)^2$

### Beispiele:

$17 = 4 \times 4 + 1$ und $17 = 4^2 + 1^2$

Das entsprechende rechtwinklige Dreieck hat die Seitenlängen 17, 15 und 8 und es gilt $15^2 + 8^2 = 17^2$.

$41 = 4 \times 10 + 1$ und $41 = 4^2 + 5^2$

Das entsprechende rechtwinklige Dreieck hat die Seitenlängen 41, 9 und 40 und es gilt $9^2 + 40^2 = 41^2$.

**21.24.**

<u>Behauptung:</u>

**Der Quotient aus dem unendlichen Produkt aller Primzahlen dividiert durch das Produkt aller um eins verminderten Primzahlen ist unendlich!**

$$\frac{2\,x\,3\,x\,5\,x\,7\,x\,11\,x\,13\,x\,17\,x\,19\,x\ldots}{1\,x\,2\,x\,4\,x\,6\,x\,10\,x\,12\,x\,16\,x\,18\,x\ldots} = \infty$$

<u>Beweis:</u>  $a = 1 + \dfrac{1}{2} + \dfrac{1}{3} + \dfrac{1}{4} + \dfrac{1}{5} + \dfrac{1}{6} + \ldots = \infty$

**Man dividiere a durch 2 :**  $\dfrac{a}{2} = \dfrac{1}{2} + \dfrac{1}{4} + \dfrac{1}{6} + \dfrac{1}{8}$

Und  $a - \dfrac{a}{2} = 1 + \dfrac{1}{3} + \dfrac{1}{5} + \dfrac{1}{7} + \dfrac{1}{9} + \ldots$

**Um die Brüche zu eliminieren, deren Nenner durch drei teilbar ist, dividiere man beide Seiten durch 3:**

$$\frac{a}{2x3} = \frac{1}{3} + \frac{1}{9} + \frac{1}{15} + \frac{1}{21} \ldots$$

$$\frac{a}{2} - \frac{a}{2x3} = \frac{2a}{2x3} = 1 + \frac{1}{5} + \frac{1}{7} + \frac{1}{11} + \frac{1}{13} \ldots$$

**Wiederholt man diesen Eliminationsprozess mit allen weiteren Primzahlen 5,7,1,13,17,19, .., so erhält man**

$$\frac{1x2x4x6x10x12\ldots}{2x3x5x7x11x13x\ldots} a = 1 \text{ und } a = \frac{2x3x5x7x11x13\ldots}{1x2x4x6x10x12x\ldots} = \infty$$

**21.25.**

<u>Theorem A.J. Khinchin:</u> Für <u>fast alle</u> irrationalen Zahlen x haben die Koeffizienten ihrer Kettenbruchdarstellung ein endliches geometrisches Mittel, das vom Wert von x unabhängig ist

$$x = \cfrac{1}{a_1 + \cfrac{1}{a_2 + \cfrac{1}{a_3 + \ldots}}}$$

$$K = \lim_{n \to \infty} \sqrt[n]{a_1 a_2 a_3 \ldots} = 2.6854520010\ldots$$

Der Wert von K ist als Khinchin-Konstante bekannt.Ausnahmen: z.B. Wurzeln quadratischer Gleichungen, die Zahl Phi des Goldenen Schnitt, die Zahl e, ...

**21.26.**

<u>Theorem Ron Graham:</u> Jede Zahl größer als 77 lässt sich in eine Summe von unterschiedlichen Zahlen zerlegen der reziproken  Werte sich zu 1 aufsummieren._Beispiel:   n= 425

$425 = 3+5+7+9+15+21+27+35+63+105+135$

$$\frac{1}{3} + \frac{1}{5} + \frac{1}{7} + \frac{1}{9} + \frac{1}{15} + \frac{1}{21} + \frac{1}{27} + \frac{1}{35} + \frac{1}{63} + \frac{1}{105} + \frac{1}{135} = 1$$

447

# Webseiten:

https://de.wikipedia.org/wiki/Liste_besonderer_Zahlen

https://primes.utm.edu/curios/

https://www.wolframalpha.com/

https://www2.stetson.edu/~efriedma/numbers.html

https://primes.utm.edu/

http://pi.gerdlamprecht.de/

https://www.spektrum.de/lexikon/mathematik/

http://www.maths.surrey.ac.uk/hosted-sites/R.Knott/Fibonacci/fib.html

https://www.archimedes-lab.org/numbers/Num1_69.html

www.gomeck.de/welt-der-zahlen.html

# Bibliografie:

1. Bakst, Aaron
   Mathematics, It's magic and mastery, 1967
2. Beiler, Albert
   Recreations in the Theory of Numbers, *1964.*
3. Bellos, Alex
   Alex im Wunderland der Zahlen, Berlin, 2011
4. Bergenson, Howard W.
   Palindroms and Anagrams, 1973
5. Bischoff, Erich
   Mystik und Magie der Zahlen, Fourier, 1992
6. Blatner, David
   $\pi$ Die Magie einer Zahl, rororo, 1997
7. Clawson, Calvin C.
   Mathematical Mysteries, 1996
8. Erickson, Martin
   Mathematische Appetithäppchen, Springer, 2015
9. Gardner, Martin
   Mathematisches Labyrinth, 1979
10. Glaeser, Georg, 77mal Mathematik zwischen
    durch, Springer, 2020
11. Havil, Julian
    Verblüfft?, Springer, 2009
12. Heath, Royal Vale
    Mathemagic , Dover Publication., 1953
13. Hemme, Heinrich,
    Das große Buch der mathematischen Rätsel, 2013
14. Heuser, Harro
    Die Magie der Zahlen, 2003
15. Honsberger, Ross
    Gitter, Reste, Würfel,1978
16. Kempermann, Theo

Zahlentheoretische Kostproben,H. Deutsch, 2005
17. Komzsik, Louis
World of five. The universal number, Trafford,2013
18. Komzsik, Louis
Magnificent seven: the happy number, 2013
19. Kracke, Helmut
Mathe-musische Knobelisken, Dümmler, 1983
20. Kranzer, Walter,
So interessant ist Mathematik, Aulis, 1989
21. Lehmann, Ingmar,    Mathematical
Curiosities,Prometheus Books, 2014
22. Napierala, Utz
Geheimnisvolle Zahlenwunder. Atrioc Verlag, 2009
23. Nelsen, R.B. /Alsina, C.
Icons of Mathematics, 2011
24. Nusko, Franz
Die Wunderzahl 142857 , Brüder Hollinek, 1952
23. Oettinger, Eberhard
Kaleidoskop, Klett,1988
24.- Peter, Rozsa
Das Spiel mit dem Unendlichen,Teubner,1966
25. Pickover, A.Clifford
Wonders of Numbers, Oxford, 2001
26. Pickover, A.Clifford
Surfing through Hyperspace, Oxford, 1999
27. Pickover, A.Clifford
The Mathematics of OZ, Cambridge, 2002
28. Podirsky, Klaus
Fremdkörper Erde, 2009
29. Posamentier,Alfred S.
Math Wonders, 2008
30. Rademacher, H
Von Zahlen und Figuren, Springer, 1968

31. Ribenboim, Paulo
Die Welt der Primzahlen, Springer, 2011
32. Specht, Harald
Der Jahwe-Code, Engelsdorfer Verlag, 2011
33. Sprague, Roland
Recreations in Mathematics, 1963
34. Strachan, Liz
Numbers are forever, Constable, 2014
35. Stewart, Ian
Professor Stewarts mathematische Schätze,2013
36. Stewart, Ian
Professor Stewart's Casebook of Mysteries, 2014
37. Storm, Lance,
The Enigma of Numbers, Pari Publishing, 2008
38. Strick, Heinz Klaus
Mathematik ist schön, Springer, 2015
39. Strick, Heinz Klaus,
Mathematik ist wunderschön,Springer,2019
40. Strick, Heinz Klaus,
Mathematik ist wunderwunderschöner.
Springer,2022
41. Strick, Heinz Klaus,
Mathematik - einfach genial,2020
42. Underwood, Dudley
Die Macht der Zahl, Birkhäuser,1999
43. Wells, David,
Das Lexikon der Zahlen, Fischer Logo, 1990
44. Welt der Zahlen http://www.gomeck.de/welt-der-zahlen.html
45. Wikipedia
http://de.wikipedia.org/wiki/
46. Winfunktion
Software Winfunktion Mathematik 22, Lexikon